高职高专电子信息类课改系列教材

电子产品工艺与制作技术

主　编　冯泽虎

副主编　王光亮　王　晶　李　钊　张春峰

西安电子科技大学出版社

内 容 简 介

本书是山东省精品资源共享课程"电子产品工艺与制作技术"的配套教材,也是省优质校建设特色教材之一。

本书实现了互联网与传统教育的完美结合,采用"纸质教材+数字课程"相结合的立体化教材的形式出版。本书配套了丰富的数字化教学资源,扫描二维码即可观看微课、动画等配套资源,随扫随学,突破了传统课堂教学的时空限制,有利于激发学生自主学习,打造高效课堂。

全书共分 6 个项目,主要内容包括:常用电子元器件及其检测、电子产品制作准备工艺、直流稳压电源的制作与调试、超外差收音机的安装与调试、简易烟雾报警器的制作与调试、简易数字钟的制作与调试等。

本书可作为高职高专院校、成人高校、民办高校以及本科院校开办的二级职业技术学院应用电子技术、电子信息工程技术、电气自动化技术及相关专业的教学用书,也可作为电子设计竞赛及其相关赛项的基础培训教材,还可供电子、家电行业的工程技术人员学习参考。

图书在版编目(CIP)数据

电子产品工艺与制作技术 / 冯泽虎主编.

—西安:西安电子科技大学出版社,2020.8(2022.9 重印)

ISBN 978–7–5606–5847–6

Ⅰ. ① 电… Ⅱ. ① 冯… Ⅲ. ① 电子产品—生产工艺 ② 电子产品—制作

Ⅳ. ① TN605

中国版本图书馆 CIP 数据核字(2020)第 153352 号

策　　划　刘小莉
责任编辑　成　毅
出版发行　西安电子科技大学出版社(西安市太白南路 2 号)
电　　话　(029)88202421　88201467　　　邮　　编　710071
网　　址　www.xduph.com　　　　　　电子邮箱　xdupfxb001@163.com
经　　销　新华书店
印刷单位　陕西日报社
版　　次　2020 年 8 月第 1 版　　2022 年 9 月第 4 次印刷
开　　本　787 毫米×1092 毫米　1/16　印　张　15.5
字　　数　362 千字
印　　数　2101～4100 册
定　　价　36.00 元
ISBN 978-7-5606-5847-6/TN
XDUP 6149001-4
如有印装问题可调换

前　　言

本书是省级精品课程、精品资源共享课程"电子产品工艺与制作技术"的配套教材，是由国家级教学团队在多年教学改革和实践的基础上，借鉴国内外先进的教学理念精心编写而成的。

本书根据高职高专培养目标的要求以及现代科学技术发展的需要，以电子产品工艺与制作技术的理论知识为基础，辅以实践项目，使电子产品工艺与制作技术同各种新技术有机结合在一起。全书注重对学生电子产品制作工艺专业技能的培养与提高，在理论与技能教学的衔接方面充分体现了高职教育的特点。

"电子产品工艺与制作技术"是一门应用性很强的专业课，其理论与技能是从事电子类专业技术工作的人员不可缺少的，因此理论与技能密切结合是本课程的重要特点。近年来，我们在电子产品工艺与制作技术课程的教学中，一直采用教、学、做相结合的教学模式，取得了较好的教学效果。

本书分为6个项目，包括常用电子元器件及其检测、电子产品制作准备工艺、直流稳压电源的制作与调试、超外差收音机的安装与调试、简易烟雾报警器的制作与调试、简易数字钟的制作与调试等内容。每个项目又可细分为具体的知识点，每个知识点有相关的微课、动画、仿真、教学课件等学习资源，通过学习这些形象的学习资源，学生更易掌握该门课程的基本理论与专业技能。在工作中学习、在学习中工作是本书的最大特点，在实训任务的设计与实施过程中，学生的实践操作技能能够得到锻炼和提升。

淄博职业学院承担了本书的主要编写工作，冯泽虎对本书的编写思路进行了总体策划，指导了全书的编写，冯泽虎、王光亮对全书统稿。其中，冯泽虎编写了项目1、项目4，王光亮编写了项目2，王晶编写了项目3，张春峰编写了项目5，李钊编写了项目6。山东新恒汇电子科技有限公司、淄博美林电子有限公司的相关技术人员也参与了本书实践项目的编写。

由于时间紧迫和编者水平的限制，书中不妥之处在所难免，恳请读者给予批评指正。

编　者

2020 年 1 月

目　　录

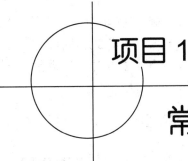

项目 1

常用电子元器件及其检测

学习目标

(1) 学会识别常用电子元器件;
(2) 了解常用电子元器件性能、特点和用途;
(3) 熟练掌握用万用表检测电子元器件好坏的方法与技巧。

知识点

(1) 常用电子元器件的类别、特点及用途;
(2) 万用表的结构、使用方法与技巧;
(3) 电阻、电容、电感的主要技术参数和标注方法。

技能点

(1) 万用表的使用方法与技巧;
(2) 电阻、电容、电感的外观识读与检测;
(3) 半导体器件的引脚识读与检测。

任务一　常用电子元器件与检测仪器工具

在科学技术迅猛发展的今天,电子产品已渗透到日常生活、工作的各个领域,从家用电器、办公自动化设备、教学仪器到高科技产品,处处可见电子产品的应用。电子产品的设计、制作和质量成为人们极其关心的问题,电子产品的设计、制作人员也成为市场急需的人才。

电子元器件是电子产品的基本组成单元,电子产品的发展水平主要取决于电子元器件的发展和换代。因而,学习电子元器件的主要性能、特点,正确识别、选用、检测电子元器件,是设计、制作、调试和维修电子产品必不可少的过程,是提高电子产品质量的基本要求。

电子元器件的种类很多，其分类方式也有多种。

(1) 按组装工艺，电子元器件可分为传统的通孔插件元器件(THC)和贴片元器件(SMC、SMD)。

(2) 按能量转换特点，电子元器件可分为无源元器件和有源元器件两大类。

(3) 按元器件的内部结构特点，电子元器件可分为分立元器件和集成元器件。

(4) 按元器件的用途，电子元器件可分为电阻、电容、电感、变压器、二极管、三极管、集成电路、开关件、接插件、熔断器以及电声器件等。

一、通孔插件元器件(THC)与贴片元器件(SMC、SMD)

1. 通孔插件元器件

通孔插件元器件是具有引脚的电子元器件，其外形结构如图 1.1 所示。通孔插件元器件的引脚大多采用铜或铜合金材料制成。通孔插装元器件的体积相对较大，印制电路板必须钻孔才能安置通孔插装元器件。

常用电子元器件

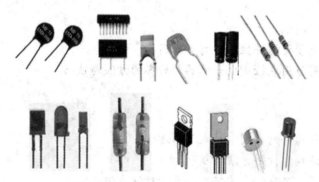

图 1.1   通孔插件元器件的外形结构

用于安装通孔插件元器件的 PCB(印制电路板)的两面，分别称作元器件面和焊接面。元器件面用于放置元器件，焊接面上有印制导线和焊盘。PCB 开有多个小孔，用于插装元器件。安装时，元器件穿过 PCB 放置在 PCB 的元器件面，焊接点在 PCB 的焊接面完成，如图 1.2 所示。

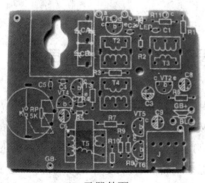

(a) 元器件面

(b) 焊接面

图 1.2   通孔安装的 PCB(印制电路板)

2. 贴片元器件

贴片元器件又称为表面安装元器件(SMT 元器件)或片状元器件，是一种无引线或有极短引线的小型标准化的元器件。它包括表面安装元件(SMC)和表面安装器件(SMD)。图 1.3 所示为部分常用贴片元器件的外形结构。

图 1.3　部分常用贴片元器件的外形结构

用于安装贴片元器件的 PCB 不需要在印制电路板上开孔，元器件直接放置在印制电路板表面进行安装焊接，如图 1.4 所示。焊接时通常采用回流焊技术，少量的贴片元器件亦可采用手工焊接。

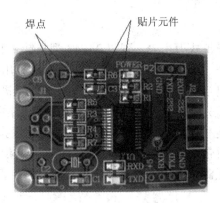

图 1.4　贴片元器件在 PCB 上的放置与焊接

二、无源元器件与有源元器件

无源元器件是指具有各自独立、不变的性能特性，与外加的电源信号无关，对电压、电流无控制和变换作用的元器件。无源元器件主要是指电阻类、电感类和电容类元器件。通常，把无源元器件称为元件。

有源元器件是指必须有电源支持才能正常工作的电子元器件，且输出取决于输入信号的变化。有源元器件对电压、电流有控制、变换作用，一般用来把信号放大、变换等，如三极管、场效应管、集成电路等均为有源元器件。通常，把有源元器件称为器件。

三、分立元器件和集成元器件

分立元器件是指元器件只具有本身的物理特性，不能完成一个电路功能的独立的元器件，如电阻、电容、电感、二极管、三极管等。

集成元器件又称集成电路，简称IC（Intergrated Circuit），它是将半导体分立器件（二极管、三极管及场效应管等）、电源、小电容以及电路的连接导线都集成在一块半导体硅片上，封装成一个整体电子元器件，形成一个集材料、元器件、电路"三体一位"且具有一定功能的半导体元器件。

与分立元器件相比，集成元器件具有体积小、重量轻、性能好、可靠性高、损耗小、成本低、使用寿命长等优点，且由于集成元器件构成的电子产品其外围线路简单、外接元器件数目少、整体性能好、便于安装调试，因而集成元器件得到了广泛的应用。

四、电子元器件常用的检测仪器仪表

电子元器件常用检测
仪器与工具

万用表是电子制作和维修人员最常用的电子元器件检测仪器仪表，正确检测电子元器件是每一位电子技术人员必须掌握的技能。

万用表是一种集测量电压、电流、电阻等参数为一体的多量程、多功能的测量仪表，是电工电子技术工作者最常用的测量仪表。

根据万用表的结构和显示方式的不同，万用表可分为"指针式万用表"和"数字式万用表"两种。

1. 指针式万用表

指针式万用表又称为模拟式万用表，现以 MF47 型指针式万用表为例，介绍指针式万用表的面板结构和使用方法。图 1.5 所示为 MF47 型指针式万用表的面板结构图。

指针式万用表的面板包括刻度盘、指针、功能转换开关、机械调零旋钮、表笔插孔等。在使用万用表测量前，应该先将红表笔插入万用表的"+"极插孔，黑表笔插入"–"极插孔，并调节万用表的指针定位螺丝(机械调零旋钮)，使万用表指针指示在刻度盘最左端电流零的位置，以避免测量时带来的读数误差。

指针式万用表主要用于测量电阻、直流电压、交流电压、直流电流等。测量时，要注意如下事项。

(1) 测量电阻时，每变换一次欧姆挡的倍率，都必须重新进行欧姆调零，即将万用表的两表笔短接，调节电阻调零旋钮，使万用表指针落在刻度盘右边"0 Ω"处。

(2) 测量直流电压时，将万用表直接并接在被测电路中，即将红表笔接被测电压的高电位端，黑表笔接被测量电压的低电位端进行测量。

(3) 测量直流电流时，将万用表串接在被测电路中，即将被测电路断开，红表笔接被测电路的高电位端，黑表笔接被测电路的低电位端进行测量。

(4) 读取测量数据时，视线应与表盘垂直，即实际指针与刻度盘上的镜中指针重合，才能正确地读取刻度示值。

2. 数字式万用表

以 VC890C 数字式万用表为例,介绍数字式万用表的使用方法。图 1.6 所示为 VC890C 数字式万用表的面板结构图。

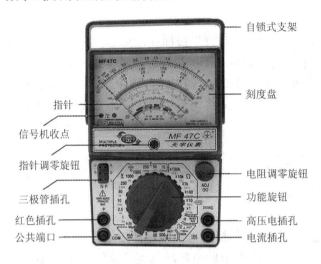
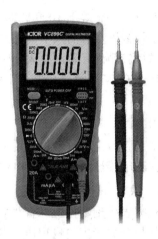

图 1.5　MF47 型指针式万用表面板结构图　　图 1.6　VC890C 数字式万用表面板结构图

数字式万用表可以用于测量直流电流、交流电流、直流电压、交流电压、电阻、电容等电路参数。与指针式万用表相比,数字式万用表具有可以直接从显示屏上读出被测量的数据而不需要进行数据换算的优点,但数字式万用表有时测量的数据稳定性不高,难以读出稳定、准确的数据。

五、指针式万用表的使用

1. 指针式万用表测电阻的方法和步骤

1) 选择量程

将红表笔插入万用表的"+"极插孔,黑表笔插入"–"极插孔;估计被测电阻的阻值,调节功能转换开关,选择合适的电阻倍率挡位。

通常的电阻(倍率)挡位分为×1、×10、×100、×1k、×10k 等,合适的电阻挡位是指在测量中,万用表的指针指示在刻度盘中间 1/3 的位置范围,这时的读数比较精确。

2) 欧姆调零

测量电阻时,每变换一次欧姆挡的倍率,都必须重新进行欧姆调零。

3) 测量

测量电阻时,用左手握持电阻,右手用握筷子的姿势握住表笔的绝缘端,将表笔的金属杆与电阻的引脚良好接触。测量时注意手不能同时触及电阻的两金属引脚,以免人体电阻并入被测电阻,影响电阻的测量精度。

4) 读数

从刻度盘最上端的欧姆刻度上读取指针指向的数据(刻度示值),则被测电阻的大小为

$$被测电阻值 = 刻度示值 \times 倍率(\Omega)$$

注意：读数时，视线应与表盘垂直，即实际指针与刻度盘上的镜中指针重合，才能正确地读取刻度示值。

2. 指针式万用表测直流电压的方法

1) 选择合适的量程

在测量小于等于 1000 V 的电压时，将红表笔插入"+"极插孔，黑表笔插入"−"极插孔；估计被测电压的大小，将调节功能转换开关拨到小于但最接近测量值的 V 量程，这时的读数比较精确。若测量大于 1000 V 而小于等于 2500 V 的电压，则将红表笔插入面板右下角的 2500 V 表笔插孔中，黑表笔插入"−"极插孔；将调节功能转换开关拨到 1000 V 量程即可。

2) 测量

测量直流电压时，将万用表直接并接在被测电路中，即将红表笔接被测电压的高电位端，黑表笔接被测电压的低电位端进行测量。

3) 读数

根据表头刻度盘上标有"<u>V</u>"符号的刻度线上指针所指数字，读出刻度示值，并结合功能转换开关所指的量程值、刻度盘上的最大刻度值(即电压满刻度偏转值)，计算出被测直流电压的大小为

$$被测直流电压 = \frac{刻度示值}{满刻度偏转值} \times 量程$$

3. 指针式万用表测直流电流的方法

1) 选择合适的量程

在测量小于等于 500 mA 的电流时，将红表笔插入"+"极插孔，黑表笔插入"−"极插孔；估计被测电流的大小，将调节功能转换开关拨到小于但最接近测量值的电流量程，这时的读数比较精确。若测量大于 500 mA 而小于等于 5 A 的电流，则将红表笔插入面板右下角的 5 A 表笔插孔中，黑表笔插入"−"极插孔；将调节功能转换开关拨到 500 mA 电流量程即可。

2) 测量

测量直流电流时，将万用表串接在被测电路中，即将被测电路断开，红表笔接被测电路的高电位端，黑表笔接被测电路的低电位端进行测量。

3) 读数

根据刻度盘上标有"mA"符号的刻度线上指针所指数字，读出刻度示值，并结合功能转换开关所指的量程值、刻度盘上的最大刻度值(即电流满刻度偏转值)，计算出被测直流电流的大小为

$$被测直流电流 = \frac{刻度示值}{满刻度偏转值} \times 量程$$

4. 指针式万用表测交流电压的方法

测量交流电压的方法与测量直流电压相似，不同之处在于：交流电没有正、负极性之

分，所以测量交流时，表笔也就不需分正、负。读数方法与上述的测量直流电压的读法一样，只是刻度示值是根据刻度盘上标有交流"V"符号的刻度线上的指针位置读取。

数字式万用表的使用

六、数字式万用表的使用

1. 数字式万用表测量电压的方法和步骤

(1) 将黑表笔插入"COM"插座，红表笔插入 V/Ω 插座。

(2) 测量直流电压时，将量程开关转至相应的直流电压挡位(V)上；测量交流电压时，将量程开关转至相应的交流电压挡位(V)上。然后将测试表笔直接并接在被测电路上，则万用表的显示屏立即显示出被测电压的大小与极性(测量交流电压不显示极性，读出的数据为交流电压的有效值)。

测量电压时的注意事项：若无法估计被测电压的范围，则测量时应将量程开关转到最高的挡位，根据显示值转至相应挡位上；如果屏幕显示"1"，表明已超过量程范围，须将量程开关转换到较高的电压挡位上。

2. 数字式万用表测量电流的方法和步骤

(1) 将黑表笔插入"COM"插座，红表笔插入"mA"插座中(被测电流小于等于 200 mA)，或红表笔插入"20A"插座中(被测电流大于 200 mA 而小于等于 20 A)。

(2) 测量直流电流时，将量程开关转至相应的 DCA 挡位(A-)上；测量交流电流时，将量程开关转至相应的 ACA 挡位(A~)上。然后将被测电路断开，测试表笔串接在被测电路上，则万用表的显示屏立即显示出被测电流的大小与极性(测量交流电流不显示极性，读出的数据为交流电流的有效值)。

测量电流时的注意事项：若无法估计被测电流的范围，则测量时应将量程开关转到最高的挡位，然后根据显示值转至相应挡位上；如果屏幕显示"1"，表明已超过量程范围，须将量程开关转换到较高的电流挡位上；在测量 20 A 电流时，万用表内部的测量电路易发热，长时间测量会影响测量精度甚至损坏仪表。

3. 数字式万用表测量电阻

(1) 将黑表笔插入"COM"插座，红表笔插入 V/Ω 插座。

(2) 将量程开关转至相应的电阻量程上，然后将两表笔并接在被测电阻上，从显示屏读出被测电阻的阻值大小。

测量电阻时的注意事项：数字式万用表刻度盘上的电阻刻度为该量程的最大指示值，如果测量的电阻值超过所选量程值，则显示屏会显示"1"，这时应将量程开关转至较高挡位上；当测量电阻值超过 1 MΩ 时，读数需几秒时间才能稳定，这在测量高电阻时是正常的；测量在线电阻时，应将被测电路的所有电源切断，将所有电容放电之后才可进行。

4. 数字式万用表测量电容

(1) 将黑表笔插入"COM"插座，红表笔插入"mA"插座。

(2) 将量程开关转至相应的电容量程上(20 n，或 2 μ，或 200 μ)，两表笔并接在被测电容的两个电极引脚上；若测量电解电容，应将红表笔接在被测电容的"+"极端，从显示屏读出被测电容的容量大小。

测量电容时的注意事项：如果屏幕显示"1"，表明已超过量程范围，须将量程开关转至较高挡位上；在测试电容容量之前，必须对电容充分放电，以防止损坏仪表。

5. 数字式万用表测试二极管及通断

(1) 将黑表笔插入"COM"插座，红表笔插入 V/Ω 插座。

(2) 将量程开关转至"二极管测试挡"，红表笔接二极管正极，黑表笔接二极管负极，读数为二极管正向压降的近似值。

(3) 将量程开关转至"二极管测试挡"，将表笔连接到待测线路的两点，如果两点之间电阻值低于$(70\pm20)\Omega$，则内置蜂鸣器发声，表明被测两点导通或者两点间阻值小于 90 Ω。

6. 数字式万用表测量三极管 h_{FE}

(1) 将量程开关置于 h_{FE} 挡。

(2) 测量前需要先确定所测三极管为 NPN 或 PNP 型，根据类型将发射极、基极、集电极分别插入相应的插孔，即可从显示屏上读出三极管的 h_{FE} 数值。

七、电子元器件常用的检测辅助工具

电子元器件检测时，有时需要使用一些辅助工具，如小型的手动螺钉旋具、钟表起子、无感起子等。

1. 手动螺钉旋具

螺钉旋具也称为螺丝刀，俗称改锥或起子，用于紧固或拆卸螺钉。常用的螺钉旋具有一字形和十字形两大类。

在元器件检测时，螺丝刀用于拆卸电路板上的元件，或调整大型元器件的位量，或用于调节某些可调元件的调节范围。

手动螺钉旋具有多种形式，根据螺钉旋具的头部形状不同可分为一字形和十字形两类。使用时，应根据螺钉的大小、规格、类型、使用场合和紧固的松紧程度、可调元件调节螺钉的头部大小选用不同规格的螺钉旋具。

常用的手动螺钉旋具如图 1.7 所示。

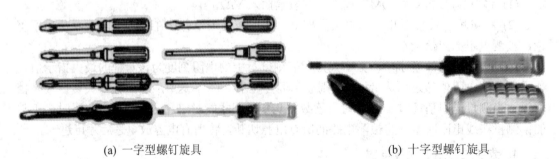

(a) 一字型螺钉旋具　　　　　　　　　　(b) 十字型螺钉旋具

图 1.7　常用的手动螺钉旋具外形结构图

常用的一字形螺丝刀的规格如表 1-1 所示。

表 1-1　常用一字型螺丝刀的规格　　　　　　　mm

公称尺寸	全长		公称尺寸	全长		公称尺寸	全长	
	木柄	塑料柄		木柄	塑料柄		木柄	塑料柄
50 × 3		100	150 × 4	235	200	100 × 6	210	190
65 × 3		115	50 × 5	135	120	125 × 6	235	210
65 × 3		125	65 × 5	150	135	150 × 7	270	250
75 × 3		125	75 × 5	160	145	200 × 8	335	310
100 × 3	185	170	200 × 5	185	270	250 × 9	400	370

2. 钟表起子

钟表起子是通体为金属的小型螺丝起子，它的端头有各种不同的形状(一字或十字等)和大小，手柄为带竖纹的细长金属杆，其手柄的上端装有活动的圆形压板，如图 1.8 所示。钟表起子主要用于小型或微型螺钉的装拆，有时也用于小型可调元器件的调整。使用时，用食指按压住圆形压板，用大拇指和中指旋转手柄即可装、拆小螺钉。由于钟表起子的通体为金属，使用时要特别注意安全用电，必须断电操作。

图 1.8　钟表起子

3. 无感起子

无感起子是用非磁性材料(如象牙、有机玻璃或胶木等非金属材料)制成的，用于调整高频谐振回路中可调电感与微调电容。

常用的无感起子常用尼龙棒制造，或采用顶部镶有不锈钢片的塑料压制而成，如图 1.9 所示。使用频率较高时应选用尼龙棒制成的无感旋具；使用频率较低时，可选用头部镶有不锈钢片的无感旋具。

使用无感起子，可避免由于金属体及人体感应现象对高频回路产生影响，确保高频电路顺利、准确地调整。如可用于收音机和电视机的高中频谐振回路、电感线圈、微调电容器、磁帽、磁芯的调整，以获得满意的调试效果。

4. 集成电路起拔器

集成电路(IC)起拔器是一种从印制电路板上拔取(拆卸)集成电路的工具。使用集成电路起拔器拆卸集成电路，不易损坏集成电路，且简单、快捷，如图 1.10 所示。

图 1.9　无感小旋具　　　　　　　　图 1.10　集成电路起拔器

任务二　常用电子元器件及其检测

电子电路中常用的元器件包括电阻、电容、电感、二极管、三极管、可控硅、轻触开关、蜂鸣器、数码管、液晶等。本任务将针对最常用的电阻、电容、电感、二极管、三极管、LED 数码管等常用电子元器件进行介绍。

一、电阻及其检测

当电流通过导体时，导体对电流呈现的阻碍作用称为电阻。在电路中，起电阻作用的元件称为电阻。

电阻

1. 电阻的基本知识

1) 电阻及其作用

电阻是由电阻的主体及其引线构成的。电阻用字母"R"表示，其基本单位是欧姆(Ω)，常用单位有 kΩ、MΩ、GΩ 等，它们之间的换算关系为 $1\,\text{k}\Omega = 10^3\,\Omega$，$1\,\text{M}\Omega = 10^6\,\Omega$，$1\,\text{G}\Omega = 10^9\,\Omega$。

电阻是电子产品中不可缺少且用量最大的元件，常用电阻器的外形结构及电路符号如图 1.11 所示。

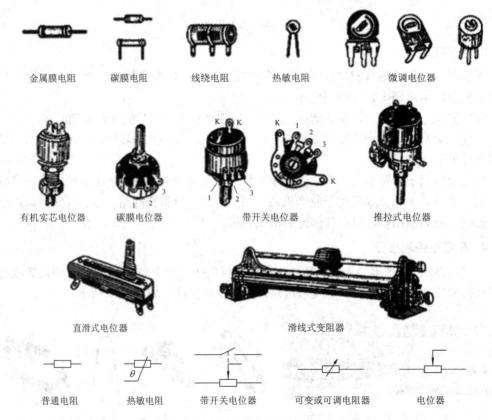

金属膜电阻　　碳膜电阻　　线绕电阻　　热敏电阻　　微调电位器

有机实芯电位器　碳膜电位器　　带开关电位器　　推拉式电位器

直滑式电位器　　　　　　　滑线式变阻器

普通电阻　　热敏电阻　　带开关电位器　　可变或可调电阻器　　电位器

图 1.11　常用电阻器的外形结构及电路符号

在电路中，电阻主要有分压、分流、负载(能量转换)等作用，用于稳定、调节、控制电路中电压或电流的大小。

2) 电阻的分类

按电阻的制作材料和工艺可分为金属膜电阻、碳膜电阻、线绕电阻等。

按电阻的数值能否变化可分为固定电阻、微调电阻、电位器等。

按电阻的用途可分为热敏电阻、光敏电阻、分压电阻、分流电阻等。

按电阻的安装方式可分为通孔插装电阻、表面贴装电阻等。

常用电阻的性能、特点如表 1-2 所示。

表 1-2 常用电阻的性能、特点

电阻名称	电阻的性能、特点
碳膜电阻	稳定性高，噪声低，应用广泛。阻值范围：$1\ \Omega \sim 10\ M\Omega$
金属膜电阻	体积小，稳定性高，噪声低，温度系数小，耐高温，精度高，但脉冲负载稳定性差。阻值范围：$1\ \Omega \sim 620\ M\Omega$
线绕电阻	稳定性高，噪声低，温度系数小，耐高温，精度很高，功率大(可达500 W)，但高频性能差，体积大，成本高。阻值范围：$0.1\ \Omega \sim 5\ M\Omega$
金属氧化膜电阻	除具有金属膜电阻的特点外，它比金属膜电阻的抗氧化性和热稳定性高，功率大(可达50 kW)，但阻值范围小，主要用来补充金属膜电阻器的低阻部分。阻值范围：$1\ \Omega \sim 200\ k\Omega$
合成实芯电阻	机械强度高，过负载能力较强，可靠性高，体积小，但噪声较高大，分布参数(L、C)大，对电压和温度的稳定性差。阻值范围：$4.7\ \Omega \sim 22\ M\Omega$
合成碳膜电阻	电阻阻值变化范围宽、价廉，但噪声大，频率特性差，电压稳定性低，抗湿性差，主要用来制造高压高阻电阻器。阻值范围：$10\ \Omega \sim 10^6\ \Omega$
绕线电位器	稳定性高，噪声低，温度系数小，耐高温，精度很高，功率较大(达25 W)，但高频性能差，阻值范围小，耐磨性差，分辨率低，适用于高温大功率电路及做精密调节的场合。阻值范围：$4.7\ \Omega \sim 100\ k\Omega$
合成碳膜电位器	稳定性高，噪声低，分辨力高，组织范围宽，寿命长，体积小，但抗湿性差，滑动噪声大，功率小，该电位器为通用电位器，广泛用于一般电路中。阻值范围：$100\ \Omega \sim 4.7\ M\Omega$
金属膜电位器	分辨力高，耐高温，温度系数小，动噪声小，平滑性好，该电位器适合高功率场合使用。阻值范围：$100\ \Omega \sim 1\ M\Omega$

3) 电阻的命名方法

国产电阻型号的命名由主称、材料、分类和序号等四个部分组成，如图 1.12 所示。

图 1.12 电阻型号的命名方法

主称：用字母表示产品的名称。

材料：用字母表示电阻体的组成材料。

分类：用数字或字母表示产品的特点、用途。

序号：用数字表示同类电阻中不同品种，以区分电阻的外形尺寸和性能指标的微弱变化等。

电阻型号中各部分的含义如表 1-3、表 1-4 所示。

表 1-3　电阻命名方法的含义

第一部分		第二部分		第三部分		
主　称		材　料		分类(用途、特点)		
符号	含义	符号	含义	符号	含　义	
					电阻	电位器
R	电阻	T	碳膜	1	普通	普通
W	电位器	H	合成膜	2	普通	普通
M	敏感电阻器	S	有机实芯	3	超高频	—
		N	无机实芯	4	高阻	—
		J	金属膜	5	高温	—
		Y	氧化膜	6	精密	—
		C	沉积膜	7	精密	精密
		I	玻璃釉膜	8	高压	—
		X	线绕	9	—	特殊函数
		R	热敏	G	高功率	—
		G	光敏	T	可调	—
		Y	压敏	X	—	小型
				W	—	微调
				D	—	多圈
				L	—	测量用

表 1-4　敏感电阻命名方法的含义

材　料		分　类				
符号	含　义	符号	含　义			
			负温度系数	正温度系数	光敏电阻	压敏电阻
F	负温度系数热敏材料	1	普通	普通		碳化硅
Z	正温度系数热敏材料	2	稳压	稳压		氧化锌
G	光敏材料	3	微波			氧化锌
Y	压敏材料	4	旁热		可见光	
S	湿敏材料	5	测温	测温	可见光	
C	磁敏材料	6	微波		可见光	
L	力敏材料	7	测量			
Q	气敏材料					

例 1.1　指出电阻 RJ21 及 WX52 的含义。

解　RJ21 为普通金属膜固定电阻；WX52 为高温线绕电位器。

2. 固定电阻的主要性能参数

电阻是电子产品中不可缺少的电路元件，使用时应根据其性能参数来选用；检测时，也是以电阻的性能参数为标准来判断电阻元件的好坏。

电阻的主要性能参数包括标称阻值、允许偏差、额定功率和温度系数等。

1) 标称阻值

电阻的标称阻值是指电阻器上所标注的阻值。国家标准 GB 2471—1981《电阻器标称阻值系列》规定了一系列阻值作为电阻值取用的标准，表 1-5 所示即为通用电阻的标称阻值系列。

电阻取用的标称阻值为表 1-5 所列数值的 10^n（n 取整数）倍。以 E_{12} 系列中的标称值 1.5 为例，它所对应的电阻的标称阻值可为 1.5 Ω、15 Ω、150 Ω、1.5 kΩ、15 kΩ、150 kΩ 和 1.5 MΩ 等，其他系列依次类推。

表 1-5　通用电阻的标称阻值系列

标称系列名称	偏差	电阻的标称阻值
E_{48}	±1%	1.00，1.05，1.10，1.15，1.21，1.27，1.33，1.40，1.47，1.54，1.62，1.69，1.78，1.87，1.96，2.05，2.15，2.26，2.37，2.49，2.61，2.74，2.87，3.01，3.16，3.32，3.48，3.65，3.83，4.02，4.22，4.42，4.64，4.87，5.11，5.36，5.62，5.90，6.19，6.49，6.81，7.15，7.50，7.87，8.25，8.66，9.09，9.53
E_{24}	Ⅰ级±5%	1.0，1.1，1.2，1.3，1.5，1.6，1.8，2.0，2.2，2.4，2.7，3.0，3.3，3.6，3.9，4.3，4.7，5.1，5.6，6.2，6.8，7.5，8.2，9.1
E_{12}	Ⅱ级±10%	1.0，1.2，1.5，1.8，2.2，2.7，3.3，3.9，4.7，5.6，6.8，8.2
E_6	Ⅲ级±20%	1.0，1.5，2.2，3.3，4.7，6.8

当 E 取不同数值系列时，其标称阻值各不相同。如 E_6 系列的标称值只有 6 项为 1.0，1.5，2.2，3.3，4.7，6.8；而 E_{12} 系列的标称值有 12 项为 1.0，1.2，1.5，1.8，2.2，2.7，3.3，3.9，4.7，5.6，6.8，8.2。

为了简便起见，在电路图上常用的电阻值标注方法是：阻值在 1 kΩ 以下的电阻，其阻值后可不标"Ω"的符号；阻值在 1 kΩ 以上 1 MΩ 以下的电阻，其阻值后只需加"k"的符号；1 MΩ 以上的电阻，其阻值后只需加"M"的符号。例如，150 Ω 的电阻可简写为 150；3600 Ω 的电阻可简写为 3.6k 或 3k6；2 200 000 Ω 的电阻可简写为 2.2 M 或 2M2。

2) 允许偏差

在电阻的生产过程中，由于所用材料、设备和工艺等方面的原因，厂家生产出的电阻与标称阻值存在一定的偏差，因而把标称阻值与实际阻值之间允许的最大偏差范围称为电阻的允许偏差，又称电阻的允许误差。

$$电阻的允许偏差 = \frac{标称阻值 - 实际阻值}{标称阻值} \times 100\%$$

通常允许偏差是用百分比来表示的，但有时也可用文字符号表示，如表 1-6 所示。允许偏差可以是对称的，也可以是不对称的。

表 1-6　无源器件允许偏差的文字符号表示

文字符号	对　称　偏　差										不对称偏差		
	H	U	W	B	C	D	F	G	J	K	M	R	S	Z
允许偏差 / %	±0.01	±0.02	±0.05	±0.1	±0.2	±0.5	±1	±2	±5	±10	±20	+100 −10	+50 −20	+80 −20

通用电阻的允许偏差与精度等级存在一定的对应关系，如表 1-7 所示。允许偏差小于 ±1% 的电阻称为精密电阻。电阻的精度越高，价格越贵。

表 1-7　允许偏差与精度等级的对应关系

允许偏差与精度等级的对应关系					
允许偏差	±0.5%	±1%	±2%	±5%	±10%	±20%
精度等级	005	01	02	I 级	II 级	III 级

3) 额定功率

电阻的额定功率也称为电阻的标称功率，它是指在产品标准规定的大气压(90 kPa～106.6 kPa)和额定温度(−55℃～+70℃)下，电阻长期工作所允许承受的最大功率，其单位为瓦(W)。

常用的电阻标称(额定)功率有 1/16 W(0.0625 W)、1/8 W(0.125 W)、1/4 W(0.25 W)、1/2 W(O.5 W)、1 W、2 W、3 W、5 W、10 W、20 W 等。电阻标称(额定)功率在电路图中的表示方法如图 1.13 所示。

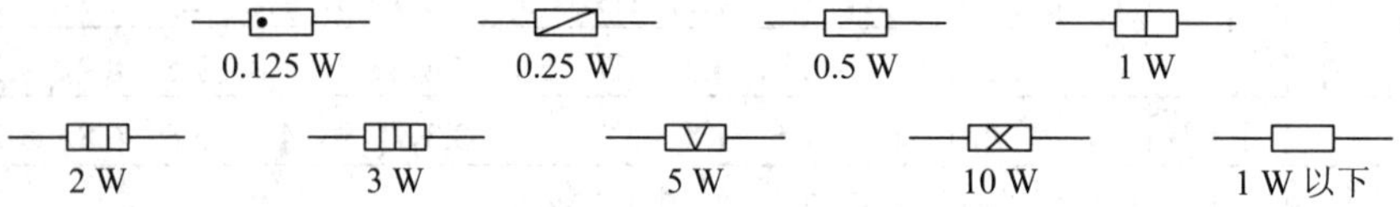

图 1.13　电阻标称(额定)功率在电路图中的表示方法

不同类型的电阻，其额定功率的范围不同。线绕电阻器额定功率系列为 1/20 W、1/8 W、1/4 W、1/2 W、1 W、2 W、4 W、8 W、10 W、16 W、25 W、40 W、50 W、75 W、100 W、150 W、250 W、500 W；非线绕电阻器额定功率系列为 1/20 W、1/8 W、1/4 W、1/2 W、1 W、2 W、5 W、10 W、25 W、50 W、100 W。

对于同一类型的电阻来说，体积越大，其额定功率越大。功率越大，价格越高，在使用过程中，若电阻的实际功率超过额定功率，会造成电阻过热而烧坏。因而实际使用时，选取的额定功率值一般为实际计算值的 1.5～3 倍。

4) 温度系数

温度每变化 1℃ 时，引起电阻的相对变化量称为电阻的温度系数，用 α 表示。

$$\alpha = \frac{R_2 - R_1}{R_1(t_2 - t_1)}$$

上式中，R_1、R_2 分别为温度 t_1、t_2 时的阻值。

温度系数 α 可正、可负。温度升高，电阻值增大，称该电阻具有正的温度系数；温度升高，电阻值减小，称该电阻具有负的温度系数。温度系数越小，电阻的温度稳定度越高。

3. 可变电阻的主要性能指标

微调电阻和电位器统称为可变电阻，其中，微调电阻的阻值变化范围小，电位器的阻值变化范围大。

1) 微调电阻和电位器的异同

(1) 相同点。从结构上来看，微调电阻和电位器都具有三个引脚，其中两个引脚是固定端，另一个引脚是滑动端。

(2) 不同点。从外形结构看，微调电阻的体积小，阻值的调节需要使用工具(螺丝刀)进行。电位器的体积相对来说更大些，滑动端带有手柄，使用时可根据需要直接用手调节。

在作用功能上，微调电阻一般是在电路的调试阶段进行电路参数的调整，一旦电子产品调整定形后，微调电阻就无须再调整了；电位器主要用于电子产品的使用调节，是方便用户使用设置的，如收音机的音量电位器等。

2) 可变电阻的主要性能指标

(1) 标称阻值。可变电阻的标称阻值是指标注在可变电阻外表面上的阻值，是可变电阻两个固定引脚之间的阻值，是可变电阻的最大值。调节可变电阻的滑动端，可以使可变电阻滑动端与固定端之间的阻值在 0 Ω 和标称阻值之间连续变化，并由此可以判断出实际偏差。

(2) 额定功率。可变电阻的额定功率是指两个固定端之间允许消耗的最大功率。滑动端与固定端之间所承受的功率小于电位器的额定功率。

(3) 滑动噪声。滑动噪声是指调节滑动端时，可变电阻的滑动端触点与电阻体的滑动接触所产生的噪声，它是由于电阻材料的分布不均匀以及滑动端滑动时接触电阻的无规律变化引起的。

4. 敏感电阻的性能与用途

敏感电阻是指对温度、光通量、电压、湿度、气体、压力、磁通量等物理量敏感的特殊电阻。常用的敏感电阻有热敏电阻、光敏电阻、压敏电阻、湿敏电阻、气敏电阻和磁敏电阻等。敏感电阻常用于自动化控制系统、遥测遥感系统、智能化系统中。

敏感电阻符号是在普通电阻的符号中加斜线，并在旁标注敏感电阻的类型，如 t、v 等。

1) 热敏电阻

热敏电阻是一种对温度特别敏感的电阻，当温度变化时其电阻值会发生显著的变化。热敏电阻上的标称阻值一般是指温度在 25℃ 时实际电阻值。热敏电阻的外形结构及电路符号如图 1.14 所示。

图 1.14 热敏电阻的外形结构及电路符号

按温度系数分类，热敏电阻可分为负温度系数(电阻值与温度变化成反比)的热敏电阻NTC 和正温度系数(电阻值与温度变化成正比)的热敏电阻 PTC。负温度系数的热敏电阻NTC 常用于稳定电路的工作点，正温度系数的热敏电阻 PTC 在家电产品中应用较广泛，如用于冰箱或电饭煲的温控器中。

2) 压敏电阻

压敏电阻是一种对电压敏感的电阻元件，主要有碳化硅和氧化锌压敏电阻。当加在该元件上的电压低于标称电压值时，其阻值无穷大；当加在该元件上的电压高于标称电压值时，其阻值急剧减小。压敏电阻的外形结构及电路符号如图 1.15 所示。

(a) 外形结构　　　　　　　　　　(b) 电路符号

图 1.15　压敏电阻的外形结构及电路符号

压敏电阻常常和保险丝配合并接在电路中使用，当电路出现过压故障(超出额定值)时，压敏电阻值急剧减小(出现短路现象)，电路中的电流急剧增加，电路中的保险丝自动熔断，起到保护电路的作用。

压敏电阻在电路中，常用于电源过压保护和稳压。

3) 光敏电阻

光敏电阻是一种利用光电效应的半导体材料制成，且对光通量敏感的电阻元件。在无光照时，光敏电阻的阻值较高；光照加强，光敏电阻的阻值明显下降。光敏电阻的外形结构及电路符号如图 1.16 所示。

图 1.16　光敏电阻的外形结构及电路符号

光敏电阻常用于光电自动控制系统中，如用于大型宾馆、商场的自动门和自动报警系统中等。

4) 湿敏电阻

湿敏电阻是一种对环境湿度敏感的元件，它的电阻值能随着环境的相对湿度变化而变化。湿敏电阻一般由基体、电极和感湿层等组成，如图 1.17(a)所示；湿敏电阻的外形结构及电路符号如图 1.17(b)、(c)所示。

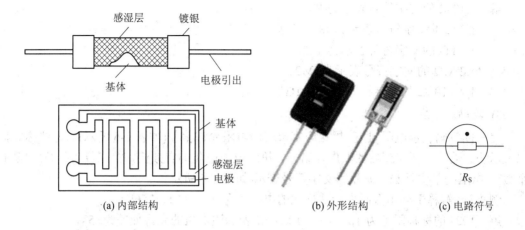

图 1.17　湿敏电阻的外形结构及电路符号

　　湿敏电阻广泛应用于洗衣机、空调、录像机、微波炉等家用电器，以及工业、农业等方面的湿度检测、湿度控制等领域。工业上常用的湿敏电阻主要有氯化锂湿敏电阻、有机高分子膜湿敏电阻。

5. 电阻的标注方法

　　将电阻的主要参数(标称阻值与允许偏差)标注在电阻外表面上的方法称为电阻的标注方法。电阻常用的标注方法有直标法、文字符号法、数码表示法和色标法等四种。

电阻的标注方法

1) 直标法

　　用阿拉伯数字和文字符号在电阻上直接标出其主要参数的标注方法称为直标法。如图 1.18 所示，其电阻值为 2.7 kΩ，偏差为 ±10%。若电阻上未标注偏差，则默认为 ±20% 的误差。一般功率较大的电阻还会在电阻上标出额定功率的大小。这种标注方法主要用于体积较大的元器件上。

2) 文字符号法

　　用阿拉伯数字和文字符号两者有规律地组合，在电阻上标出主要参数的标示方法称为文字符号法。

　　用文字符号法表示电阻主要参数的具体方法为：用文字符号表示电阻的单位，如：R 或 Ω 表示欧姆 Ω、k 表示千欧 kΩ(10^3Ω)、M 表示兆欧 MΩ(10^6 Ω)、G 表示吉欧 GΩ(10^9 Ω) 等，电阻值(用阿拉伯数字表示)的整数部分写在阻值单位的前面，电阻值的小数部分写在阻值单位的后边。如图 1.19 所示，其电阻值为 3.9 Ω。用特定的字母表示电阻的允许偏差，可参照表 1-6 所示。

| 图 1.18　电阻器的直标法 | 图 1.19　电阻器的文字符号法 |

例 1.2　用文字符号法表示 0.12 Ω、1.2 Ω、1.2 kΩ、1.2 MΩ、$1.2×10^9$ Ω 的电阻阻值大小。

解   0.12 Ω 的文字符号表示为 R12。

1.2 Ω 的文字符号表示为 1R2 或 1Ω2。

1.2 kΩ 的文字符号表示为 1k2。

1.2 MΩ 的文字符号表示为 1M2。

1.2×10^9 Ω 的文字符号表示为 1G2。

3) 数码表示法

用三位数码表示电阻阻值,用相应字母表示电阻允许偏差(如表 1-6 所示)的方法称为数码表示法。数码按从左到右的顺序,第一、第二位为电阻的有效值,第三位为乘数(即零的个数),电阻的单位是 Ω。偏差用文字符号表示(如表 1-6 所示)。

例 1.3   解释下列用数码表示法标注的电阻的含义:102J、756K。

解   102J 的标称阻值为 $10 \times 10^2 = 1$ kΩ,J 表示该电阻的允许偏差为 ±5%。

756K 的标称阻值为 $75 \times 10^6 = 75$ MΩ,K 表示该电阻的允许偏差为 ±10%。

4) 色标法

用不同颜色的色环表示电阻的标称阻值与允许偏差的标注方法称为色码标注法,简称色标法,亦称色环法。这种表示方法常用在小型电阻上,这类电阻亦称为色环电阻。通常用不同的背景颜色来区别电阻的不同种类,即浅色(浅棕、浅蓝或浅绿色)背景为碳膜电阻,红色背景为金属膜或金属氧化膜电阻,深绿色背景为线绕电阻。

各种色环颜色的规定如表 1-8 所示。

表 1-8   色环符号(颜色)的规定

颜 色	有 效 数 字	乘 数	允许偏差/%
银色	—	10^{-2}	±10
金色	—	10^{-1}	±5
黑色	0	10^0	—
棕色	1	10^1	±1
红色	2	10^2	±2
橙色	3	10^3	
黄色	4	10^4	—
绿色	5	10^5	±0.5
蓝色	6	10^6	±0.25
紫色	7	10^7	±0.1
灰色	8	10^8	—
白色	9	10^9	+50,−20
无色			±20

色标法常用的有四色标法和五色标法两种,如图 1.20 所示。

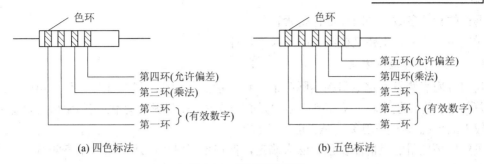

(a) 四色标法　　　　　　　　(b) 五色标法

图 1.20　电阻的色标法

其具体含义规定如下：

四色标法规定为第一、二环是有效数字，第三环是乘数，第四环是允许偏差。

五色标法规定为第一、二、三环是有效数字，第四环是乘数，第五环是允许偏差。

注意： 读色码的顺序规定为更靠近电阻引线的色环为第一环，离电阻引线远一些的色环为最后的环(即偏差环)；偏差环与其他环的间距要大(通常为前几环间距的 1.5 倍)。若两端色环离电阻两端引线等距离，可借助于电阻的标称值系列(见表 1-5)以及色环符号的规定(见表 1-8)中有效数字与偏差的特点来判断。

四环电阻通常为普通电阻，其阻值误差较大，一般误差为±5%、±10%、±20%。五环电阻通常为精密电阻，其阻值误差相对较小，一般误差为±0.1%、±0.25%、±0.1%、±1%、±2%。还有一些三环电阻，就是允许误差大于等于±20%的电阻。

例 1.4　如图 1.21 所示，读出图 1.21(a)、(b)两图色环电阻标识的参数。

解　图 1.21(a)、(b)中，由于两端色环离电阻的引线等距离，由表 1-8 可知，图 1.21(a)中银色只代表误差，不能表示有效数字，因而棕色为第一环，银色是最后一环，由此得出该色环电阻的有效色环是棕(1)、黑(0)，乘数环是红环($\times 10^2$)，误差环是银环($\pm 10\%$)，即该色环电阻阻值为 $10 \times 10^2 = 1\text{k}\Omega$，误差为 $\pm 10\%$。

图 1.21(b)中，由于两端的色环(红、绿环)，既可作为有效数字位，又可作为误差位，这时，可参考表 1-5 中电阻器的标称阻值的规定，得出该色环电阻的第一环为绿环而非红环，其阻值为 $51 \times 10^3 = 51 \text{ k}\Omega$，误差为±2%。

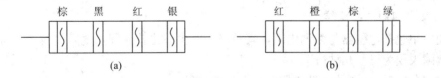

| 棕 | 黑 | 红 | 银 | | 红 | 橙 | 棕 | 绿 |

(a)　　　　　　　　　　　　(b)

图 1.21

例 1.5　用色环法表示 1400 Ω，误差±0.25%的电阻。

解　误差±0.25%的电阻属于精密电阻，用五色环法表示时，根据表 1-8 中的色环颜色规定可知，1400 Ω 的电阻用"棕黄黑棕"表示阻值大小，用蓝色表示误差。所以，1400 Ω ± 0.25%的电阻色环是"棕黄黑棕蓝"。

6. 固定电阻的检测

元器件的检测是电子制作中的一项基本技能，检测的目的是：测

电阻的检测

试元器件的相关参数,判断元器件是否正常。

对电阻的检测,主要是检测其阻值及其好坏。

1) 固定电阻的检测方法

使用万用表测量固定电阻的实际阻值,将测量值和标称值进行比较,计算出电阻的实际偏差并与允许偏差比较,从而判断电阻是否出现短路、断路、老化(实际阻值与标称阻值相差较大的情况)等故障现象,是否能够正常工作。

虽然色环电阻的阻值能以色标法来确定,但在使用时最好还是用万用表测试一下其实际阻值,并判断其误差。

2) 固定电阻的检测步骤

(1) 外观检查。轻轻摇动电阻的引脚,观察电阻引脚有无脱落及松动的现象,"眼观、鼻闻"检查电阻有无烧焦、异味的状况,从外表排除电阻的断路故障。

(2) 在路检测。外观检查没有问题后,就可进行在路检测。对电阻在路(即电阻器仍然焊在电路中)检测时,首先要断开电路中的电源,将万用表调到电阻挡,两表笔并接在被测电阻的两端进行测量。若测量值远远大于该电阻的标称值,则可判断该电阻出现断路或严重老化现象,即电阻器已损坏。

(3) 断路检测。对电阻在路检测有疑问时,可采用断路检测的方法进一步确认。断路检测时,将被测电阻从电路中断开(至少熔断开一个头),将万用表调到电阻挡,两表笔并接在被测电阻的两端进行测量。若测量的电阻值基本等于标称值,说明该电阻正常;若测量的电阻值接近于零,说明电阻短路;若测量的电阻值远大于标称值,说明该电阻已老化、损坏;若测量的电阻值趋于无穷大,该电阻已断路。

3) 检测注意事项

(1) 测量时,应避免两个手同时接触被测电阻的两个引脚,或两手同时触及万用表表笔的金属部分,以免人体电阻并入被测电阻而影响测量的准确性。

(2) 为了提高测量精度,应根据被测电阻标称值的大小来选择量程。测量时,指针式万用表的指针指示值尽可能落到刻度的中间1/3或略偏右边的位置为佳。

7. 可变电阻的检测

1) 可变电阻的主要故障

可变电阻包括电位器与微调电阻,其故障的发生率比普通固定电阻高得多。可变电阻的主要故障表现为以下几种情况。

(1) 接触不良。表现为可变电阻与电路时断时续。

(2) 磨损严重(老化)。表现为可变电阻的实际值远大于标称值。

(3) 元件断路。分为引脚断开和过流烧断两种情况,表现为可变电阻的测量值为无穷大。

(4) 调节障碍。表现为调节不顺畅,调节测量时万用表指针指示的电阻值出现跳变现象。

2) 可变电阻的检测方法

对电位器与微调电阻的测量,其方法与测量普通电阻类似,不同之处如下所述。

(1) 电位器与微调电阻两固定引脚之间的电阻值,应等于标称值,若测量值远大于或远小于标称值,说明元件出现故障。

(2) 缓慢调节电位器或微调电阻,测量元件定片和动片之间的阻值,观察其电阻值的变化情况:正常时,电阻值应从零变到标称值;若电阻值变化连续平稳,没有出现表针跳动的情况,说明元件是正常的,否则表明元件出现接触不良的故障;若定片和动片之间的阻值远大于标称值,或为无穷大,说明元件内部有断路现象。

3) 可变电阻的检测步骤

(1) 检测可变电阻的电阻值。测量时,将万用表调到电阻挡,将表笔接到可变电阻固定引脚 1、3 端,如图 1.22 所示,可变电阻的电阻值即为可变电阻两固定引脚 1、3 之间的电阻值,应等于标称值,若测量值远大于或远小于标称值说明可变电阻已经损坏。

(2) 检测可变电阻可调范围及调节功能。测量时,将万用表调到电阻挡,将表笔接到可变电阻固定引脚端 1(或 3)和滑动端 2,缓慢调节可变电阻的滑动端(转动旋柄),查看旋柄转动是否平滑、灵活,测量滑动端 2 和某一固定端 1 之间的阻值,观察其电阻值的变化情况。正常时,万用表指针所示电阻值应该是连续平稳从零渐变到标称值;若出现万用表的表针跳动或数值突变的情况,说明可变电阻出现接触不良的故障;若滑动端和固定端之间的阻值远大于标称值,或为无穷大,说明元件内部有断路现象。可变电阻检测示意图如图 1.23 所示。

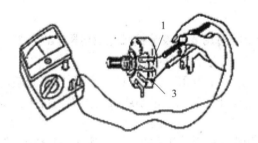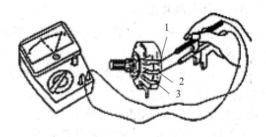

图 1.22 检测可变电阻的电阻值　　　　图 1.23 检测可变电阻的可调范围及调节功能

(3) 检查带开关的电位器。带开关的电位器有 5 个引脚,其中 1、2、3 端为电位器端,4、5 端为开关端,带开关电位器的检测如图 1.24 所示。对于带开关的电位器,检测时,不仅要检测电位器的电阻值、可调范围及调节功能,还要检测电位器的开关是否灵活,开关通、断时"喀哒"声是否清脆,并听一听电位器内部的接触点和电阻体摩擦的声音,如有"沙沙"声,说明质量不好。

(a) 带开关电位器电阻值、可调范围及调节功能的检测　　　(b) 带开关电位器开关部分的检测

图 1.24 带开关电位器的检测

8. 敏感电阻的检测方法

当敏感源(气敏源、光敏源、热敏源等)发生变化时，用万用表的欧姆挡检测敏感电阻的阻值。当敏感源发生变化时，敏感电阻阻值也明显变化，说明该敏感电阻是好的；若敏感电阻阻值变化很小或几乎不变，则敏感电阻出现故障。

1) 热敏电阻的检测

(1) 25℃室温检测。在25℃室温条件下，用万用表测量热敏电阻的实际阻值。若实际阻值与标称阻值相差±2Ω，则电阻正常；若阻值相差较大，则敏感电阻性能变差或已损坏。

(2) 加温检测。在25℃室温条件下检测正常时可进行加温检测，即用万用表连接热敏电阻两端，然后将热源(如加热后的电烙铁)靠近(但不能直接接触)热敏电阻，观察热敏电阻的阻值变化。若电阻值随温度的升高而明显变化，则热敏电阻性能良好，否则，热敏电阻性能变坏，不能使用。

2) 压敏电阻的检测

采用在路检测的方法。将被测压敏电阻与限流电阻串联后接到一个可变电压源两端，可变电压源的电压调到零伏，同时将万用表两表笔并接在压敏电阻的两端；然后，将可变电压源的电压从零伏慢慢调高，若压敏电阻值减小，则该电阻是好的，否则该电阻性能变坏。

3) 光敏电阻的检测

用万用表的 R × 1k 挡测量光敏电阻的阻值。将万用表的表笔接触光敏电阻的两引脚，观察光敏电阻的阻值。

(1) 用一黑纸片将光敏电阻的透光窗口遮住，读出万用表指示的阻值。此时若光敏电阻的阻值越大(接近无穷大)，说明光敏电阻性能越好；若此值很小或接近于零，说明光敏电阻已烧穿损坏，不能再继续使用。

(2) 将一光源对准光敏电阻的透光窗口，此时万用表的指针应有较大幅度的摆动，阻值明显减小，此值越小说明光敏电阻性能越好；若此值很大甚至无穷大，说明光敏电阻内部开路损坏，也不能再继续使用。

(3) 光源对准光敏电阻的透光窗口时，用一小黑纸片在光敏电阻的透光窗口上部晃动，使光敏电阻间断受光。光敏电阻正常时，万用表指针应随黑纸片的晃动而左右摆动；若万用表指针始终停在某一位置不随纸片晃动而摆动，说明光敏电阻已经损坏。

二、电容及其检测

1. 电容的基本知识

1) 电容的作用

电容及其标注方法

广义地说，由绝缘材料(介质)隔开的两个导体即构成一个电容。电容是一种能储存电场能量的元件，在电路中主要起耦合、旁路、隔直、调谐回路、滤波、移相、延时等作用，其在电路中的使用频率仅次于电阻。

2) 电容的分类

按构成电容的介质材料，电容可分为陶瓷电容、涤纶电容、纸介电容、电解电容等。

　　按电容器的容量能否变化，电容可分为固定电容、微调电容、可变电容等。微调电容的电容量变化范围较小，常用于电路调试阶段进行电路参数的调整。可变电容的电容值变化范围较大，常用于电子产品的使用调节，是方便用户使用设置的，如收音机的电台变换等。

　　按有无极性可分为电解电容(有极性电容)和无极性电容。电解电容的电容量较大但绝缘电阻阻值相对较小；工作时，其"+"极要接在电路的高电位端，"−"极要接在电路的低电位端。无极性电容的绝缘电阻相对较大，其耐压高，但电容量较小。

　　按用途可分为耦合电容、滤波电容、旁路电容、调谐电容等。

　　下面分别介绍一些常用电容的性能、特点及用途。

　　(1) 纸介电容。纸介电容制造工艺简单、价格低、体积大、损耗大、稳定性差并且存在较大的固有电感。不宜在频率较高的电路中使用，其外形如图 1.25(a)所示。

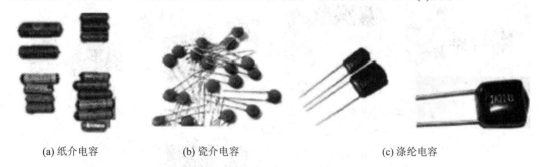

(a) 纸介电容　　　　　(b) 瓷介电容　　　　　(c) 涤纶电容

图 1.25　常用电容的外形图

　　(2) 瓷介电容。瓷介电容属于无极性、无机介质电容，是以陶瓷材料为介质制作的电容。瓷介电容体积小、耐热性好、绝缘电阻阻值大、稳定性较好，适用于高低频电路，其外形如图 1.25(b)所示。

　　(3) 涤纶电容。涤纶电容属于无极性、有机介质电容，是以涤纶薄膜为介质，金属箔或金属化薄膜为电极制成的电容。涤纶电容体积小、容量大、成本较低，绝缘性能好、耐热、耐压和耐潮湿的性能都很好，但稳定性较差，适用于稳定性要求不高的电路，其外形如图 1.25(c)所示。

　　(4) 玻璃釉电容。玻璃釉电容属于无极性、无机介质电容，使用的介质一般是用玻璃釉粉压制的薄片，通过调整釉粉的比例。可以得到不同性能的电容，其外形如图 1.26 所示。玻璃釉电容介电系数大、耐高温、抗潮湿强、损耗低。

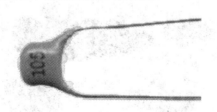

图 1.26　玻璃釉电容外形图

　　(5) 云母电容。云母电容属于无极性、无机介质电容。以云母为介质，其有损耗小、绝缘电阻阻值大、温度系数小、电容量精度高、频率特性好等优点，但成本较高、电容量小，适用于高频线路，其外形如图 1.27 所示。

图 1.27　云母电容外形图

(6) 薄膜电容。薄膜电容属于无极性、有机介质电容。薄膜电容是以金属箔或金属化薄膜当电极，以聚乙酯、聚丙烯、聚苯乙烯或聚碳酸酯等塑料薄膜为介质制成的。薄膜电容又被分别称为聚乙酯电容(又称 Mylar 电容)、聚丙烯电容(又称 PP 电容)、聚苯乙烯电容(又称 Ps 电容)和聚碳酸酯电容，其外形如图 1.28 所示。

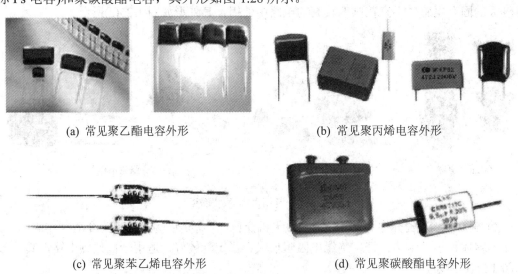

(a) 常见聚乙酯电容外形　　　　　　　(b) 常见聚丙烯电容外形

(c) 常见聚苯乙烯电容外形　　　　　　(d) 常见聚碳酸酯电容外形

图 1.28　薄膜电容外形图

(7) 铝电解电容。铝电解电容属于有极性电容，是以铝箔为正极，铝箔表面的氧化铝为介质，电解质为负极制成的电容，其外形如图 1.29 所示。铝电解电容体积大、容量大，与无极性电容相比绝缘电阻低、漏电流大、频率持性差、容量与损耗会随周围环境和时间的变化而变化，且长时间不用还会失效。

图 1.29　铝电解电容外形图

(8) 钽电解电容。钽电解电容属于有极性电容，是以钽金属片为正极，其表面的氧化钽薄膜为介质，二氧化猛电解质为负极制成的电容，其外形如图 1.30 所示。

图 1.30　钽电解电容外形图

3) 电容的识别

电容一般分为普通电容、电解电容、可变电容和微调电容，其在电路图中的图形符号如图 1.31 所示。

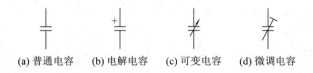

(a) 普通电容　　(b) 电解电容　　(c) 可变电容　　(d) 微调电容

图 1.31　电容的图形符号

在电路中，电容用字母"C"表示，其基本单位是法拉(F)，常用单位有 μF、nF、pF 等，它们之间的换算关系是 $1\ \mu F = 10^{-6}\ F$，$1\ nF = 10^{-9}\ F$，$1\ pF = 10^{-12}\ F$。

(1) 电容的型号命名方法。电容器的型号命名一般由四部分组成，如图 1.32 所示。

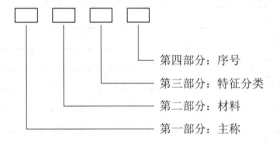

第四部分：序号
第三部分：特征分类
第二部分：材料
第一部分：主称

图 1.32　电容的型号命名

例 1.6　解读 CD-11、CC1-1、CZJX 电容的型号。

解　CD-11：铝电解电容(箔式)，序号为 11。

　　　CCl-1：圆片形瓷介电容，序号为 1。

　　　CZJX：纸介金属膜电容，序号为 X。

(2) 极性电容的识别。有极性电容一般为铝电解电容和钽电解电容。

通孔式(插针式)极性电容的识别方法为引线较长的为正极，若引线无法判别则根据标记判别，铝电解电容标记负号一边的引线为负极，钽电解电容正极引线有标记，如图 1.33 所示。

电容的主称用"C"表示，其材料、分类代号及其含义如表 1-9 所示。

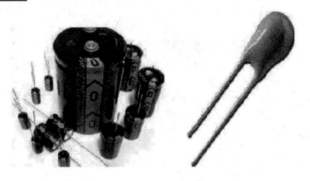

图 1.33　铝电解电容和钽电解电容

表 1-9　电容的材料、分类代号及其含义

材　料		分　类				
符号	含　义	符号	含　义			
			瓷介电容	云母电容	电解电容	有机电容
C	高频陶瓷	1	圆片	非密封	箔式	非密封
Y	云母	2	管形	非密封	箔式	非密封
I	玻璃釉	3	迭片	密封	烧结粉液体	密封
O	玻璃膜	4	独石	密封	烧结粉固体	密封
J	金属化纸	5	穿心	—	—	穿心
Z	纸介	6	支柱	—	—	—
B	聚苯乙烯等非极性有机薄膜	7	—	—	无极性	—
BF	聚四氟乙烯非极性有机薄膜	8	高压	高压	-	高压
L	聚酯涤纶有机薄膜	9	—	-	特殊	特殊
Q	漆膜	10	-	-	卧式	卧式
H	纸膜复合	11	-	-	立式	立式
D	铝电解质	12	高功率	-	-	无感式
A	钽电解质	G	微调			
N	铌电解质	W				
T	低频陶瓷					

例如，CJ1-63-0.022-K 为非密封金属化纸介电容，耐压 63 V，容量 0.022 μF±10%。
CT1-100-0.01-J 为圆片形低频瓷介电容，耐压 100 V，容量 0.01 μF±5%。

2. 电容的主要性能参数

1) 标称容量

电容的标称容量是指在电容上所标注的容量。电容的标称容量也符合国家标准
GB 2471—81 中的规定，与电阻类似，可参照表 1-5 的取值。通常，电容的容量为几个皮
法(pF)到几千个微法(μF)。

2) 允许偏差

电容的允许偏差是指实际容量和标称容量之间所允许的最大偏差范围。

$$电容的允许偏差=\frac{标称容量-实际容量}{标称容量}\times100\%$$

允许偏差一般分为3级，Ⅰ级为±5%，Ⅱ级为±10%，Ⅲ级为±20%。通常精密电容器的允许误差较小，而电解电容器的误差较大。用文字符号(字母)表示偏差时，其字母符号含义可参照表1-6所示。

常用电容器的精度等级和电阻器的表示方法类似。其对应关系为D-005级对应±0.5%、F-01级对应±1%、G-02级对应±2%、J-Ⅰ级对应±5%、K-Ⅱ级对应±10%、M-Ⅲ级对应±20%、Ⅳ级对应(+20%/−10%)、Ⅴ级对应(+50%/−20%)、Ⅵ级对应(+50%/−30%)。

3) 电容的额定工作电压与击穿电压

电容的额定工作电压又称电容的耐压，它是指电容器长期安全工作所允许施加的最大直流电压，有时电容的耐压会标注在电容器的外表上。

电容常用的耐压系列值为1.6 V、6.3 V、10 V、16 V、25 V、32 V*、40 V、50 V、63 V、100 V、125 V*、160 V、250 V、300 V*、400 V、450 V*、500 V、1000 V等，其中带*号的电压仅为电解电容的耐压值。对于结构、介质、容量相同的电容，耐压越高，体积越大。当电容两极板之间所加的电压达到某一数值时，电容就会被击穿，该电压叫做电容的击穿电压。

电容的耐压通常为击穿电压的一半。在使用中，实际加在电容两端的电压应小于额定电压；在交流电路中，加在电容上的交流电压的最大值不得超过额定电压，否则，电容会被击穿。

通常电解电容的容量较大(μF量级)，但其耐压相对较低，极性接反后耐压更低，很容易烧坏，所以在使用中一定要注意电解电容的极性连接和耐压要求。

4) 绝缘电阻

电容的绝缘电阻是指电容两极板之间的电阻，也称为电容的漏电阻。绝缘电阻越大，漏电越小，电容的性能越好。若绝缘电阻变小，则漏电流增大，损耗也增大，严重时会影响电路的正常工作。

理想情况下，电容的绝缘电阻应为无穷大。在实际应用中，无极性电容的绝缘电阻一般在$10^8\,\Omega\sim10^{10}\,\Omega$。通常，电解电容的绝缘电阻小于无极性电容，一般在200 kΩ∼500 kΩ，若小于200 kΩ，说明漏电严重，不能使用。

3. 电容的标注方法

电容的标注方法主要有直标法、文字符号法、数码表示法和色标法等四种。

1) 直标法

用阿拉伯数字和文字符号在电容器上直接标出主要参数(标称容量、额定电压、允许偏差等)的标注方法称为直标法。若电容器上未标注偏差，则默认为是±20%的误差。当电容器的体积很小时，有时仅标注标称容量一项。如10 μF/50 V就是电容直标法的表示方法。

用直标法标注电容器的容量时，有时电容器上不标注单位。对于容量大于1的无极性电容，其容量单位为pF；对于容量小于1的电容器，其容量单位为μF。如某电容器上标注为4700，则表示容量为4700 pF；若某电容器上标注为0.1，则表示容量为0.1 μF。直标法如图1.34所示。

图 1.34　电容的直标法

2) 文字符号法

　　用阿拉伯数字和文字符号或者两者有规律的组合，在电容器上标出其主要参数的标示方法称为文字符号法。该方法表示电容标称容量的具体规定为：用文字符号表示电容的单位(n 表示 nF、p 表示 pF、μ 表示 μF，或用 R 表示 μF 等)，电容容量(用阿拉伯数字表示)的整数部分写在电容单位的前面，小数部分写在电容单位的后面。凡为整数(一般为 4 位)又无单位标注的电容，其单位默认为 pF，凡用小数又无单位标注的电容，其单位默认为 μF。文字符号法如图 1.35 所示。

图 1.35　文字符号法

例 1.7　用文字符号法表示 3.3 μF、0.33 pF、0.56 μF、2200 pF 等电容的主要参数。

解　3μF 的文字符号表示为 3μ3 或者表示为 3R3。

　　　0.33 pF 的文字符号表示为 P33。

　　　0.56 μF 的文字符号表示为 μ56 或者 R56。

　　　2200 pF 的文字符号表示为 2n2 或者 2200。

3) 数码表示法

　　用 3 位数码表示电容容量，用文字符号表示偏差的方法称为数码表示法。数码按从左到右的顺序，第一、第二位为有效数，第三位为乘数(即零的个数)，电容量的单位是 pF。偏差用文字符号表示，如表 1-7 所示。数码表示法如图 1.36 所示。

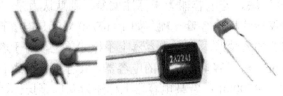

图 1.36　数码表示法

注意：用数码表示法来表示电容器的容量时，若第三位数码是"9"，则表示乘数为 10^{-1} 而不是 10^9。

例如，标注为 332 的电容，其容量为 $33 \times 10^2 = 3300$(pF)；标注为 479 的电容，其容量为 $47 \times 10^{-1} = 4.7$(pF)。

4) 色标法

用不同颜色的色环或色点表示电容器主要参数的标注方法称为色标法。在小型电容器(如贴片电容)上用的比较多。色标法颜色代表数字的具体含义与电阻器类似，可参照表 1-8 所示的规定。色码一般只有三种颜色，前两环为有效数字，第三环为乘数，容量单位为 pF，如图 1.37 所示。

图 1.37　色标法

对于立式电容器(其两根引脚线方向同向)，色环电容器的识别顺序是沿电容的顶部向引脚方向读数，即顶部为第一环，靠引脚的是最后一环。

对于卧式电容器(如贴片电容)，其色环顺序的标志方法与色环电阻类似。色环颜色的规定与电阻的色标法相同，见表 1-8。

4. 电容容量的检测

对电容容量的检测，可选用指针式万用表或数字万用表来完成。

电容的检测

注意：由于电容的绝缘电阻很高，测量电容时，不能同时用手接触到被测电容的两引脚或万用表两表笔的金属部分，以免人体电阻并在电容的两端而引起测量误差。

1) 指针式万用表检测电容容量的大小

(1) 对于大于等于 5000 pF 的电容器，可以用指针式万用表的最高电阻挡来测量电容两引脚之间的电阻值，从而定性地判别电容容量的大小。

具体操作是将指针式万用表的两表笔分别接在电容器的两个引脚上，这时可见万用表指针有一个先快速右摆，然后慢慢左摆的摆动过程，这种现象是电容器的充、放电过程。电容器的容量越大，充、放电现象越明显，指针摆动范围越大，指针复原的速度也越慢。

在检测较小容量的电容时，要反复调换被测电容两引脚，才能明显地看到万用表指针的摆动。

(2) 对于 5000 pF 以下容量的电容器，由于其容量小、充电电流小，其充电时间也极短，因此在指针万用表上无法看出电容器的充、放电过程(即看不出指针的摆动)，这时可借助于三极管(要求 $\beta \geqslant 100$)帮助测量，其测量电路如图 1.38 所示。这时电容接在 A、B 两端，由于三极管的放大作用，电容的充电电流被放大，则万用表上可以看出表针的摆动，从而完成对小容量电容的测量。

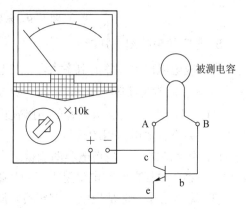

图 1.38　5000 pF 以下容量的电容检测电路

(3) 电解电容的检测。将万用表红表笔接负极，黑表笔接正极，在刚接触的瞬间，万用表指针即向右偏转较大偏度(对于同一电阻挡，电容容量越大，指针摆幅越大)，接着逐渐向左回转，直到停在某一位置。此时的阻值便是电解电容的正向漏电阻，此值略大于反向漏电阻。实际使用经验表明，电解电容的漏电阻一般应在几百欧姆以上，否则，将不能正常工作。在测试中，若正向、反向均无充电的现象，即表针不动，则说明容量消失或内部断路；如果所测阻值很小或为零，说明电容漏电大或已击穿损坏，不能再使用。

对于正、负极标注不明的电解电容器，可利用上述测量漏电阻的方法加以判别，即先任意测一下漏电阻，记住其大小，然后交换表笔再测出一个阻值。两次测量中阻值大的那一次便是正向接法，即黑表笔接的是正极，红表笔接的是负极。

2) 数字万用表检测电容容量的大小

使用数字万用表测量电容的电容量时，并不是所有电容都可测量，要依据数字万用表的测量挡位来确定。用数字万用表测量电容的电容量具体方法是：将数字万用表置于电容挡，根据电容量的大小选择适当挡位，待测电容充分放电后，将待测电容直接插到测试孔内或两表笔分别直接接触进行测量。数字万用表的显示屏上将直接显示出待测电容的容量，如图 1.39 所示。

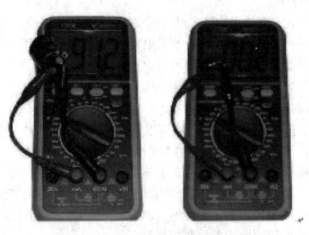

图 1.39　数字万用表检测电容

5. 电容故障检测、判断

电容较电阻出现故障的概率大，检测也较复杂。

1) 电容的常见故障

(1) 开路故障。这是指电容的引脚在内部断开的情况，表现为电容两电极端的电阻无穷大，且无充、放电作用的故障现象。

(2) 击穿故障。这是指电容两极板之间的介质绝缘性被破坏，介质变为导体的情况，表现为电容两电极之间的电阻趋于零的故障现象。

(3) 漏电故障。这是指电容内部的介质绝缘性能变差，导致电容的绝缘电阻变小、漏电流过大的故障现象。当电容使用时间过长、电容受潮或介质的质量不良时，易产生该故障现象。

2) 电容故障的检测方法与步骤

(1) 固定电容故障的检测与判断。对电容故障的检测，可采用指针式万用表进行。检测时，用万用表 R×10 k 挡，将两个表笔分别任意接电容的两个引脚测量电容器。同样，测量时，不能同时用手接触到被测电容的两个引脚或万用表两个表笔的金属部分，以免引起测量误差。

使用指针式万用表测量大于等于 5000 pF 的电容器时，若万用表的指针不摆动(电阻值趋于无穷大)，说明电容已开路；若万用表指针向右摆动至零欧姆后，指针不再复原，说明电容被击穿；若万用表指针向右摆动后，指针有少量复原(电阻值较小)，说明电容有漏电现象，指针稳定后的读数即为电容的漏电电阻值。电容正常时，其电容的绝缘电阻应为 $10^8\,\Omega\sim$ $10^{10}\,\Omega$。

(2) 微调电容和可变电容的故障检测。检测的内容和方法是微调电容和可变电容调的好坏、电容各引脚之间绝缘电阻的大小，由此判定电容的好坏。

微调电容和可变电容调节性能好坏的检测方法：缓慢旋转可变电容的转轴(动片)，正常时，旋转应十分平滑，不存在时松时紧甚至卡、滞的现象。

微调电容和可变电容各引脚绝缘电阻的测量方法：使用指针万用表调到最高电阻挡，将两表笔接在电容的定片和动片之间，测试其电阻值。性能良好的微调电容和可变电容，其定片和动片之间的电阻应在 $10^8\,\Omega\sim10^{10}\,\Omega$ 或以上；若测量电阻较小，说明定片和动片之间有短路故障；缓慢旋转可变电容的动片(转轴)，观察万用表的指针变化和读数，若出现指针跳动的现象，说明该可变电容在指针跳动的位置有碰片故障。

6. 电解电容的极性识别与好坏检测

1) 电解电容的极性识别

电解电容是一种有极性的电容，电解电容的极性识别方法通常有外表观察法和万用表检测法两种方法。

(1) 外表观察法。外表观察法是指从电解电容的外表面上观察，判断电解电容的正、负极性的方法。

通常在电解电容的外壳上会标注"+"或"−"极性符号，对应"+"号("−"号)的是电容的正(负)极端；或根据电解电容引脚的长短来判断，长引脚为正极性引脚，短引脚为负极性引脚，如图 1.40 所示。

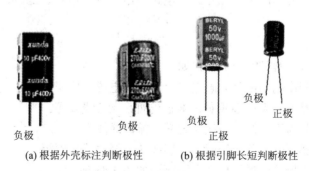

(a) 根据外壳标注判断极性　　(b) 根据引脚长短判断极性

图 1.40　外观判断电解电容极性

（2）万用表检测法。万用表检测法是指用指针式万用表测量电容的绝缘电阻，根据绝缘电阻的大小及指针偏转情况来判断电解电容的正、负极性的方法。

测量时，把指针万用表调到最高电阻挡 R×10k 或 R×100k，将黑表笔接电解电容的假设"+"极性端，将红表笔接电解电容的假设"−"极性端，测出电阻值；将表笔反接，再测一次；电阻值大的一次测量黑表笔接的是电解电容的正极，由此判断出电解电容的"+、−"极性。一般来说，电解电容的绝缘电阻相对较小，在 200 kΩ～500 kΩ，若小于 200 kΩ，说明漏电较严重。

2）电解电容好坏的判断

使用指针式万用表检测电解电容好坏的方法与检测无极性电容好坏的方法相似，即使用指针式万用表测量电解电容的电阻，根据电阻的大小及指针偏转情况来判断电解电容的好坏。不同之处在于，检测时电解电容的漏电阻稍小一些。

检测判断方法是把万用表调到最高电阻挡，将黑表笔接电解电容的"+"极性端，将红表笔接电解电容的"−"极性端，测试电解电容的电阻，万用表指针稳定后的读数即为电解电容的漏电阻大小。

检测过程中，若万用表指针有一个快速右摆、然后慢慢左摆的过程，且万用表指针的电阻读数很大(几百千欧以上)，则电解电容性能良好；若万用表的指针不摆动(电阻值趋于无穷大)，说明电解电容已开路；若万用表指针向右摆动至零欧姆后，指针不再复原，说明电解电容被击穿；若万用表指针向右摆动至零欧姆后，指针有少量复原(电阻值较小)，说明电容有漏电现象，电解电容性能欠佳。电解电容出现击穿、断路、性能欠佳时，即失去了电容效应，就不能再使用。

三、电感及其检测

1. 电感的基本知识

1）电感及其作用

电感

电感是一种利用自感作用进行能量传输的元件。电感通常都是由线圈构成的，故又称电感线圈。用字母"L"表示，其基本单位是亨利(H)，常用单位有"mH、μH"等，它们之间的换算关系为

$$1\ mH = 10^{-3}\ H,\ 1\ \mu H = 10^{-6}\ H$$

电感是一种储存磁场能量的元件。在电路中电感具有耦合、滤波、阻流、补偿、调谐等作用。

2）电感的分类

电感的种类很多，常见的分类形式如下。

按电感量是否变化电感可分为固定电感、微调电感、可变电感等。

按导磁性质电感可分为空心线圈、磁芯线圈、铜芯线圈等。

按用途电感可分为天线线圈、扼流线圈、振荡线圈等。

按绕线结构电感可分为单层线圈、多层线圈、蜂房式线圈等。

常用电感和变压器的外形结构及电路符号如图 1.41 所示。

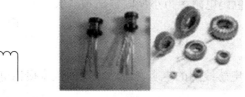 

(a) 一般电感图形符号   (b) 固定式电感   (c) 可调式电感

图 1.41   电感的图形符号及外形图

2. 电感的主要性能参数和标注方法

1) 电感的主要性能参数

(1) 标称电感量。标称电感量是反映电感线圈自感应能力的物理量。电感量的大小与线圈的形状、结构和材料有关。实际的电感量常用"mH""μH"作单位。

(2) 品质因数 Q。电感线圈中，储存能量与消耗能量的比值称为品质因数，也称 Q 值；具体表现为线圈的感抗(ωL)与线圈的损耗电阻(R)的比值。Q 值反应电感线圈损耗的大小，Q 值越高，损耗功率越小，电路效率越高。Q 值的大小通常为 50～300，一般谐振电路要求电感的 Q 值高一些，以便获得更好的选择性。Q 值的提高受电感线圈的直流损耗电阻、线圈的介质损耗等因素的限制；当频率增加，会使 Q 值下降，严重时会破坏电路的正常工作。

$$Q = \frac{\omega L}{R}$$

(3) 分布电容。电感线圈的分布电容是指线圈的匝数之间形成的电容效应。这些电容的作用可以看成是一个与线圈并联的等效电容。低频时，分布电容对电感的工作没有影响；高频时，分布电容会改变电感的性能，使线圈的 Q 值减小，稳定性变差。

(4) 电感线圈的直流电阻。电感线圈的直流电阻即为电感线圈的直流损耗电阻，其值通常在几欧至几百欧之间，可以用万用表的欧姆挡直接测量出来。

2) 电感的标注方法

电感的标注方法与电阻、电容相似，也有直标法、文字符号法和色标法。

(1) 直标法。将标称电感和允许偏差用数字直接标注在电感线圈外壳上的标注方法。

如电感线圈外壳上标有 5 mH ± 10%，表明电感线圈的电感量为 5×10^{-3}H，允许偏差为±10%。

(2) 文字符号法。用阿拉伯数字标出电感量的大小，用字母表示允许偏差的标示方法称为电感的文字符号标注法。

文字符号法的具体表示办法：用 H 表示亨利 H、m 表示毫亨 mH、μ 表示微亨 μH 等，电感量的整数部分写在电感单位的前面，电感量的小数部分写在电感单位的后面；用字母表示允许偏差放在电感量的后面。偏差的文字符号所代表含义如表 1-6 所示。

例如，电感线圈外壳上标有 5μlJ，表示该电感线圈的电感量为 5.1 μH，其允许偏差为±5%。

(3) 色标法。在电感线圈的外壳上，使用颜色环或色点表示其主要参数的方法。

各颜色环所表示的数字与色环电阻的标注方法相同，可参阅前述电阻的色标法。采用这种方法标注的电感亦称为色码电感。色码电感多为小型固定高频电感线圈。

3. 电感的检测

1) 电感直流电阻的检测

使用万用表 R×1 或 R×10 挡测量电感线圈的电阻，电感线圈的直流损耗电阻通常在几欧到几百欧之间。

2) 电感好坏的检测

电感的主要故障有短路、断线现象。

电感好坏的检测一般采用外观检查结合万用表测试的方法。先外观检查，查看线圈有无断线、生锈、发霉、线圈松散或烧焦的情况(这些故障现象较常见)，若无此现象，再用万用表检测电感线圈的直流损耗电阻。若测得线圈的电阻远大于标称值或趋于无穷大，说明电感断路；若测得线圈的电阻远小于标称阻值，说明线圈内部有短路故障。

四、变压器及其检测

1. 变压器的基本知识

1) 变压器及其作用

变压器是一种利用互感原理来传输能量的器件，它具有变压、变流、变阻抗、耦合、匹配等主要作用，其基本结构如图 1.42 所示。

2) 变压器的分类

(1) 按工作频率变压器可分为高频变压器、中频变压器、低频(音频)变压器、脉冲变压器等。

低频变压器主要用来传输信号电压和信号功率，实现电路之间的阻抗变换，对直流电具有隔离作用。常见的有级间耦合变压器、输入变压器和输出变压器等。

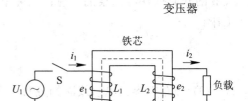
变压器

图 1.42　变压器的基本结构

中频变压器在电路中起信号耦合和选频等作用，是半导体收音机和黑白电视机中的主要选频元器件。

常用的高频变压器有黑白电视机中的天线阻抗变换器和收音机中的天线线圈等。

(2) 按铁芯和绕组的组合方式变压器可分为芯式变压器和壳式变压器两种，如图 1.43 所示。

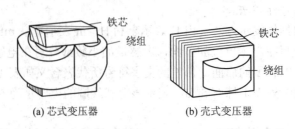

(a) 芯式变压器　　　　(b) 壳式变压器

图 1.43　芯式变压器和壳式变压器

芯式变压器的铁芯被绕组包围着，多用于大容量的变压器，如电力系统中使用的变压器；壳式变压器的铁芯包围着绕组，常用于小容量的变压器，如各种电子仪器设备中使用的变压器。

(3) 按导磁性质变压器可分为空芯变压器、磁芯变压器、铁芯变压器等。

(4) 按用途变压器分为电源变压器、配电变压器、仪用变压器、脉冲变压器、电焊变压器、耦合变压器、输入/输出变压器等。

(5) 按绕组形式变压器可分为双绕组变压器、三绕组变压器、自耦变电器等。

双绕组变压器用于连接电力系统中的两个电压等级；三绕组变压器用于连接电力系统区域变电站中的三个电压等级；自耦变电器用于连接不同电压的电力系统，也可作为普通的升压或降压变压器用。

常用变压器的外形结构及电路符号如图 1.44 所示。

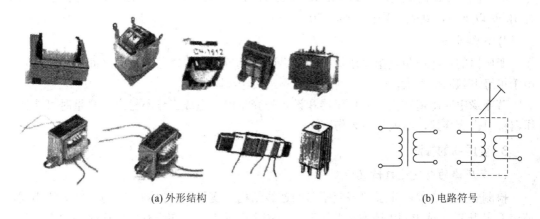

(a) 外形结构　　　　　　　　　　　　　　　　(b) 电路符号

图 1.44　常用变压器的外形结构及电路符号

部分变压器的性能及用途如表 1-10 所示。

表 1-10　部分变压器的性能及用途

名　称	主要特征及用途
电源变压器	用于变换正弦波电压或电流
低频(高频)变压器	用于变换电压、阻抗匹配等
中频变压器	用于选频、耦合等
脉冲变压器	用于变换脉冲电压、阻抗匹配、产生脉冲等

2. 变压器的主要性能参数

1) 变压比 n

变压比 n 指变压器的初级电压 U_1 与次级电压 U_2 的比值，或初级线圈匝数 N_1 与次级线圈匝数 N_2 的比值：

$$n = \frac{U_1}{U_2} = \frac{N_1}{N_2}$$

2) 额定功率 P

额定功率是指在规定的频率和电压下，变压器能长期工作而不超过规定温升的输出功率。变压器额定功率 P 的单位为 VA(伏安)，而不用 W(瓦特)表示。这是因为变压器额定功率中含有部分无功功率。

3) 效率 η

效率 η 指变压器的输出功率 $P_\circ$ 与输入功率 P_i 的比值：

$$\eta = \frac{P_\circ}{P_i}$$

一般来说，变压器的容量(额定功率)越大，其效率越高；容量(额定功率)越小，效率越低。例如，变压器的额定功率为 100 W 以上时，其效率可达 90%以上；变压器的额定功率为 10 W 以下时，其效率只有 60%～70%。

4) 绝缘电阻

变压器的绝缘电阻是指变压器各绕组之间以及各绕组对铁芯或机壳之间的绝缘电阻。由于绝缘电阻阻值很大，一般使用兆欧表测量其绝缘阻值。

若绝缘电阻阻值过低，会使仪器和设备外壳带电，造成工作不稳定，严重时可能将变压器绕组击穿烧毁，给人身带来伤害。

3. 变压器的检测

1) 变压器的电气连接情况检测

检测变压器之前，先了解该变压器的连线结构。变压器的检测方法与电感大致相同，使用万用表 R×1 或 R×10 挡测量变压器各引脚之间的电阻，在没有电气连接的地方，其电阻值应为无穷大；有电气连接之处，有其规定的直流电阻(可查资料得知)。

2) 绝缘电阻的测量

变压器绝缘电阻的测量，主要是测量各绕组之间以及绕组和铁芯之间的绝缘电阻。通常使用 500 V 或 1000 V 的兆欧表(摇表)进行测量。

对于电路中的输入变压器和输出变压器，使用 500 V 的摇表测量，其绝缘电阻阻值应不小于 100 MΩ；对于电源变压器，使用 1000 V 的摇表测量，其绝缘电阻阻值应不小于 1000 MΩ。

五、二极管及其检测

1. 二极管的概念

二极管及其检测

1) 二极管及其特点

二极管由一个 PN 结、电极引线以及外壳封装构成。二极管的最大特点是单向导电性，即正向连接导通，正向电阻小，正向电流较大；反向连接截止，反向电阻很大，反向电流很小。常用的二极管的外形结构和电路符号如图 1.45 所示。

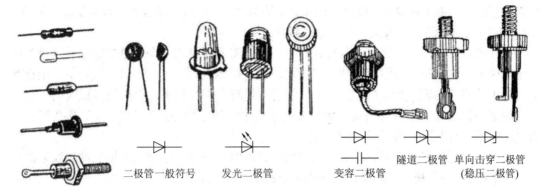

二极管一般符号　　发光二极管　　　变容二极管　　隧道二极管　单向击穿二极管
（稳压二极管）

图 1.45　常用二极管的外形结构和电路符号

二极管的主要作用有开关、稳压、整流、检波、光/电转换等。

2）二极管的分类

按材料二极管可分为硅二极管、锗二极管。

按结构二极管可分为点接触型二极管、面接触型二极管。

按用途二极管可分为开关二极管、检波二极管、稳压二极管、整流二极管、变容二极管、发光二极管等。

2. 二极管的极性判别

二极管有阴极(负极"−")和阳极(正极"+")两个极性，其常用的判别方法有两种：外观判别法、万用表检测判别法。

二极管正负极及质量判别

1）外观判别二极管的极性

二极管的正、负极性一般都标注在其外壳上。如图 1.46(a)所示，二极管的图形符号直接画在其外壳上，由此可直接看出二极管的正、负极；如图 1.46(b)所示的二极管，其外壳上用色点(白色或红色)做了标注(属于点接触型二极管)，除少数二极管(如 2AP9、2AP10 等)外，一般标记色点的这端为正极；如图 1.46(c)所示的二极管，其外壳上用色环做了标注，是二极管的负极端；若二极管引线是同向引出的，如图 1.46(d)所示的圆柱形金属壳形二极管，则靠近外壳凸出标记的引脚为正极；如图 1.46(e)所示的塑封二极管，面对其正面，则左边引脚为正极。

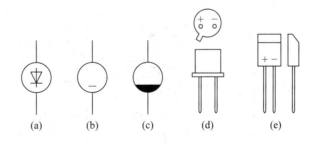

(a)　　　(b)　　　(c)　　　(d)　　　(e)

图 1.46　二极管的引脚极性

2）指针式万用表检测判断普通二极管的极性

指针式万用表检测判断二极管极性时，选用指针式万用表的 R×100 或 R×1k 挡对二极管进行测量，而不用 R×1 或 R×10 k 挡。因为 R×1 挡的电流太大，容易烧坏二极管；R×10 k 挡的内电源电压太大，易击穿二极管。

指针式万用表检测二极管的具体操作方法是：将万用表的两个表笔分别接在二极管的两个电极上，读出测量的阻值；然后将表笔对换，再测量一次，记下第二次阻值。根据测量电阻小的那次的表笔接法(称之为正向连接)，判断出与黑表笔连接的是二极管的正极，与红表笔连接的是二极管的负极。因为万用表内电源的正极与万用表的"−"插孔连通，内电源的负极与万用表的"+"插孔连通。

说明：当用数字式万用表检测判断二极管极性时，应注意数字式万用表的红表笔接的是内部电源的"+"极，黑表笔接的是内部电源的"−"极。

3. 二极管的性能检测

二极管的性能可分为性能良好、击穿、断线、性能欠佳等四种情况，只有在性能良好的状态下，二极管可以正常使用；其他三种状况，二极管都不能使用。

具体检测方法：使用万用表测量二极管的正、反向电阻时，若二极管的正、反向电阻值相差很大(数百倍以上)，说明该二极管性能良好；若两次测量的阻值都很小，说明二极管已经被击穿；若两次测量的阻值都很大(趋于无穷大)，说明二极管内部已经断路；两次测量的阻值相差不大，说明二极管性能欠佳。二极管击穿、短路或性能欠佳时就不能使用了。

注意：由于二极管的伏安特性是非线性的，因此使用万用表的不同电阻挡测量二极管的直流电阻会得出不同的电阻值；电阻的挡位越高，测出二极管的电阻越大，流过二极管的电流会较大，因而二极管呈现的电阻值会更小些。

4. 特殊类型的二极管及其检测

1) 稳压二极管

稳压二极管又称为硅稳压二极管，简称稳压管。稳压二极管工作在反向击穿区，具有稳定电压的作用，即通过稳压管的电流变化很大时($I_{Zmin} \sim I_{Zmax}$)，稳压管两端的电压变化很小(ΔU_Z)。它常用于电源电路中作稳压或其他电路中作为基准电压。稳压二极管的电路符号及伏安特性曲线如图 1.47 所示。

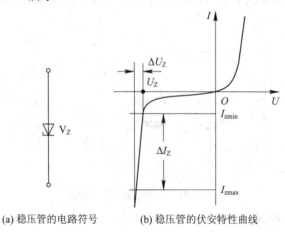

(a) 稳压管的电路符号   (b) 稳压管的伏安特性曲线

图 1.47 稳压二极管的电路符号和伏安特性曲线

对稳压二极管的检测主要包括稳压二极管的判定及稳压二极管性能的好坏。

稳压二极管判定的测量。先使用指针式万用表的 R×1k 挡测量稳压二极管的正、反向电阻，这时若测得其反向电阻很大，则将万用表转换到 R×10k 挡，如果出现反向电阻值减小很多的情况，则该二极管为稳压二极管；如果反向电阻基本不变，说明该二极管是普通二极管，而不是稳压二极管。

稳压二极管性能好坏的测量。其操作判定方法与普通二极管相同。

注意：稳压二极管在电路中应用时，必须串联限流电阻，避免稳压二极管进入击穿区后，电流超过其最大稳定电流而被烧毁。

2) 发光二极管(Light Emitting Diode，LED)

发光二极管简称 LED，通常采用砷化镓、磷化镓等化合物半导体制成，是一种将电能转换成光能的特殊二极管，是一种新型的冷光源，常用于电子设备的电平指示、模拟显示等场合。发光二极管的发光颜色主要取决于所用半导体的材料，可以发出红、橙、黄、绿等四种可见光。发光二极管的外壳是透明的，外壳的颜色表示了它的发光颜色。发光二极管的电路符号如图 1.48 所示。

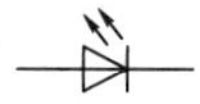

图 1.48　发光二极管的电路符号

发光二极管工作在正向区域时，其正向导通(开启)工作电压高于普通二极管。不同颜色的发光二极管其开启电压不同，如红色发光二极管的导通电压约为 1.6～1.8 V，黄色发光二极管的导通电压约为 2.0～2.2 V，绿色发光二极管的导通电压约为 2.2～2.4 V。外加正向电压越大，LED 发光越亮，但使用中应注意：外加正向电压不能使发光二极管超过其最大工作电流(串联限流电阻来保证)，以免烧坏管子。

发光二极管的检测方法：发光二极管也具有单向导电性，其正、反向电阻均比普通二极管大得多，因而测量时要使用万用表的 R×10k 挡检测。在测量发光二极管的正向电阻时，可以看到该二极管有微微的发光现象。若将一个 1.5 V 的电池串在万用表和发光二极管之间测量，则正向连接时，发光二极管就会发出较强的亮光。

3) 光电二极管

光电二极管又称为光敏二极管，它是一种将光能转换为电能的特殊二级管，可用于光的测量，或作为一种能源(光电池)。目前光电二极管广泛应用于光电检测、遥控盒报警电路等光电控制系统中。

光电二极管的管壳上有一个嵌着玻璃的窗口，以便于接受光线。根据制作材料的不同，光电二极管可接收可见光、红外光和紫外光等。光电二极管的电路符号如图 1.49 所示。

图 1.49　光电二极管的电路符号

光电二极管工作在反向工作区。无光照时，光电二极管与普通二极管一样，反向电流很小(一般小于 0.1 μA)，反向电阻很大(几十兆欧以上)。有光照时，反向电流明显增加，反向电阻明显下降(几千欧至几十千欧)，即反向电流(称为光电流)与光照成正比。

光电二极管的检测方法与普通二极管基本相同。不同之处是在有光照和无光照两种情况下，其反向电阻相差很大。若测量结果相差不大，说明该光电二极管已损坏或该二极管不是光电二极管。

5. 桥堆的概念

1) 桥堆的结构特点

桥堆是由四只二极管构成的桥式电路，其外形结构和电路符号如图 1.50 所示。通常电流越大，桥堆的体积越大。

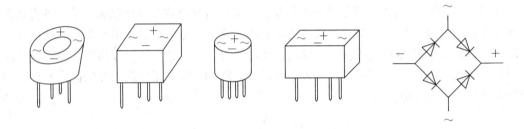

图 1.50　桥堆的外形结构和电路符号图

桥堆主要在电源电路中作整流用。它有四个引脚。标有"∼"符号的两根引脚接在交流输入电压端，这两个引脚可以互换使用，另两个引脚标有"+"、"−"符号，是用于接输出负载的，其中"+"极端是输出直流电压的高端电位，"−"极端是输出直流电压的低电位端，这两个引脚是不能互换使用的。

2) 半桥堆

半桥堆由两只二极管串联构成，对外有三个引脚，其内部连接方式有两种，如图 1.51 所示。两个半桥堆可连接成一个桥堆。

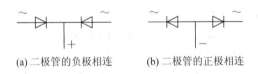

(a) 二极管的负极相连　　　(b) 二极管的正极相连

图 1.51　半桥堆的连接图

6. 桥堆的检测

1) 桥堆及半桥堆的故障现象

(1) 开路故障。当桥堆或半桥堆的内部有一只或两只二极管开路时，整流输出的直流电压明显降低的故障。

(2) 击穿故障。若桥堆或半桥堆中有一只二极管击穿，则会造成交流回路中的保险管烧坏，电源发烫甚至烧坏的故障。

2) 桥堆及半桥堆的检测方法

桥堆及半桥堆的检测原理：根据二极管的单向导电性这一特点，检测桥堆或半桥堆中的每一个二极管的正、反向电阻。对于桥堆有四对相邻的引脚，即要测量四次正、反向电阻；对于半桥堆有两对相邻的引脚，即要测量两次正、反向电阻。在上述测量中，若有一次或一次以上出现开路(阻值为无穷大)或短路(阻值为零)的情况，则认为该桥堆已损坏。测量时，选用万用表的 R×100 或 R×1k 欧姆挡。

六、晶体三极管及其检测

1. 晶体三极管的概念

晶体三极管是由两个 PN 结(发射结和集电结)、三根电极引线(基极、发射极和集电极)以及外壳封装构成的。三极管除具有放大作用外，还能起电子开关、控制等作用，是电子电路与电子设备中广泛使用的基本元器件。

晶体管及其检测

三极管的品种很多，各有不同的用途，其分类形式主要有如下几种。

按材料可分为硅三极管、锗三极管。

按结构可分为 NPN 型三极管、PNP 型三极管。

按功率可分为大功率三极管、中功率三极管和小功率三极管。通常装有散热片的三极管或两引脚金属外壳的三极管是中功率或大功率的三极管。

按工作频率可分为高频管和低频管。有的高频三极管有四根引脚，第四根引与三极管的金属外壳相连，接电路的公共接地端，主要起屏蔽作用。

按用途可分为放大管、光电管、检波管、开关管等。

常用三极管的外形结构和电路符号如图 1.52 所示。

(a) 常用三极管的外形　　　　　　　　(b) PNP 型　　　(c) NPN 型

图 1.52　常用三极管的外形和电路符号图

2. 三极管引脚的极性判别

1) 通过外观判别三极管的极性

根据三极管不同的封装形式，三极管引脚的排列各有不同。

(1) 对金属外壳封装的三极管的引脚判断。如图 1.53 所示为金属外壳封装的三极管。

图 1.53(a)中的三极管，其三个引脚呈等腰三角形排列，三角形的顶脚为基极 b，管边沿凸出的部分对应为发射极 e，另一引脚为集电极 c。

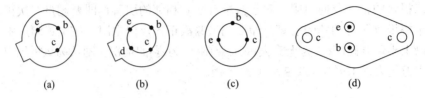

图 1.53   金属封装三极管的引脚判断

图 1.53(b)中所示的三极管为四个引脚的三极管，四个引脚分别为基极 b、发射极 e、集电极 c 和接地脚 d(接三极管外壳)。其引脚排列规律为：将管脚对着观察者，从管边沿凸出的部分开始，按顺时针方向依次为发射极 e、基极 b、集电极 c 和接地脚 d。

图 1.53(c)中所示的三极管与图 1.53(b)中所示的三极管不同的是管边沿没有凸出的标志部分，其引脚排列规则与图 1.53(a)所示相同。

图 1.53(d)所示的是大功率三极管，它只有两个引脚(b、e)。判断其引脚的方法为：将管脚对着观察者，使两个引脚位于左侧，则上引脚为发射极 e，下引脚为基极 b，管壳为集电极 c。

(2) 对塑料封装三极管的引脚判断。塑料封装三极管简称塑封管，其外形基本分为有金属散热片(为中功率或大功率管)和无散热片(小功率管)两种，如图 1.54 所示。

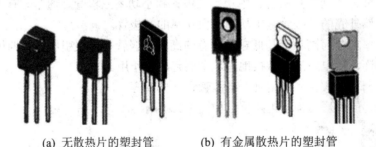

(a) 无散热片的塑封管   (b) 有金属散热片的塑封管

图 1.54   塑料封装的三极管

无散热片的塑封管如图 1.55(a)所示，判断其引脚的方法为将其管脚朝下，顶部切角对着观察者，则从左至右排列为发射极 e、基极 b 和集电极 c。

有金属散热片的塑封管如图 1.55(b)所示，判断其引脚的方法为将管脚朝下，将其印有型号的一面对着观察者，散热片的一面为背面，则从左至右排列为基极 b、集电极 c、发射极 e。

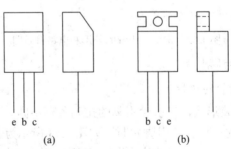

图 1.55   塑料封装三极管的引脚判断

(3) 对其他封装三极管的引脚判断。如图 1.56 所示是几种微型三极管的外形图，在判断引脚时，将球面对着观察者，引脚放置于中、下部，其引脚排列的规律如图 1.56(a)所示。

如图 1.56(b)所示的三极管，在判断引脚时，将球面对着观察者。引脚朝下，则从左到右依次为基极 b、集电极 c、发射极 e。

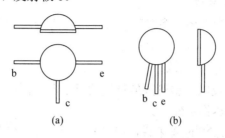

图 1.56　其他封装三极管的引脚判断

2) 万用表检测晶体三极管的引脚极性与管型

用指针式万用表检测三极管的引脚极性与管型时，选用万用表的 R×100 或 R×1k 欧姆挡。

检测步骤为先找出三极管的基极 b 并判断三极管的管型，然后区分集电极 c 和发射极 e。

(1) 基极 b 及三极管管型的判断。测量时，先假定一个基极引脚，将红表笔接在假定的基极上，黑表笔分别依次接到其余两个电极上，测出的电阻值都很大(或都很小)；然后将表笔对换，即黑表笔接在假定的基极上，红表笔分别依次接到其余两个电极上，测出的电阻值都很小(或都很大)。若满足这个条件，说明假定的基极是正确的，而且

用万用表进行三极管的检测

该三极管为 NPN 管(对应上述括号中测试结果的是 PNP 管)。如果得不到上述结果，那假定就是错误的，必须换一个电极为假定的基极重新测试，直到满足条件为止。

(2) 集电极 c 和发射极 e 的区分。在确定了三极管的基极和管型后，可根据图 1.57 测试区分集电极 c 和发射极 e。若三极管为 NPN 管，测试电路如图 1.57(a)所示，对另两个电极，一个假设为集电极 c，另一个假设为发射极 e；在 c、b 之间接上人体电阻(即用手捏紧 c、b 两电极，但不能将 c、b 两电极短接)代替电阻 R_B，并将黑表笔(对应万用表内电源的正极)接 c 极，红表笔(对应万用表内电源的负极)接 e 极，测量出 c、e 之间的等效电阻，记录下来；然后按前一次对 c、e 相反的假设，再测量一次。比较两次测量结果，以电阻小的那一次为假设正确(因为 c、e 之间的电阻小，说明三极管的放大倍数大，假设就正确)。

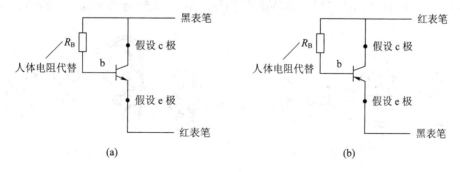

图 1.57　区分三极管集电极 c 和发射极 e 的测试电路

若三极管为 PNP 管，测试电路如图 1.57(b)所示。测量时，只需将红表笔接 c 极，黑表笔接 e 极即可，方法同 NPN 管。

3. 晶体三极管性能的检测

晶体三极管性能的检测主要是指对三极管穿透电流 I_{CEO} 的测试及晶体三极管好坏的检测与判断。

1) 三极管穿透电流 I_{CEO} 的测试

穿透电流 I_{CEO} 是一个反映三极管温度特性的重要参数，I_{CEO} 大或 I_{CEO} 随温度的变化而变化明显，说明三极管的热稳定性差。

I_{CEO} 的检测方法：对于 NPN 管来说，将黑表笔接 c 极，红表笔接 e 极，测量 c、e 之间的电阻值。一般来说，锗管 c、e 之间的电阻为几千欧至几十千欧，硅管为几十千欧至几百千欧。如果测试 c、e 之间的电阻值太小，说明 I_{CEO} 太大；如果电阻值接近零，表明三极管已经被击穿；如果电阻值无穷大，表明三极管内部开路。再用手捏紧管壳，利用体温给三极管加温，若电阻明显减小，即 I_{CEO} 明显增加，说明管子的热稳定性差，受温度影响大，则该三极管不能使用。

对于 PNP 管来说，只需将红表笔接 c 极，黑表笔接 e 极测量即可，方法同 NPN 管。

2) 晶体三极管好坏的检测与判断

检测方法是用万用表的 R×100 或 R×lk 电阻挡测量三极管两个 PN 结的正、反向电阻的大小，根据测量结果，判断三极管的好坏。

(1) 若测得三极管 PN 结的正、反向电阻都是无穷大，说明三极管内部出现断路现象。

(2) 若测得三极管的任意一个 PN 结的正、反向电阻都很小，说明三极管有击穿现象，该三极管不能使用。

(3) 若测得三极管任意一个 PN 结的正、反向电阻相差不大，说明该三极管的性能变差，已不能使用。

七、晶闸管及其检测

晶闸管又称为硅可控整流元件，简称可控硅(SCR)，它是一种实现无触点弱电控制强电的首选器件。该器件具有承受高电压、大电流的优点，常用于大电流场合下的开关控制，在可控整流、可控逆变、可控开关、变频、电机调速等方面应用广泛。

晶闸管主要有单向晶闸管和双向晶闸管两种类型，图 1.58 是常见晶闸管的外形结构图。

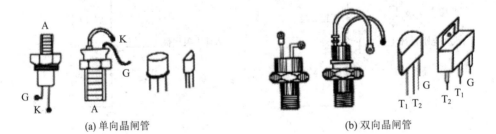

(a) 单向晶闸管　　　　　　　　　　　　(b) 双向晶闸管

图 1.58　常见晶闸管的外形结构

1. 单向晶闸管

单向晶闸管是一种由 PNPN 四层杂质半导体构成的三端器件，其间形成 J_1、J_2、J_3 三个 PN 结，引出阳极 A、阴极 K 和控制极 G 等三个电极，其内部结构如图 1.59(a)所示。按照 PN 结的分布和连接关系，单向晶闸管可以看作是由一个 PNP 三极管和一个 NPN 三极管按照图 1.59(b)所示的组合结构，其等效电路如图 1.59(c)所示。

如图 1.59(d)所示，当阳极 A 和阴极 K 之间加上正极性电压，且控制极 G 再加上一个正向触发信号时，单向晶闸管导通。一旦单向晶闸管导通，即使撤除控制极电压也不影响单向晶闸管的导通。只有阳极 A 和阴极 K 之间的电压小于导通电压或加反向电压时，单向晶闸管才会从导通变为截止。因此单向晶闸管是一种导通时间可以控制的、具有单向导电性能的直流控制器件(可控整流器件)，常用于整流、开关、变频等自动控制电路中。

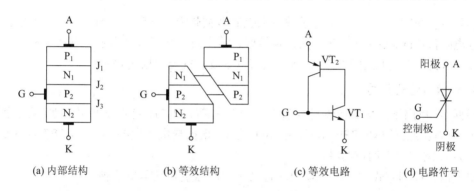

(a) 内部结构　　(b) 等效结构　　(c) 等效电路　　(d) 电路符号

图 1.59　单向晶闸管的内部结构及等效电路

2. 双向晶闸管

双向晶闸管是在单向晶闸管的基础上发展起来的新型半导体器件。它是由 NPNPN 五层杂质半导体构成的三端器件，同样具有三个电极，即两个主电极 T_1、T_2 和一个控制极 G。双向晶闸管相当于两个单向晶闸管反向并联，共用一个控制极，当 G 极和 T_2 极相对于 T_1 的电压均为正时，T_2 是阳极，T_1 是阴极。反之，当 G 极和 T_2 极相对于 T_1 的电压均为负时，T_1 变为阳极，T_2 变为阴极。其内部结构及等效电路如图 1.60 所示。

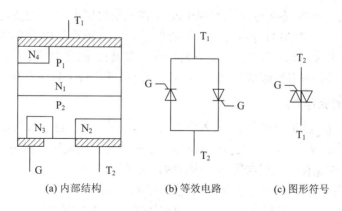

(a) 内部结构　　(b) 等效电路　　(c) 图形符号

图 1.60　双向晶闸管的内部结构及等效电路

当 T_2 极电压高于 T_1 极电压时，若控制极加正极性触发信号($U_G > U_{T_1}$)，则晶闸管被触发导通，电流方向从 T_2 流向 T_1；当 T_1 极电压高于 T_2 极电压时，若控制极加负极性触发信号($U_G < U_{T_1}$)，则晶闸管被触发反向导通，电流方向是从 T_1 流向 T_2。由此可见，双向晶闸管只用一个控制极，不管它的控制极电压极性如何，它都可以控制晶闸管的正向导通或反向导通，这个特点是普通晶闸管所没有的。

双向晶闸管的突出特点是可以双向导通，即无论两个主电极 T_1、T_2 之间接入何种极性的电压，只要在控制极 G 上加一个任意极性的触发脉冲，就可以使双向晶闸管导通。因而，双向晶闸管是一种理想的交流开关控制器件，可广泛用于交流电动机、交流开关、交流调速、交流调压等电路。

八、场效应管(FET)及其检测

场效应管(FET)是一种利用电场效应来控制多数载流子运动的半导体器件。场效应管具有输入电阻值高($10^6\,\Omega \sim 10^{15}\,\Omega$)、热稳定性好、噪声低、抗辐射能力强、成本低和易于集成等特点，因此被广泛应用于数字电路、通信设备及大规模集成电路中。

1. 场效应管的分类

根据结构的不同，场效应管可分为结型场效应管(J-FET)和绝缘栅场效应管(又称金属氧化物半导体场效应管(MOSFET)，简称 MOS 管)。根据导电沟道的不同，J-FET 与 MOS 管中又分为 N 沟道和 P 沟道两种。

根据栅极控制方式的不同，场效应管又分为增强型和耗尽型两种。

场效应管的电路符号如图 1.61 所示。

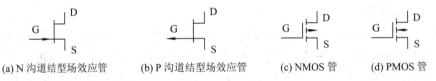

(a) N 沟道结型场效应管　　(b) P 沟道结型场效应管　　(c) NMOS 管　　(d) PMOS 管

图 1.61　场效应管的电路符号示意图

2. 场效应管与晶体三极管的性能比较

晶体三极管是一种电流控制器件(基极电流 i_b 控制集电极电流 i_c 的变化)，它是自由电子和空穴两种载流子同时参与导电的半导体器件，因而三极管又称为双极性晶体管(简称BJT)。场效应管与晶体三极管不同，它是一种电压控制器件(栅源电压 U_{GS} 控制漏极 i_D 的变化)，且只有一种载流子(多数载流子)参与导电，因而场效应管又称为单极性晶体管。

3. 场效应管的保存方法

由于绝缘栅场效应管(MOS 管)的输入电阻很大，一般在 $10^9\,\Omega \sim 10^{15}\,\Omega$，其栅、源极之间的感应电荷不易泄放，使得少量感应电荷会产生很高的感应电压，极易造成 MOS 管击穿，因而 MOS 管在保存、取用和焊接、测试时，要特别注意。

(1) MOS 管在保存时，应把它的三个电极短接在一起。

(2) 取用 MOS 管时，不要直接用手拿它的引脚，而要拿它的外壳。

(3) 在焊接、测试场效应管时，应该做好防静电措施。即焊接前，将场效应管的三个电极短接，焊接工具(如电烙铁)做好良好的接地，测试仪器的外壳必须接地，焊接时也可将电烙铁烧热后断开电源用余热进行焊接。

(4) MOS 管电路的设计、使用时，要在它的栅、源极之间接入一个电阻或一个稳压二极管，以降低感应电压的大小。

4．场效应管的检测

均效应管的具体检测方法如下。

(1) 对于结型场效应管(J-FET)，可使用万用表的欧姆挡测试其电阻值来判断其好坏。结型场效应管(J-FET)的电阻值通常在 $10^6\Omega\sim10^9\Omega$，若所测电阻太大(趋于无穷大)，说明 J-FET 管已断路；若所测电阻太小，说明 J-FET 管已被击穿。

(2) 对于绝缘栅场效应管(MOS 管)，由于其电阻太大(一般在 $10^9\Omega\sim10^{15}\Omega$)，极易被感应电荷击穿，因而不能用万用表进行检测，而要用专用测试仪进行测试。

九、集成电路及其检测

集成电路是 20 世纪 60 年代发展起来的一种新型半导体器件。常见的集成电路的外形结构如图 1.62 所示。

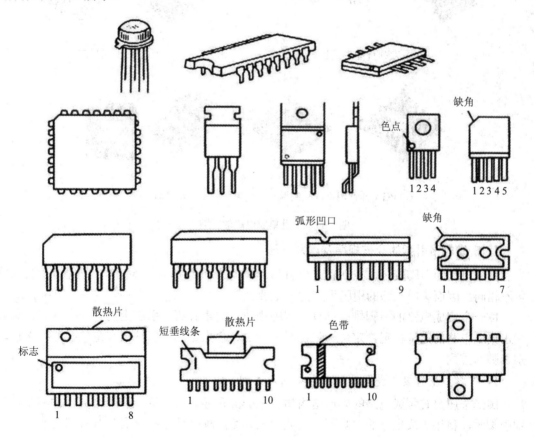

图 1.62　常见集成电路的外形结构

集成电路的品种繁多，其主要分类形式如下。

(1) 按传送信号的特点集成电路可分为模拟集成电路、数字集成电路。

(2) 按有源器件类型集成电路可分为双极性集成电路、MOS 型集成电路、双极性-MOS 型集成电路。

(3) 按集成电路的集成度可分为小规模集成电路 SSI(集成度为 100 个元件以内或 10 个门电路以内)、中规模集成电路 MSI(集成度为 100~1000 个元件或 10~100 个门电路)、大规模集成电路 LSI(集成度为 1000~10 000 个元件或 100 个门电路以上)、超大规模集成电路 VLSI(集成度为 10 万个元件以上或 1 万个门电路以上)。

(4) 按集成电路的功能可分为集成运算放大电路、集成稳压器、集成模/数和集成数/模转换器、编码器、译码器、计数器等。

(5) 按集成电路的封装形式可分为圆形金属封装集成电路、扁平陶瓷封装集成电路、单列直插式封装集成电路、四列扁平式封装集成电路等，图 1.63 所示给出了部分集成电路封装形式。

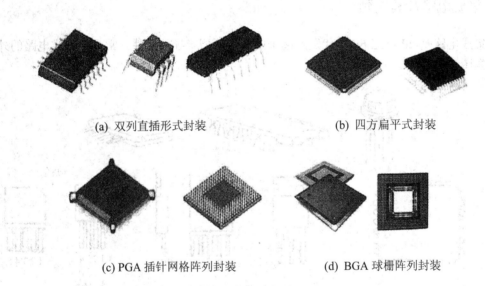

(a) 双列直插形式封装　　　　　　　　　　(b) 四方扁平式封装

(c) PGA 插针网格阵列封装　　　　　　　　(d) BGA 球栅阵列封装

图 1.63　常见集成电路的封装方式

1. 集成电路引脚的分布规律及识别方法

集成电路的引脚较多，少则有三个引脚，最多的可达 100 多个引脚，且每个引脚功能各不相同。因而集成电路的引脚识别尤为重要。

每一个集成电路的引脚排列都有一定的规律，通常其第一引脚上会有一个标记。首先找出集成电路的定位标记，定位标记一般为管键、色点、凹块、缺口和定位孔等，然后识别引脚的排列。

1) 圆形金属封装集成电路的引脚排列及识别

圆形金属封装集成电路的外形结构如图 1.64(a)所示，其外壳上有一个突出的标记。识别引脚时，将该集成电路的引脚朝上，从标记开始，顺时针方向依次读出引脚读数。

2) 双列扁平陶瓷封装或双列直插式封装集成电路的引脚排列及识别

双列扁平陶瓷封装或双列直插式封装集成电路的外形结构如图 1.64(b)所示。识别时，找出该集成电路的标记，将有标记的这一面对着观察者，最靠近标记的引脚为①号引脚，然后从①号引脚开始，逆时针方向依次为引脚的顺序读数。

3) 单列直插式封装集成电路的引脚排列及识别

单列直插式封装集成电路的外形结构如图 1.64(c)所示。找出该集成电路的标记，将集成电路的引脚朝下、标记朝左，则从标记开始，从左到右依次为引脚①、②、③等。

4) 四边带引脚的扁平封装集成电路的引脚排列及识别

四边带引脚的扁平封装集成电路的外形结构如图 1.64(d)所示。找出该集成电路的标记，将集成电路的引脚朝下，最靠近标记的引脚为①号引脚。然后从①号引脚开始，逆时针方向依次为引脚的顺序读数。

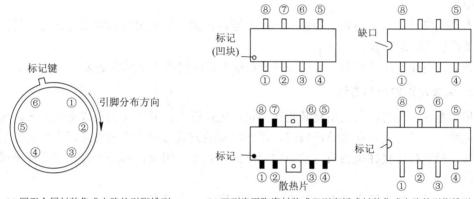

(a) 圆形金属封装集成电路的引脚排列　(b) 双列扁平陶瓷封装或双列直插式封装集成电路的引脚排列

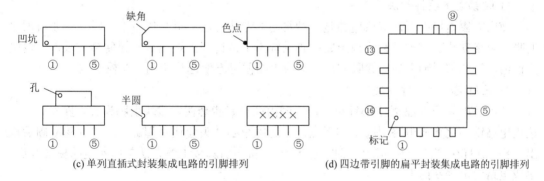

(c) 单列直插式封装集成电路的引脚排列　(d) 四边带引脚的扁平封装集成电路的引脚排列

图 1.64　集成电路的引脚识别

2. 集成电路的检测

1) 电阻检测法

用万用表测量集成电路芯片各引脚对地的正、反向电阻，并与参考资料或与另一块同类型的、好的集成电路比较，从而判断该集成电路的好坏。这是集成电路芯片未接入外围电路时常用的一种检测方法。

2) 电压检测法

当集成电路芯片接入外围电路并通电时，可采用电压检测法测试集成电路芯片的好坏，具体操作方法是使用万用表的直流电压挡，测量集成电路芯片各引脚对地的电压，将测出的结果与该集成电路芯片参考资料所提供的标准电压值进行比较，从而判断是该集成电路芯片有问题，还是集成电路芯片的外围电路有问题。电压检测法是检测集成电路的常用方法。

3) 波形检测法

用示波器测量集成电路各引脚的波形，并与标准波形进行比较。具体操作为：集成电路芯片通电后，从集成电路的输入端输入一个标准信号，再用示波器检测集成电路输出端的输出信号是否正常，若有输入而无输出，一般可判断为该集成电路损坏。

4) 替代法

替代法是指用一块好的、同类型的集成电路芯片代替可能出现问题的集成电路芯片，然后通电测试的方法。该方法的特点是直接、见效快，但拆焊麻烦，且易损坏集成电路和线路板。

若集成电路芯片采用先安装集成电路插座，再插入集成电路的安装方式时，替代法就成为最简便而快速的检测方法了。

在集成电路实际检测中，可以将各种集成电路的检测方法结合起来，灵活运用。

3. 集成电路的拆卸方法

集成电路安装时，常采用将其直接焊接在电路板上，或先安装集成电路插座，再插入集成电路的安装方式。在电路检修时，后一种安装方式可使用集成电路起拔器拆卸集成电路芯片，而直接焊接在电路板上的集成电路拆卸起来很困难，拆卸不好还会损坏集成电路及印制电路。

下面介绍几种拆卸直接焊接在电路板上的集成电路的方法。

1) 吸锡电烙铁拆卸法

使用吸锡电烙铁拆卸集成电路是一种常用的专业方法。拆卸集成电路时，只要将加热的吸锡电烙铁头放在被拆卸集成电路引脚的焊点上，待焊点熔化后，锡便会被吸入吸锡电烙铁内，待全部引脚上的焊锡吸完后，集成电路便可方便地从印制电路板上取下。

2) 医用空心针头拆卸法

使用医用 8 号～12 号空心针头，针头的内径正好能套住集成块引脚为宜。操作时，一边用电烙铁熔化集成电路引脚上的焊点，一边用空心针头套住引脚旋转，等焊锡凝固后拔出针头，这样引脚便会和印制电路板完全分开。待各引脚按上述办法与印制电路板脱开后，集成电路便可轻易拆下。

3) 多股铜线吸锡拆卸法

取一段多股芯线，用钳子拉去塑料外皮，将裸露的多股铜丝截成 70 mm～100 mm 的线段备用，并将导线的两端头稍稍拧儿转，均匀地平摊，使其不会松散且平整；然后用酒精松香溶液均匀地浸透裸露的多股铜丝并晒干。线上松香不要过多，以免污染印制版。

拆卸集成块时，将上述处理过的裸线压在集成块的焊脚上，并压上加热后的电烙铁(一般以 45 W～75 W 为宜)，此时，焊脚处焊锡迅速熔化，并被裸线吸附，待集成电路引脚上的焊锡被裸线吸收干净，焊脚即与印制板分离，集成电路就可拆卸下来。

由于集成电路的引脚多且排列密集，在更换集成电路块时，一定要注意焊接质量和焊接时间，避免电烙铁烫坏集成电路。

4. 集成电路的使用注意事项

在使用集成电路的过程中需要注意以下事项：

(1) 使用集成电路时，其各项电性能指标(电源电压、静态工作电流、功率损耗、环境温度等)应符合规定要求。

(2) 在电路设计安装时，应使集成电路远离热源；对输出功率较大的集成电路应采取有效的散热措施。

(3) 进行整机装配焊接时，一般最后对集成电路进行焊接；手工焊接时，一般使用 20 W～30 W 的电烙铁，且焊接时间应尽量短(少于 10 s)，避免由于焊接过程中的高温而损坏集成电路。

(4) 不能带电焊接或插拔集成电路。

(5) 正确处理好集成电路的空脚，不能擅自将空脚接地、接电源或悬空，悬空易造成误动作，破坏电路的逻辑关系，也可能产生感应静电造成集成电路击穿，因而应根据各集成电路的实际情况对电路的空脚进行恰当处理(接地或接电源)。

(6) MOS 集成电路使用时，应特别注意防止静电感应击穿。对 MOS 电路所用的测试仪器、工具以及连接 MOS 块的电路，都应进行良好的接地；储存时，必须将 MOS 电路装在金属盒内或用金属箔纸包装好，以防止外界电场对 MOS 电路产生静电感应将其击穿。

十、LED 数码管及其检测

LED(Light Emitting Diode)数码管又称为数码显示器，是一种将电能转化为可见光和辐射能的发光器件，是用于显示数字、字符的器件，可以发出红、黄、蓝、绿、白、七彩等不同的颜色，广泛用于数字仪器仪表、数控装置、计算机的数显器件，大功率 LED 可用于路灯照明，汽车灯等场合。

LED 数码管及其检测

LED 数码管的主要特点是工作电压低、功耗小、耐冲击，但工作电流稍大(几毫安到几十毫安)，能与 CMOS、ITL 电路兼容；其还具有发光响应时间极短(小于 0.1 μs)、高频特性好、单色性好、亮度高、工作可靠、体积小、重量轻、耐震动、抗冲击、性能稳定、成本低、使用寿命长(使用寿命在 10 万小时以上，甚至可达 100 万小时)的特点。

1. LED 数码管的结构特点及连接方式

1) LED 数码管的结构特点

LED 数码管(LED Segment Displays)是由 8 个发光二极管封装在一起，组成"8"字形的半导体器件，对外有 8 个引脚，包括 7 个数码引脚和 1 个小数点引脚。这些数码发光段分别用字母 a、b、c、d、e、f、g 表示，小数点用字母 dp 表示。当数码管特定的段加上电压后，这些特定的数段就会发光，可以显示 0～9 共 10 个不同的数码。

LED 数码管的外形结构和数码发光段的表示位置如图 1.65(a)、(b)所示。图 1.65(c)所示为 LED 七段数码管的引脚排列图，其中①、②、④、⑥、⑦、⑨、⑩等 7 个引脚为数码管的 7 个不同的发光段，第⑤脚为小数点 dp 脚，第③脚和第⑧脚做连通使用。

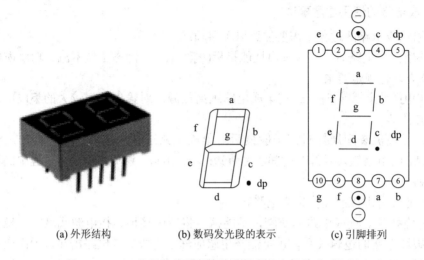

(a) 外形结构   (b) 数码发光段的表示   (c) 引脚排列

图 1.65   LED 数码管的外形结构和数码发光段的表示位置

2) LED 数码管的连接方式

七段数码管使用时，有共阴极和共阳极两种连接方式。

将数码管的发光段(a，b，c，d，e，f，g，dp)的阳极连接在一起(公共阳极"⊕")、且通过限流电阻 R 连接到电路的高电位端(+Vcc)，而其阴极端作为输入信号端的连接方式，称为共阳极连接方式，如图 1.66(a)所示，当 a～dp 中某个阴极端接低电位时，相应的发光段就会发光。

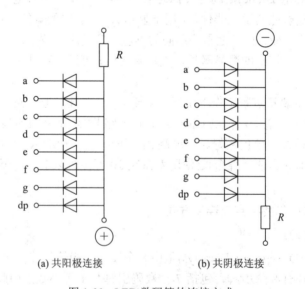

(a) 共阳极连接   (b) 共阴极连接

图 1.66   LED 数码管的连接方式

将数码管的发光段(a，b，c，d，e，f，g，dp)的阴极连接在一起(公共阴极"⊖")、且通过限流电阻 R 连接到电路的低电位端(地端"⊥")，而其阳极端作为输入信号端的连接方式，称为共阴极连接方式，如图 1.66(b)所示。当 a～dp 中某个阳极端接高电位时，相应的发光段就会发光。

2. LED 数码管的检测

1) LED 数码显示器的检测原理和方法

首先外观观察，LED 数码管外观必须是颜色均匀、无局部变色及无气泡等。再用数字万用表做进一步检测。

(1) 检测原理。LED 数码管是由 8 个发光二极管段组合而成的，检测的原理是测试这 8 个发光二极管的好坏和发光程度，由此判断该数码管的好坏。

(2) 检测方法。以共阴极数码管为例，将数字万用表置于二极管挡位，二极管的黑表笔与 LED 数码管的共阴极端相接，然后用红表笔依次去触碰数码管的其他各阳极引脚。正常时，红表笔触到某个阳极引脚，则该引脚对应的发光段就会发光；若红表笔触动某个阳极引脚后，所对应的发光段不亮，则说明该发光段已经损坏，即该 LED 数码管已损坏。

2) LED 数码显示器的故障判断

(1) 检测时，若数码管的发光段发光暗淡，说明器件已老化，发光效率太低。

(2) 检测时，若数码管的发光段残缺不全，说明数码管已局部损坏，数码管不能再使用了。

项 目 小 结

1. 电子元器件是电子产品的基本组成单元，有多种类别。按能量转换特点分为有源元器件和无源元器件；按元器件的内部结构特点分为分立元件和集成器件。根据各种元器件的特点不同，可以组合构成不同功能的电路。

2. 万用表是一种多功能、多量程的测量仪表，可以直接用于测量交、直流电流，交、直流电压，电阻等电路参数，它是电子技术工作者最常用的测量仪表。按照万用表的结构和显示方式不同，万用表可分为"指针式万用表"和"数字式万用表"两种。

3. 电阻是一种耗能元件，其主要作用是：分压、分流、负载(能量转换)等。电阻的主要性能参数包括：标称阻值、允许偏差、额定功率、温度系数等；电阻参数的识别方法有直标法、文字符号法、数码表示法及色标法等。

4. 电容是一种储存电场能量元件，其主要作用是耦合、旁路、隔直、滤波、移相、延时等。电容的主要性能参数包括标称容量、允许偏差、额定工作电压(也称耐压)、击穿电压、绝缘电阻等；电容的识别方法与电阻一样，有直标法、文字符号法、数码表示法及色标法等。

5. 电感是一种储存磁场能量元件。它在电路中具有耦合、滤波、阻流、补偿、调谐等作用。电感主要性能参数包括标称电感量、品质因数、分布电容和线圈的直流电阻等。

6. 变压器具有变压、变流、变阻抗、耦合、匹配等主要作用。变压器的主要性能参数包括变压比、额定功率、效率、绝缘电阻等。

7. 桥堆是由 4 只二极管构成的桥式电路，主要在电源电路中起整流作用。检测桥堆的方法是使用万表检测桥堆中的每一个二极管的正、反向电阻来判断桥堆的好坏。

8. 晶体三极管具有放大、电子开关、控制等作用。

9. 晶闸管是一种大功率器件，亦称为可控硅，主要工作在开关状态，常用于大电流场合下的开关控制，是实现无触点弱电控制强电的首选器件，在可控整流、可控逆变、可控开关、变频、电机调速等方面应用广泛。常用的晶闸管有单向晶闸管和双向晶闸管两种。

10. 场效应管(又称单极性晶体管)是一种电压控制器件(U_{GS} 控制 i_D 的变化)，它具有输入电阻高($10^6\,\Omega\sim10^{15}\,\Omega$)、热稳定性好、噪声低、成本低和易于集成等特点。场效应管由于其输入电阻太大，极易被感应电荷击穿，因而一般不用万用表进行检测，而用专用测试仪进行测试。

11. 集成电路是将半导体器件、电阻、小电容以及电路的连接导线都集成在一块半导体硅片上，具有一定电路功能的电子器件。它具有体积小、重量轻、性能好、可靠性高、损耗小、成本低等优点。对集电路的检测目的是判别集成电路的引脚排列及好坏。检测方法有电阻检测法、电压检测法、波形检测法和替代法。

12. LED 数码管又称为数码显示器，是用于显示数字、字符的器件。七段数码显示器有共阴极和共阳极两种连接方式。

习　题　1

一、填空题

1. 按照能量转换特点，电子元器件可分为(　　　　)和(　　　　)。

2. 按照元器件内部结构特点，电子元器件可分为(　　　　)和(　　　　)。

3. 按照组装工艺，电子元器件可分为(　　　　)和(　　　　)。

4. (　　　　)是指它们具有各自独立，不变的性能特性，与外加的电源信号无关，它们对电压、电流无控制和变换作用。

5. 无源元器件主要是指(　　　　)、(　　　　)和(　　　　)。

6. 有源元器件是指(　　　　)才能正常工作的电子元器件，且输出取决于输入信号的变化。

7. 万用表分为(　　　　)和(　　　　)两类。

8. (　　　)是电子制作和维修人员最常用的(　　　)，(　　　)是每一个电子技术人员必须掌握的技能。

9. 万用表是一种集测量(　　　)、(　　　)、(　　　)等参数为一体的(　　　)、(　　　)的测量仪表，是(　　　)最常用的测量仪表。

10. 钟表起子主要用于(　　　)和(　　　)的装拆，有时也用于(　　　)的调整。

11. 无感起子是用(　　　)制成的，用于调整(　　　)。

12. (　　　)是电子产品中不可缺少的电路元件，使用时，是以电阻的性能参数为标准来判断电阻元件的好坏。

13. 电阻的主要性能参数包括(　　　)、(　　　)等。

14. 滑动噪声是调节滑动端时，(　　　)的滑动端触点与(　　　)的滑动接触所产生的，是由于(　　　)以及滑动端滑动时接触电阻的无规律变化引起的。

15. 按温度系数分，热敏电阻可分为(　　　)和(　　　)。负温度系数的热敏电阻 NTC 常用于稳定电路的工作点，正温度系数的热敏电阻 PTC 在家电产品中应用较(　　)，用于冰箱或电饭煲的温控器中。

二、简答题

1. 如何使用钟表起子？

2. 数字式万用表与指针式万用表有哪些不同？

3. 电阻的标注方法有哪几种？

4. 简述电容故障的检测方法与步骤。

5. 电感的标注方法有哪几种？

6. 简述固定电感线圈的性能及用途。

7. 简述二极管的分类。

8. 万用表检测判断普通二极管的极性操作方法的方法有哪几种？

9. 万用表检测晶体三极管的引脚极性与管型的方法有哪几种？

10. 集成电路使用时的注意事项？

11. 简述 LED 数码管的主要特点？

项目 2

电子产品制作准备工艺

 学习目标

(1) 学会识读电子产品制作中的有关图纸;
(2) 掌握电子产品中常用导线的加工方法;
(3) 掌握元器件引线的成形技术与方法;
(4) 了解印制电路板的特点和作用;
(5) 学会手工制作印制电路板。

 知识点

(1) 电路图识读的基本知识;
(2) 电子产品中常用导线的作用及加工要求;
(3) 元器件引线成形的技术要求和方法;
(4) 印制电路板的特点和作用;
(5) 手工制作印制电路板及印制电路板的质量检测。

 技能点

(1) 常用电路图的识读技巧;
(2) 常用导线的加工;
(3) 元器件引线的成形;
(4) 手工制作印制电路板。

电子产品的构成,不仅需要各种电子元器件,还需要导线连接、印制电路板的安装等,所以在电子产品制作之前,应该做好与电子产品制作相关的各项准备工作,包括各种图纸及其识读方法,学会进行各种导线的加工处理,掌握各种元器件引线和零部件引脚的成形方法，了解印制电路板的特点和作用，掌握印制电路板的手工制作方法。

电子产品制作之前的准备工艺是顺利完成整机装配的重要保障。

任务一 电路图的识读

电路图是指用约定的图形符号和线段表示的电子工程用的图形。学会识读电路图，有利于了解电子产品的结构和工作原理，有利于正确地生产(制作)、检测、调试电子产品，能够快速地进行故障判断和维修。识图技能在电子产品的开发、研制、设计和制作中起着非常重要的指导作用。

一、识图的基本知识

识读电路图，必须先了解、掌握一些识图的基本知识，才能正确、快捷地完成电路图的识读，完成电子产品的安装、制作、调试、维护与维修的任务。

(1) 熟悉常用电子元器件的图形符号，掌握这些元器件的性能、特点和用途。因为电子元器件是组成电路的基本单元。

(2) 熟悉并掌握一些基本单元电路的构成、特点、工作原理。因为任何一个复杂的电子产品电路，都是由一个个简单的基本单元电路组合而成的。

(3) 了解不同电路图的不同功能，掌握识图的基本规律。

二、常用电路图的识读技巧

电子产品装配过程中常用的电路图有方框图、电原理图、装配图、接线图及印制电路板组装图等。不同的电路图其作用不同、功能不同，因而识读方法也不同。

常见电路图的识读技巧

1. 方框图

方框图是一种用方框、少量图形符号和连线来表示电路构成概况的电路图样，有时在方框图中会有简单的文字说明，会用箭头表示信号的流程，会标注该处的基本特性参数(如信号的波形形状、电路的阻抗、频率值、信号电平的数值大小)等。

方框图的主要功能是体现电子产品的构成模块以及各模块之间的连接关系，各模块在电路中所起的作用以及信号的流程顺序。

如图 2.1 所示为超外差收音机的原理方框图，从图中可以看出超外差收音机的基本组成部分包括输入接收天线、输入电路、本振电路、混频电路、中放电路、检波电路、前置低频放大电路、功率放大电路和扬声器等部分，它们之间的连接关系、信号的变化以及信号的流程关系，从方框图中也是一目了然的。

方框图的识读方法是从左至右、自上而下的识读，或根据信号的流程方向进行识读，在识读的同时了解各方框部分的名称、符号、作用以及各部分的关联关系，从而掌握电子产品的总体构成和功能。

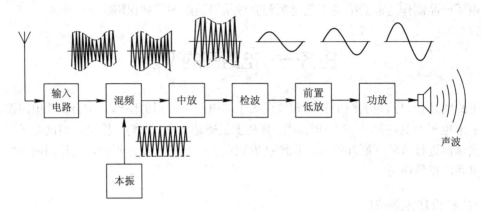

图 2.1 超外差收音机的原理方框图

2. 电路原理图

电路原理图一般简称电路图，是详细说明构成电子产品电路的电子元器件相互之间、电子元器件与单元电路之间、产品组件之间的连接关系，以及电路各部分电气工作原理的图形。它是电子产品设计、安装、测试、维修的依据，在装接、检查、试验、调整和使用产品时，电原理图通常与接线图、印制电路板组装图一起使用。

电路图主要由电路元器件符号、连线等组成，电路图中的电路元器件符号是用文字符号及脚标注序号来表示具体的元器件，用来说明元器件的型号、名称等。如图 2.2 所示为中夏 S66D 型超外差收音机原理图。

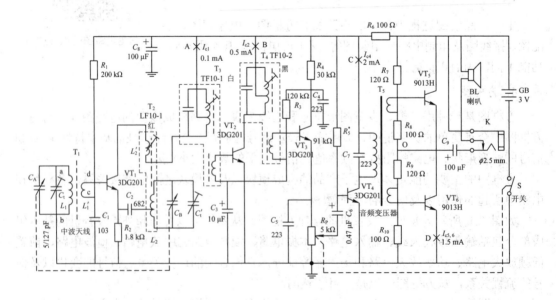

图 2.2 中夏 S66D 型超外差收音机原理图

图 2.2 中，三极管是用电路符号 VT_1、VT_2、VT_3、VT_4、VT_5、VT_6 来表示的。虽然电

路元器件符号与实际元器件的外形不一定相同(似)，但是它表示了电路元器件的主要特点，而且其引脚的数目和实际元器件保持一致。电路图中的连线是电路中的导线，用来表示元器件之间相互连接关系。

对于一些复杂电路，有时也用方框图形表示某些单元。对于在原理图上采用方框图形表示的单元，应单独给出其电路原理图。

电路原理图的识读方法是结合原理方框图，根据构成方框图中的模块单元电路，从信号的输入端按信号流程，逐个单元电路熟悉，一直到信号的输出端，完成电路原理图的识读，由此了解电路的构成特点和技术指标，掌握电路的连接情况，从而分析出该电子产品工作原理。

3. 装配图

装配图是表示组成电子产品各部分装配关系的图样。在装配图中，清楚地表示出电子产品各组成部分、摆放关系及结构形状等。

装配图上的元器件一般以电路图形符号表示，有时也可用简化的元器件外形轮廓表示。装配图中一般不画印制导线，如果要求表示出元器件的位置与印制导线的连接关系时，也可以画出印制导线。如图 2.3 所示为一个阻容单元电路的装配图，图中清楚地表示了印制电路板的大小、形状、安装固定位置、各元器件摆放位置、大型元器件需要紧固的位置等。

装配图的识读方法是首先看装配图右下方的标题栏，了解图的名称及其功能；然后查看标题栏上方(或左方)的明细栏，了解图样中各零部件的序号、名称、材料、性能及用途等内容，分析装配图上各个零部件的相互位置关系和装配连接关系；最后根据工艺文件的要求，对照装配图进行电子产品的装配。

4. 接线图(JL)

接线图是表示产品装接面上各元器件的相对位置关系和接线的实际位置的略图，是电路原理图具体实现的表示形式。接线图可和电路原理图或逻辑图一起用于指导电子产品的接线、检查、装配和维修工作。接线图还应包括进行装接时必要的资料，例如接线表、名细表等。

接线图中只表示元器件的安装位置和实际配线方式，而不明确表示电路的原理和元器件之间的连接关系，因而与接线无关的元器件一般省略不画，接线图中的每一根导线两端共用一个编号，并分别注写在两接线端上。

对于复杂的产品，若一个接线面不能清楚地表达全部接线关系时，可以将几个接线面分别绘出。绘制时，应以主接线面为基础，将其他接线面按一定方向展开，在展开面旁要标注出展开方向。

在某一个接线面上，如有个别组件的接线关系不能表达清楚时，可采用辅助视图(剖视图、局部视图、方向视图等)来说明，并在视图旁注明是何种辅助视图，接线图的示例如图2.4 所示。复杂的设备或单元，用的导线较多，走线复杂，为了便于接线和整齐美观，可将导线按规定和要求绘制成线扎装配图。

接线图的识读方法是先看标题栏、明细表，然后参照电原理图，看懂接线图(编号相同的接线端子接的是同一根导线)，最后按工艺文件的要求将导线接到规定的位置上。

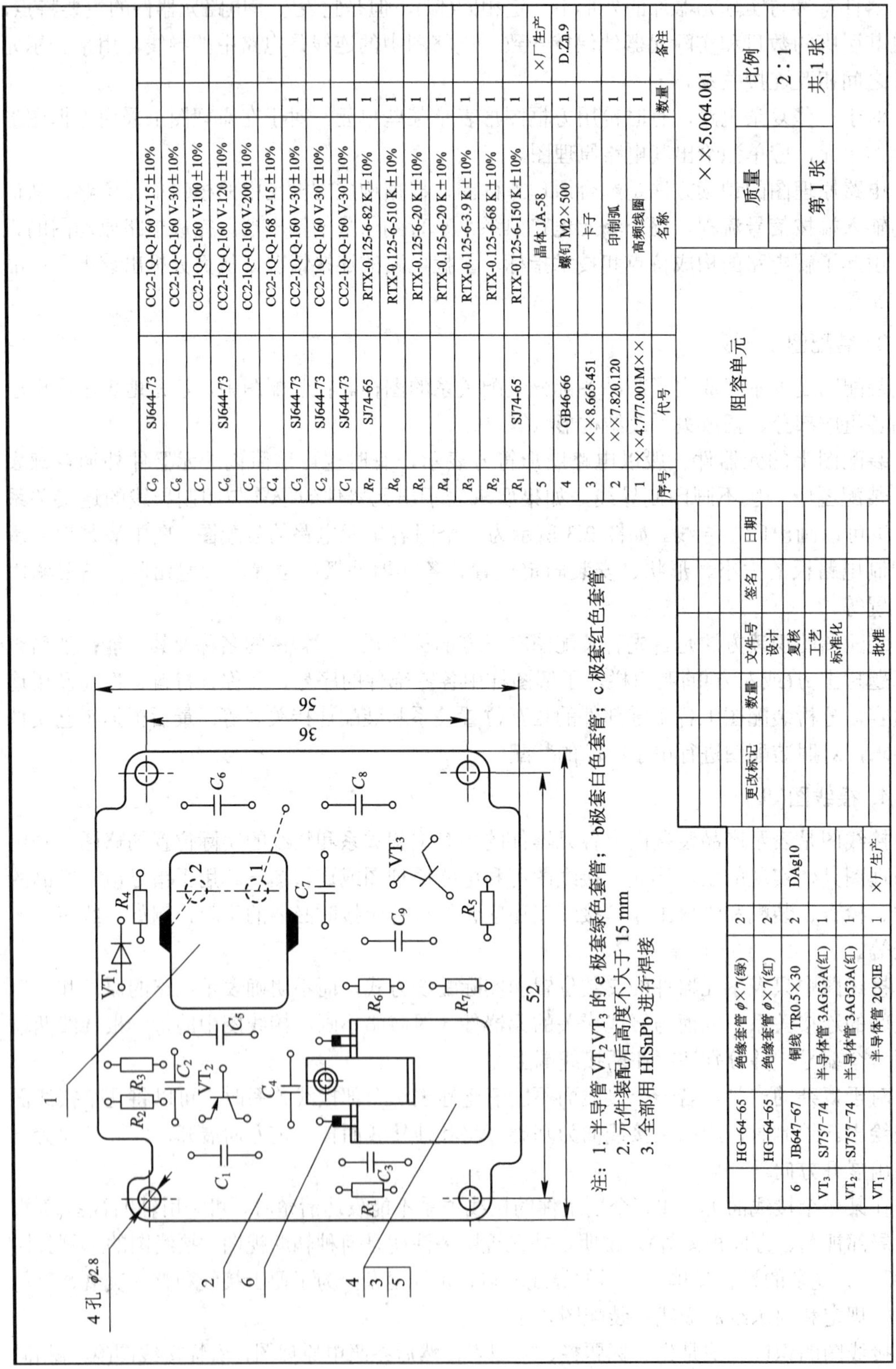

注: 1. 半导体管 VT$_2$VT$_3$ 的 e 极套绿色套管；b 极套白色套管；c 极套红色套管
2. 元件装配后高度不大于 15 mm
3. 全部用 HISnPb 进行焊接

序号	代号	名称	数量	备注
C$_9$	SJ644-73	CC2-1Q-Q-160 V-15±10%		
C$_8$		CC2-1Q-Q-160 V-30±10%		
C$_7$	SJ644-73	CC2-1Q-Q-160 V-100±10%		
C$_6$		CC2-1Q-Q-160 V-120±10%		
C$_5$		CC2-1Q-Q-160 V-200±10%		
C$_4$		CC2-1Q-Q-168 V-15±10%	1	
C$_3$	SJ644-73	CC2-1Q-Q-160 V-30±10%	1	
C$_2$	SJ644-73	CC2-1Q-Q-160 V-30±10%	1	
C$_1$	SJ644-73	CC2-1Q-Q-160 V-30±10%	1	
R$_7$	SJ74-65	RTX-0.125-6-82 K±10%	1	
R$_6$		RTX-0.125-6-510 K±10%	1	
R$_5$		RTX-0.125-6-20 K±10%	1	
R$_4$		RTX-0.125-6-20 K±10%	1	
R$_3$		RTX-0.125-6-3.9 K±10%	1	
R$_2$		RTX-0.125-6-68 K±10%	1	
R$_1$	SJ74-65	RTX-0.125-6-150 K±10%	1	
5		晶体 JA-58	1	×厂生产
4	GB46-66	螺钉 M2×500	1	D.Zn.9
3	××8.665.451	卡子	1	
2	××7.820.120	印制弧	1	
1	××4.777.001M××	高频线圈	1	
序号	代号	名称	数量	备注

	HG-64-65	绝缘套管 φ×7(绿)	2	
	HG-64-65	绝缘套管 φ×7(红)	2	
6	JB647-67	铜线 TR0.5×30	2	DAg10
VT$_3$	SJ757-74	半导体管 3AG53A(红)	1	
VT$_2$	SJ757-74	半导体管 3AG53A(红)	1	
VT$_1$		半导体管 2CCIE	1	×厂生产

×× 5.064.001　阻容单元　比例 2:1　质量　共1张　第1张

更改标记　数量　文件号　签名　日期
设计　复核　工艺　标准化　批准

图 2.3　装配图

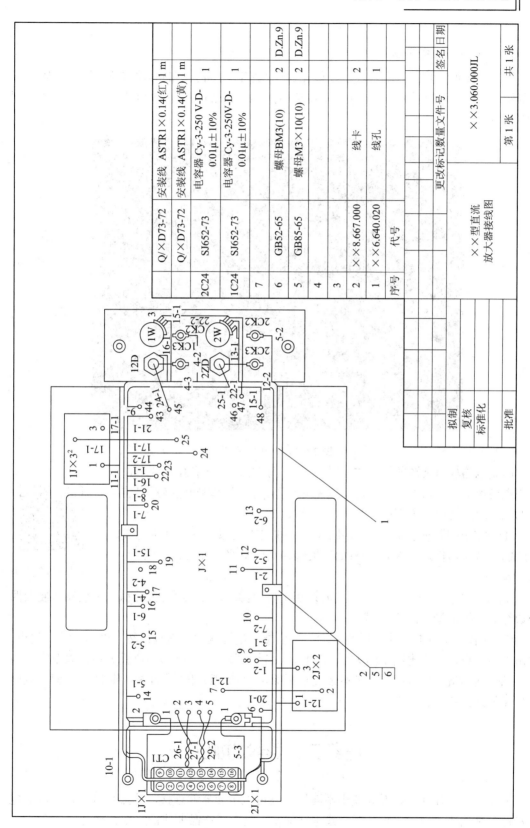

序号	代号	名称	数量	备注
2C24	Q/×D73-72	安装线 ASTR1×0.14(红)	1 m	
1C24	Q/×D73-72	安装线 ASTR1×0.14(黄)	1 m	
7	SJ652-73	电容器 Cy-3-250 V-D-0.01μ±10%	1	
6	SJ652-73	电容器 Cy-3-250V-D-0.01μ±10%	1	
5	GB52-65	螺母BM3(10)	2	D.Zn.9
4	GB85-65	螺母M3×10(10)	2	D.Zn.9
3				
2	××8.667.000	线卡	2	
1	××6.640.020	线孔	1	

拟制				××型直流	签名	日期
复核				放大器接线图		
标准化			更改标记数量文件号	××3.060.000JL		
批准				第 1 张	共 1 张	

图 2.4　直流放大器接线图

5. 印制电路板组装图

印制电路板组装图是用来表示各种元器件在实际电路板上的具体方位、大小，以及各元器件之间相互连接关系，元器件与印制板的连接关系的图样。如图 2.5 所示为一块印制电路板图。

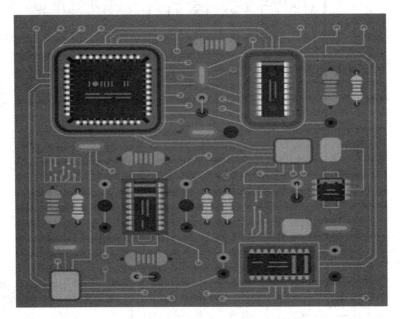

图 2.5　印制电路板图

印制电路板组装图的识读方法是由于电子产品的工艺和技术要求，印制电路板上的元器件排列与电原理图完全不同，因而印制电路板组装图的识读应结合电路原理图一起，按以下要求进行。

(1) 首先读懂与之对应的电路原理图，找出电路原理图中基本构成电路的大型元器件及关键元器件(如三极管、集成电路、开关、变压器、喇叭等)。

常用材料与加工工具

(2) 在印制电路板上找出接地端(线)和主要电源端(线)。通常大面积铜箔或靠印制板四周边缘的长线铜箔为接地端(线)。

(3) 读图时，先找出电路的输入端、输出端、电源端和接地端，然后以输入端为起点、输出端为终点，结合电路中的大型元器件和关键元器件在电路中的位置关系，以及它们与输入端、输出端、电源端和接地端的连接关系，逐步识读印制电路板组装图，了解印制电路板图的结构特点。

任务二　导线的加工

在电子产品制作中，需要使用不同的导线将电子元器件连接，构成具有一定功能的电子产品，使用工具或专用设备对导线进行加工，是电子产品制作的必要技能之一。

一、电子产品中的常用线材

电子产品中的常用线材包括电线和电缆，它们是传输电能或电磁信号的传输导线。

根据导线的结构特点分类，常用线材可分为安装导线、电磁线、屏蔽线和同轴电缆、扁平电缆(平排线)、线束等几类。各种导线的特点、用途如下所述。

1. 安装导线(安装线)

1) 裸导线

裸导线是指没有绝缘层的光金属导线。它有单股线、多股绞合线、镀锡绞合线、多股编织线、金属板、电阻电热丝等若干种类。如钢芯铝绞线、铜铝汇流排、电力机车线等。由于裸导线没有外绝缘层，容易造成短路，它的用途很有限。在电子产品装配中，只能用于单独连线、短连线及跨接线等。

常用裸导线的结构特点及使用场合如下所述。

(1) 单股线。其多用于电路板上作为跨接线。较粗的单股线多用于悬浮连线。

(2) 多股绞合线。将几根或几十根单股铜线绞合起来，制成较粗的导线。这样有利于大电流通过，同时又能克服单股粗线太硬、不便加工等缺点。它主要用于做较大元器件的引脚线、短路跳线、电路中的接地线等。

(3) 镀锡绞合线。镀锡绞合线是在多股绞合线的基础上，将其镀锡包裹起来构成锡绞合线。其特点是柔软性好、抗折弯强度大、便于加工、既可绕接又可焊接。

(4) 多股编织线。多股编织线是将多股软铜原线编织起来组成一根粗导线，有扁平编织线和圆筒形编织线两种。它具有自感小、趋肤效应小、高频电阻小、柔软性好、便于操作等优点，主要用于高频电路的短距离连接、接地和大电流连接线等。

(5) 金属板。直接用铜、镀锡铜、镀锡铁等金属板作为导线。它的最大优点是抗弯曲强度大，适合用做悬浮连线、高频接地、屏蔽和大电流的连线等。

(6) 电阻合金线。电阻合金线是一种特殊的金属合金，虽然也能导电，但其导电能力不如铜导线，又不像绝缘体那样很难导电，它对电流具有一定的阻碍作用。当电流流过它时，由于存在电阻，会在其上产生电压降，消耗电功率，产生热量。电阻合金线可用于制造线绕电阻器、电位器，还可制造发热元器件，如电炉丝、电烙铁芯等。

2) 塑胶绝缘电线

塑胶绝缘电线是在裸导线的基础上，外加塑胶绝缘护套的电线，俗称塑胶线。它一般由导电的线芯、绝缘层和保护层组成，如图 2.6 所示。塑胶绝缘电线的线芯有软芯和硬芯两种，按芯线数也可分为单芯、二芯、三芯、四芯及多芯等线材，并有各种不同的线径，广泛用于电子产品的各部分、各组件之间的各种连接。

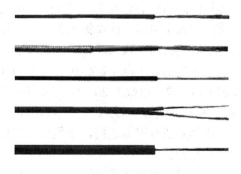

图 2.6　塑胶绝缘电线

2. 电磁线

电磁线是指由涂漆或包缠纤维作为绝缘层的圆形或扁形铜线，用于制造电子、电工产品中的线圈或绕组的绝缘电线，电磁线以漆包线为主，纤维可用纱包、丝包、玻璃丝和纸包等，主要用于绕制各类变压器、电感线圈等。由多股细漆包线外包缠纱丝的丝包线是绕制收音机天线或其他高频线圈的常用线材。漆包线绕制线圈后，需要去除线材端头的漆皮与电路连接。去除漆包线漆皮的方法通常采用热熔法或燃烧法。

1) 热熔法

将漆包线的线端浸入熔融的锡液中，漆皮随之脱落，同时线端被镀上一层薄薄的焊锡。

2) 燃烧法

将漆包线的线端放在明火上燃烧，使漆皮碳化，然后迅速地浸入乙醇中冷却，再取出用棉布擦拭干净即可。

表 2-1 中列出了常用电磁线的型号、名称和主要特征及用途。

表 2-1 常用电磁线的型号、名称和主要特征及用途

型 号	名 称	主要特征及用途
QZ-1	聚酯漆包圆铜线	其电气性能好，机械强度较高，抗溶剂性能好，耐温在130℃以下，用于中小型电机，电气仪表等的绕组
QST	单丝漆包圆铜线	用于电机、电气仪表的绕组
QZB	高强度漆包扁铜线	主要性能同QZ-1，用于大型线圈的绕组
QJST	高频绕组线	高频性能好，用于绕制高频绕组

3. 扁平电缆

扁平电缆又称排线或带状电缆，是由相互之间绝缘的多根并排导线粘合在一起，整体对外呈现绝缘状态的一种扁平带状多路导线的软电缆。其特点是走线结构整齐、清晰，连接、维修方便，韧性强、重量轻、造价低。主要用于插座间的连接、印制电路板之间的连接、各种信息传递的输入/输出之间的柔性连接。

在一些数字电路、计算机电路中，往往其连接线成组、成批的出现，且工作电平、信号流程、导线去向一致，因而排线成为这些产品的常用连接线。

目前常用的扁平电缆是导线芯为 $7 \times 0.1 \ mm^2$ 的多股软线，外皮为聚氯乙烯，导线间距为 1.27 mm，导线根数为 20～60 根不等，颜色多为灰色或灰白色，在一侧最边缘的线为红色或其他不同颜色，作为接线顺序的标志，如图 2.7 所示。扁平电缆大多采用穿刺卡接方式与专用插头进行可靠连接，无须使用高温焊接，电缆的导线数目往往与安装插头、插座的尺寸相配套。

另有一种扁平电缆，导线间距为 2.54 mm，芯线为单股或多股线绞合，一般作为产品中印制电路板之间的固定连接，采用单列排插或锡焊方式连接，如图 2.8 所示。

图 2.7   用穿刺卡插头连接的扁平电缆

图 2.8   采用单列排插或锡焊的扁平电缆

4．屏蔽线

屏蔽线是在塑胶绝缘电线的基础上。外加导电的金属网状编织的屏蔽层和外护套而制成的信号传输线。常用的屏蔽线有单芯、双芯、三芯等几种类型，最常见的屏蔽线是有聚氯乙烯护套的单芯、双芯屏蔽线，其结构图和实物图如图 2.9 所示。

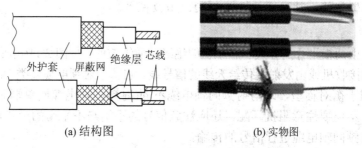

(a) 结构图   (b) 实物图

图 2.9   屏蔽线的结构图及实物图

屏蔽线具有静电(或高电压)屏蔽、电磁屏蔽和磁屏蔽的作用。使用时，屏蔽线的屏蔽层需要接地，才能防止或减少屏蔽线外的信号与线内信号之间的相互干扰，同时降低传输信号的损耗。

屏蔽线主要用于 1 MHz 以下频率信号连接(高频信号必须选用专业电缆)。

5．电缆

电缆由一根或多根相互绝缘的导体外包绝缘和保护层制成。其作用是将电力或信息信号从一处传输到另一处。图 2.10 所示为电缆的实物图。

图 2.10   电缆的实物图

电子产品装配中的电缆主要包括射频同轴电缆、馈线和高压电缆等。

1) 射频同轴电缆

射频同轴电缆也称为高频同轴电缆，其结构与单芯屏蔽线基本相同，如图 2.1l(a)所示，不同之处在于两者使用的材料不同，其电性能也不同，射频同轴电缆主要用于传送高频电信号，如闭路电视线就用射频同轴电缆。

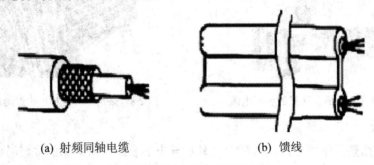

(a) 射频同轴电缆　　　　　　　　　(b) 馈线

图 2.11　同轴电缆、馈线的结构

电缆线的特点是抗干扰能力强、衰减小、传输效率高、便于匹配。电缆线属于非对称型的连接传输导线，其阻抗一般有 75 Ω、50 Ω 两种。

2) 馈线

馈线是由两根平行的导线和扁平状的绝缘介质组成的，如图 2.11(b)所示，专用于将信号从天线传到接收机或由发射机传给天线的信号线，它属于射频电缆之类，特性阻抗为 300 Ω，传送信号属于衡对称型，这与射频同轴电缆不同(射频同轴电缆属单端非对称型方式)。故在连接时，不但要注意阻抗匹配，还应注意信号的平衡与不平衡的形式，由此确定是选用馈线还是射频同轴电缆进行信号的传输。

3) 高压电缆

高压电缆就是传输高压的电缆，高压电缆的结构与普通的带外护套的塑胶绝缘软线相似，对高压电缆绝缘层的耐压和阻燃性要求很高，要求绝缘层厚实、有韧性。目前一般采用铝合金做导线内芯，采用阻燃性能较好的聚乙烯作为高压电缆的绝缘材料。

表 2-2 列出了高压电缆的耐压与绝缘体厚度的对应关系。

表 2-2　高压电缆的耐压与绝缘体厚度的对应关系

耐压(DC) / kV	6	10	20	30	40
绝缘体厚度/mm	约0.7	约1.2	约1.7	约2.1	约2.5

6. 电源软导线

电源软导线是由钢或铝金属芯线外加绝缘护套(塑料或橡胶)构成。在要求较高的场合，也会采用双重绝缘方式，即将两根或三根已带绝缘层的芯线放在一起，在它们的外面再加套一层绝缘性能和机械性能好的塑胶层构成。电源软导线的作用是连接电源插座与电气设备。

由于电源软导线是用在设备外部且与用户直接接触，并带有可能会危及人身安全的电压，所以其安全性就显得特别重要。因此选用电源线时，除导线的耐压要符合安全要求外，还应根据产品的功耗，选择不同线径的导线，以保证其工作电流在导线的额定工作允许电流之内。

表 2-3 为聚氯乙烯软导线的线径、允许电流等主要参数表。

表 2-3 电器用聚氯乙烯软导线的线径、允许电流参数表

导体			成品外径/mm					导体电阻 /(Ω/km)	允许 电流/A
横截面积 /mm²	外径 /mm	单芯	双根 绞合	平形	圆形 双芯	圆形 3芯	长圆形		
0.5	1.0	2.6	5.2	2.6 × 5.2	7.2	7.6	7.2	36.7	6
0.75	1.2	2.8	5.6	2.8 × 5.6	7.6	8.0	7.6	24.6	10
1.25	1.5	3.1	6.2	3.1 × 6.2	8.2	8.7	8.2	14.7	14
2.0	1.8	3.4	6.8	3.4 × 6.8	8.8	9.3	8.8	9.50	20

7. 导线和绝缘套管颜色的选用

为了整机装配和维修方便，电子产品中使用的导线和绝缘套管往往使用不同的颜色来代表不同的连接部位。表 2-4 所示为一些常用导线或元器件引脚及绝缘套管的颜色选用规定。

表 2-4 导线和绝缘套管颜色选用规定

电 路 种 类		导线颜色
一般交流线路		①白②灰
三相AC电源线	A相	黄
	B相	绿
	C相	红
	工作零线(中性线)	淡蓝
	保护零线(安全地线)	黄和绿双色线
直流(DC)线路	+	①红②棕
	0(GND)	①黑②紫
	−	①蓝②白底青纹
晶体管	E	①红②棕
	B	①黄②橙
	C	①青②绿
立体声电路	R(右声道)	①红②橙③无花纹
	L(左声道)	①白②灰③有花纹
指示灯		青

8. 常用电线电缆型号及主要用途

常用的电线电缆型号及主要用途如表 2-5 所示。

表 2-5　常用电线电缆型号及主要用途

型　号	名　称	主　要　用　途
AV	聚氯乙烯绝缘安装线	用于交流电压 250 V 以下或直流电压 500 V 以下的弱电流电气仪表和电信设备电路的连接，使用温度为 −60℃～+70℃
AV-1	聚氯乙烯绝缘屏蔽安装线	
AVR	聚氯乙烯绝缘安装软线	
AVRP	聚氯乙烯绝缘屏蔽安装软线	
ASTV	纤维聚氯乙烯绝缘安装线	可作为电气设备、仪器内部及仪表之间固定安装用线，使用温度为 −40℃～+60℃
ASTVR	纤维聚氯乙烯绝缘安装软线	
ASTVRP	纤维聚氯乙烯绝缘屏蔽安装软线	
BV	聚氯乙烯绝缘电线	用于交流额定电压 500 V 以下的电气设备和照明装置，BVR 型软线适于要求柔软电线的场合使用
BVR	聚氯乙烯绝缘软线	
BLV	聚氯乙烯绝缘铝芯线	
RVB	聚氯乙烯绝缘平行连接软线	用于交流额定电压 250 V 以下的移动式日用电器连接
RVS	聚氯乙烯绝缘双绞连接软线	用于交流额定电压 500 V 以下的移动式日用电器连接
ASER	纤维绝缘安装软线	适用于电子产品和弱电设备的固定安装
ASEBR	纤维绝缘安装软线	
FVN	聚氯乙烯绝缘尼龙护套线	用于交流额定电压 250 V 以下或直流额定电压 500V 以下的低压线路，使用温度为 60℃～80℃
FVNP	聚氯乙烯绝缘尼龙护套屏蔽线	
SBVD	带形电视引线(扁馈线)	适用于电视接收天线的引线(阻抗为 300W)，使用温度为 −40℃～+60℃
TXR	橡皮软天线	适用于电信电线，使用温度为 −50℃～+50℃
QGV	铜芯聚氯乙烯绝缘高压点火线	用于车辆发动机高压点火
FVL	聚氯乙烯绝缘低压腊克线	适用于飞机上低压电路的安装，使用温度为 −40℃～+60℃
FVLP	聚氯乙烯绝缘低压带屏蔽腊克线	

二、导线加工中的常用工具(设备)及使用

加工少量的导线时，采用手工工具配合完成加工任务；成批加工导线时，需要一些专用设备完成对导线的加工。

常用的手工加工工具包括斜口钳、剥线钳、镊子、压接钳、绕接器、电烙铁等；批量加工导线的专用设备有剪线机、剥头机、导线切剥机、捻线机、打号机、套管剪切机等。

1. 斜口钳

斜口钳又叫偏口钳，其外形如图 2.12 所示。在导线加工中，斜口钳主要用于剪切导线，尤其适用于剪掉焊接点上网绕导线后多余的线头、剪切绝缘套管、尼龙扎线卡等。

斜口钳操作时，使钳口朝下，注意防止剪下的线头飞出，伤人眼部。剪线时，双目不

能直视剪物。当被剪物不易弯动方向时，可用另一手遮挡飞出的线头。

图 2.12　斜口钳

2. 剥线钳

剥线钳是用于剥掉直径 3 mm 及以下的塑胶线、蜡克线等线材的端头表面绝缘层。剥线钳的外形结构及使用方法如图 2.13 所示。剥线钳的钳口有数个 0.5 mm～3 mm 不同直径的剥头口，使用时，剥头口应与待剥导线的线径相匹配(剥头口过大则难以剥离绝缘层，剥头口过小易剪断芯线)，以达到既能剥掉绝缘层又不损坏芯线的目的。同时可根据导线去掉端头绝缘层的长度，来调整钳口上的止挡。

剥线钳的特点是使用效率高，剥线尺寸准确、快速，不易损伤芯线。

3. 镊子

镊子主要用于夹持细小的导线，防止连接时导线的移动；导线塑料胶绝缘层的端头遇热要收缩，在焊点尚未完全冷却时，用镊子夹住塑胶绝缘层向前推动，可使塑胶绝缘层恢复到收缩前的位置。

如图 2.14 所示，根据导线的粗细及制作空间大小，选择不同的镊子。

图 2.13　剥线钳及其使用方法　　　　　　　图 2.14　镊子

4. 压接钳

压接钳是对导线进行压接操作的专用工具，其钳口可根据不同的压接要求制成各种形状，如图 2.15 所示，图(a)所示为普通压接钳，图(b)所示为网线(压接)钳。

(a) 普通压接钳　　　　　　　　　(b) 网线(压接)钳

图 2.15　压接钳的外形结构

　　普通压接钳使用时，将待压接的导线插入焊片槽并放入钳口，用力合拢钳柄压紧接点即可实现压接。

　　网线(压接)钳主要是用来给网线或电话线加工、压接标准规格的水晶头，它的钳身还带有剥头刀和剪切刀，可同时完成剥线、剪线和压装水晶头的工作，其操作简单方便。

5. 绕接器

　　绕接器是针对导线完成绕接操作的专用工具，目前常用的绕接器有手动及电动两种，如图 2.16 所示。

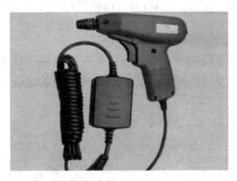　　　　　　　　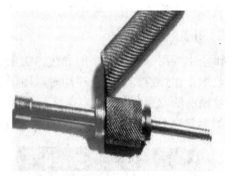

(a) 电动绕线器　　　　　　　　　(b) 手动退绕器

图 2.16　绕接工具

　　使用绕接器时，应根据绕接导线的线径、接线柱的对角线尺寸及绕接要求选择适当规格的绕线头。操作电动绕接器时，将去掉绝缘层的单股芯线端头或裸导线插入绕接头中，将绕接器对准带有棱角的接线柱，扣动绕线器扳手，导线即受到一定的拉力，按规定的圈数紧密地绕在有棱角的接线柱上，形成具有可靠电气性能和机械性能的连接。

6. 电烙铁

　　在导线端头的绝缘层去除后，应立即使用电烙铁对金属导线进行搪锡处理，避免导线氧化，如图 2.17所示。

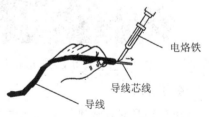

图 2.17　电烙铁搪锡

7. 剪线机

导线剪线机是靠机械传动装置将导线拉到预定长度，由剪切刀去剪断导线的设备。操作时，先将导线放置在架线盘上，根据剪线长度将剪线长度指示器调到相应位置上固定好；然后将导线穿过导线校直装置，并引过刀口，放在止挡位置上，固定好导线的端头，将计数器调到零；再启动设备，即能自动按预定长度进行剪切。

8. 剥头机

剥头机用于剥除塑胶线、腊克线等导线端头的绝缘层。操作时，将需要剥头的导线端头放入导线入口处，剥头机即将导线端头带入设备内，设备内呈螺旋形旋转的刀口将导线绝缘层切掉。当导线端头被带到止挡位置时，导线即停止前进。将导线拉出，被切割的绝缘层随之脱落，掉入收料盒内。剥头机的刀口可以调整，以适应不同直径芯线的需要。通常这种设备上可安装数个机头，调成不同刀距，供不同线径使用。但这种单功能的剥头机不能去掉 ASTVR 等塑胶导线的纤维绝缘层。单功能剥头机的外形结构如图 2.18 所示。

9. 导线切剥机

导线切剥机可以同时完成导线的剪线、剥头，能自动核对并随时调整剪切长度，也能自动核对调整剥头长度。多功能自动切剥机的外形结构如图 2.19 所示。

图 2.18　单功能的剥头机　　　　　图 2.19　多功能自动切剥机

10. 捻线机

多股芯线的导线在剪切剥头等加工过程中易于松散，而松散的多股芯线容易折断、不易焊接，且增加连接点的接触电阻，影响电子产品的电性能。因此多股芯线的导线在剪切剥头后必须增加捻线工序。

捻线机的功能是捻紧松散的多股导线芯线。操作时，将被捻导线端头放入转动的机头内，脚踏闭合装置的踏板，活瓣即闭合并将导线卡紧，随着卡头的转动逐渐向外拉出导线的同时，松散的多股芯线即被朝一个方向捻紧。捻线的角度、松紧度与拉出导线的速度、脚踏用力的程度有关，应根据要求适当掌握。捻线机的外形结构如图 2.20 所示。

图 2.20　捻线机

11. 打号机

打号机用于对导线、套管及元器件打印标记。常用打号机的构造有两种类型，一种类似于小型印刷机，由铅字盘、油墨盘、机身、手炳，胶轴等几部分组成，如图 2.21(a)所示。操作时，按动手柄，胶轴通过油墨盘滚上油墨后给铅字上墨，反印在印字盘橡皮上。将需要印号的导线或套管在着油墨的字迹上滚动，清晰的字迹即再现于导线或套管上形成标记。

另一种打号机是在手动打号机的基础上加装电传动装置构成的，如图 2.21(b)所示。对于圆柱形的电阻、电容等器件，其打标记的方法与导线相同。对于扁平形元器件，可直接将元器件按在着油墨的印字盘上，即可印上标记。

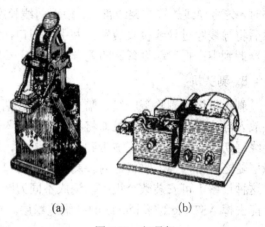

(a)　　　　　　　(b)

图 2.21　打号机

塑胶导线及套管通常采用塑料油墨，元器件采用玻璃油墨。深色导线及元器件用白色油墨，浅色导线及元器件用黑色油墨。打号机在使用后要及时擦洗干净，铅字也要洗刷干净，以防时间长久油墨干燥后不易清除掉。

12. 套管剪切机

套管剪切机用于剪切塑胶管和黄漆管，其外形如图 2.22 所示。套管剪切机刀口部分的构造与剥头机的刀口相似。每台套管剪切机有几个套管入口，可根据被切套管的直径选择使用。操作时，根据要求先调整剪切长度，将记数器调零，然后开始剪切。对剪出的首件应进行检查，合格后方可开始批量剪切。

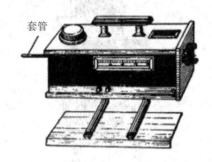

套管

图 2.22　套管剪切机

三、普通导线的加工

普通导线的加工分为裸导线的加工和有绝缘层导线的加工。对于裸导线，只要按设计要求的长度截断导线即可。绝缘导线的加工分为剪裁、剥头、捻头(多股线)、搪锡、清洗和印标记等工序。

1. 剪裁

剪裁是指按工艺文件的导线加工表对导线长度进行剪切。少量的导线剪切使用斜口钳或剪刀完成(称手工剪切)，成批的导线剪切使用自动剪线机完成。

剪裁的要求是根据"先长后短"的原则，先剪长导线，后剪短导线，这样可减少线材的浪费。剪裁绝缘导线时，要先拉直再剪切，其剪切刀口要整齐且不损伤导线。剪切的导线长度要符合公差要求，剪切导线的长度与公差要求的关系如表 2-6 所示。

表 2-6　导线总长与公差要求的关系

长度/mm	50	50～100	100～200	200～500	500～1000	1000以上
公差/mm	+3	+5	+5～+10	+10～+15	+15～+20	+30

2. 剥头

将绝缘导线的两端去除一段绝缘层，使芯线导体露出的过程就是剥头，如图 2.23 所示。剥头的基本要求是切除的绝缘层断口整齐，芯线无损伤、断股。

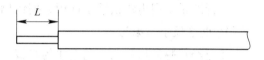

图 2.23　绝缘导线的剥头

剥头长度 L 应根据芯线截面积、接线端子的形状以及连接形式来确定，若工艺文件的导线加工表中无明确要求时，可按照表 2-7 和表 2-8 来选择剥头长度。

表 2-7　导线粗细与剥头长度的关系

芯线截面积/mm²	<1	1.1～2.5
剥头长度 L / mm	8～10	10～14

表 2-8　锡焊连线的剥头长度.

连线方式	剥头长度 L / mm	
	基本尺寸	调整范围
搭焊连线	3	+2～0
勾焊连线	6	+4～0
绕焊连线	15	±5

导线剥头方法通常分为刃截法和热截法两种。

手工刃截法多使用剥线钳或工具刀或斜口钳完成导线剥头的任务，而在大批量生产中，则多使用自动剥线机完成导线剥头的任务。刃截法的优点是操作简单易行，缺点是易损伤导线的芯线，因此单股导线剥头尽量少用刃截法。

热截法通常使用热控剥皮器去除导线的绝缘层。其特点是操作简单，不损伤芯线。但工作时需要电源，加热绝缘材料会产生有毒气体。因此，使用该方法时要注意通风。

3. 捻头

捻头是针对多股芯线的导线所需完成的工序，单芯线可免去此工序。

对于多股导线来说，当剥去其绝缘层后，其多股芯线容易松散、折断，不利于焊接、安装，故在多股导线剥头后，必须进行捻头处理。捻头可采用手工捻头或捻线机捻头。

捻头的方法是按多股芯线原来合股的方向旋紧，捻线角度一般在 30°～45° 之间，如图 2.24 所示。

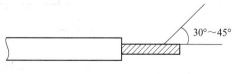

图 2.24　多股导线芯线的捻线角度

捻头的要求是多股芯线旋紧后不得松散，芯线不得折断。如果芯线上有涂漆层，必须先将涂漆层去除后再捻头。

4．搪锡

搪锡又称为上锡，是指对捻紧端头的多股芯线进行浸涂焊料的过程。为了防止已捻头的芯线散开及氧化，在导线完成剥头、捻头之后，要立即对导线进行搪锡处理。

搪锡的作用是提高导线的可焊性，避免多股芯线折断，减少导线端连接的虚焊、假焊的故障。

搪锡通常采用电烙铁手工搪锡或搪锡槽搪锡的方法进行。

1）电烙铁手工搪锡

将已经加热的烙铁头带动熔化的焊锡，在已捻好头的导线端头上，顺着捻头方向移动，完成导线端头的搪锡过程。这种方法一般用在小批量生产或产品的设计、试制阶段。

2）搪锡槽搪锡

将捻好头的干净导线的端头蘸上助焊剂(如松香水)，然后将适当长度的导线端头插入熔融的锡铅合金中，1～3s 之后导线润湿即可取出即完成搪锡。浸涂层到绝缘层的距离为 1 mm～2 mm，这是为了防止导线的绝缘层因过热而收缩或破裂或老化，同时也便于检查芯线伤痕和断股。这种方法用于大批量导线需要进行搪锡的过程。

5．清洗

清洗的作用是清洁导线芯线端头的一些残留杂质，减少日后腐蚀的几率，提高焊接的可靠性和焊接质量，增加焊接的美观性。

清洗剂多采用无水酒精或航空洗涤汽油。无水酒精具有清洗助焊剂等脏物、迅速冷却浸锡导线、价廉等特点；航空洗涤汽油具有清洗效果好、无污染、无腐蚀等优点，但清洗成本相对较高。

6．印标记

对需要使用多根导线连接的复杂电子产品，为了便于导线的安装、焊接和电子产品制作过程中的调试及日后的修理和检查，需要对具有多根导线连接的复杂电子产品进行印标记处理。

目前，常用的导线印标记的方法有在导线两端印字标记、导线上染色环或用标记套管做标记等。

1）导线端印字标记

在导线的两端印上相同的数字作为导线标记的方法。标记的位置应在离绝缘层端 8 mm～15 mm 处(有特殊要求的按工艺文件执行)，如图 2.25 所示。

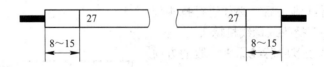

图 2.25　导线端印字标记

导线印字要清晰，印字方向要一致，字号大小应与导线粗细相适应。零加线(机内跨接线)不在线扎内，可不印标记。短导线可只在一端印标记。深色导线用白色油墨，而浅色导线用黑色油墨以使字迹清晰。标记的字符应与图纸相符，且符合国家标准《电气技术的文字符号制定通则》中的有关规定。

2) 导线染色环标记

在导线的两端印上色环数目相等、色环颜色及顺序相同的色环作为该导线标记的方法。印染色环的位置应根据导线的粗细，从距导线绝缘端 10 mm～20 mm 处开始进行，其色环宽度为 2 mm，色环间距为 2 mm，如图 2.26 所示。

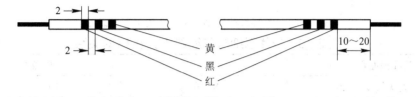

图 2.26　绝缘导线端部染色环标记

导线色环是区别不同导线的一种标志，色环读法是从线端开始向后顺序读出。用少数颜色排列组合可构成多种色标；例如，用红、黑、黄三色组成的色标标记为：单色环有 3 种，双色环有 9 种，三色环有 27 种，即 3 种不同的颜色可组合成 39 种色环标志。

3) 用标记套管作标记

成品标记套管上印有各种字符，并有不同内径，使用时按要求剪断，套在导线端头作标记即可，如图 2.27 所示。

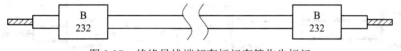

图 2.27　绝缘导线端部套标记套管作为标记

四、屏蔽导线或同轴电缆的加工

屏蔽导线或同轴电缆的结构要比普通导线复杂，此类导线的结构是在普通导线外层加上金属屏蔽层及外护套构成，加工时应增加处理屏蔽层及外护套的工序。

屏蔽导线或同轴电缆的加工一般包括不接地线端的加工、直接接地线端的加工和导线的端头绑扎处理等。在对此类导线进行端头处理时，应注意去除的屏蔽层不宜太多，否则会影响屏蔽效果。

1. 不接地线端的加工

屏蔽导线或同轴电缆的外护套(即屏蔽层外的绝缘保护层)的去除长度 L 要根据工艺文件的要求确定；通常内绝缘层端到外屏蔽层端之间的距离 L_1，应根据工作电压确定(工作电压越高，剥头长度越长)，如表 2-9 所示；芯线的剥头长度 L_2 应根据焊接方式确定，如表 2-10 所示，即外护套层的切除长度 $L = L_1 + L_2 + L_0$(通常取 $L_0 = 1$ mm～2 mm)，如图 2.28 所示。

表 2-9　内绝缘层长度 L_1 与工作电压的关系

工作电压 / V	内绝缘层长度 L_1 / mm
<500	10～20
500～3000	20～30
>3000	30～50

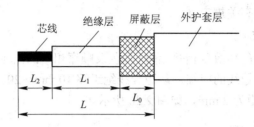

图 2.28 屏蔽导线或同轴电缆端头的加工示意图

表 2-10 导线粗细与芯线剥头长度 L_2 的关系

芯线截面积 / mm^2	<1	1.1~2.5
剥头长度 L / mm	8~10	10~14

屏蔽导线或同轴电缆不接地线端的加工示意图如图 2.29 所示，按图 2.29(a)→(f)的顺序进行加工。

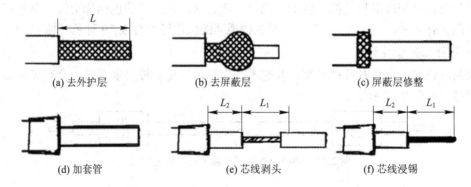

图 2.29 屏蔽导线不接地线端的加工示意图

2. 直接接地线端的加工

(1) 去外护层。用热切法或刃切法去掉一段屏蔽导线或同轴电缆的外护套，其切去的长度要求与上述"屏蔽导线或同轴电缆进行不接地线端的加工"中的要求相同。

(2) 拆散屏蔽层。用钟表镊子的尖头将外露的编织状或网状的屏蔽层由最外端开始，逐渐向里挑拆散开，使芯线与屏蔽层分离，如图 2.30 所示。

(3) 屏蔽层的剪切修整。将分开后的屏蔽层引出线按焊接要求的长度剪断，其长度一般比芯线的长度短，这是为了使安装后的受力由受力强度大的屏蔽层来承受，而受力强度小的芯线不受力，因而芯线不易折断。

(4) 屏蔽层捻头与搪锡。将拆散的屏蔽层的金属丝理好后，将其合在一边并捻在一起，然后进行搪锡处理。有时也可将屏蔽层切除后，另焊一根导线作为屏蔽层的接地线，如图 2.31 所示。

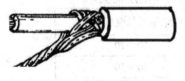

图 2.30 拆散屏蔽层

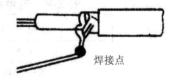

图 2.31 在屏蔽层上焊接导线

(5) 芯线线芯加工的方法与要求与上述"屏蔽导线或同轴电缆进行不接地线端的加工"相同。

(6) 加套管。由于屏蔽层经处理后有一段呈多股裸导线状态，为了提高绝缘和便于使用，需要加上一段套管。加套管的方法一般有三种。其一，用与外径相适应的热缩套管先套住已剥出的屏蔽层，然后用较粗的热缩套管将芯线连同自己与套在屏蔽层的小套管的根部一起套住，留出芯线和一段小套管及屏蔽层，如图 2.32(a)所示。其二，在套管上开一小口，将套管套在屏蔽层上，芯线从小口穿出来，如图 2.32(b)所示。其三，采用专用的屏蔽导线套管，这种套管的一端只有一个较粗的管口而另一端有一大一小两个管口，将其分别套在屏蔽层和芯线上，如图 2.32(c)所示。

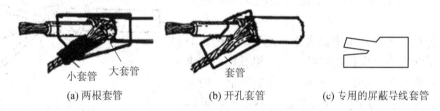

小套管　大套管　　　　　套管

(a) 两根套管　　　　　(b) 开孔套管　　　　　(c) 专用的屏蔽导线套管

图 2.32　屏蔽线线段加套管示意图

3. 加接导线引出接地线端的处理

当屏蔽导线或同轴电缆需要加接导线来引出接地线端时，通常的做法是将导线的线端处剥脱一段屏蔽层并进行整形搪锡，然后将加接导线做接地焊接的准备。具体加工操作步骤如下。

(1) 剥脱屏蔽层并整形搪锡。剥脱屏蔽层的方法可采用如图 2.33(a)所示的方法，即在屏蔽导线端部附近用钟表镊子的尖头把屏蔽层开个小孔，挑出绝缘导线，并按如图 2.33(b)所示，把剥脱的屏蔽层编织线整形、捻紧并搪好锡。

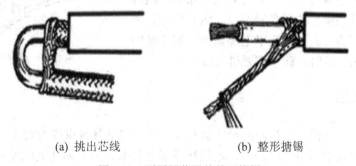

(a) 挑出芯线　　　　　(b) 整形搪锡

图 2.33　剥脱屏蔽层并整形搪锡

(2) 在屏蔽层上加接接地导线。将屏蔽层切除后，另焊一根导线(直径为 0.5 mm～0.8 mm 的镀银铜线)作为屏蔽层的接地线，如图 2.34(a)所示；屏蔽层上加接接地导线后，可把一段直径为 0.5 mm～0.8 mm 的镀银铜线的一端，绕在已剥脱的并经过整形搪锡处理的屏蔽层上约 2～3 圈并焊牢，如图 2.34(b)所示；有时也可以在剪除一段金属屏蔽层之后，选取一段适当长度的导线焊牢在金属屏蔽层上做接地导线，再用绝缘套管或热缩性套管套住焊接处(起保护焊接点的作用)，如图 2.34(c)所示。

焊接点

(a) 直接加接地线　　　　(b) 线绳绑扎　　　　(c) 加接套管

2～6　　　　　　　　　　加套管

图 2.34　加套管的接地线焊接

4. 多芯屏蔽导线的端头绑扎处理常识

多芯屏蔽导线是指在一个屏蔽层内装有多根芯线的电缆。如电话线、航空帽上的耳机线及送话器线等移动器件使用的棉织线套多股电缆就是多芯屏蔽导线。

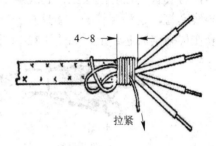

4～8

拉紧

多芯屏蔽导线在使用中需要进行绑扎。如图 2.35 所示为棉织线套多股电缆的绑扎方法，绑扎时，其绑扎缠绕的宽度约为 4 mm～8 mm，绑线完毕后，应剪掉多余的绑线，并在绑线上涂以清漆 Q98-1 胶帮助固定绑扎点。

图 2.35　棉织线套电缆的端头绑扎

五、扁平电缆的加工

扁平电缆的加工是指用专门的工具剥去扁平电缆绝缘层的过程。其操作过程如图 2.36 所示，即使用专用工具——摩擦轮剥皮器，将其两个胶木轮向相反方向旋转，对电缆绝缘层产生摩擦而熔化绝缘层，然后熔化的绝缘层被剥皮器的抛光刷刷掉，达到整齐、清洁地剥去绝缘层的目的。若扁平电缆采用穿刺卡接的方式与专用插头连接时，就不需要进行端头处理。

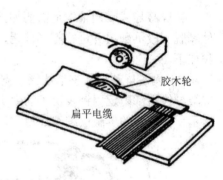

胶木轮

扁平电缆

图 2.36　扁平电缆的加工

六、线束的扎制

在电子产品中，把走向相同的导线绑扎成一定形状的导线束称为线束，又称为线把。

在一些比较复杂的电子产品中，连接导线多且复杂。为了简化装配结构和减小占用空间，便于检查、测试和维修，提高整机装配的安装质量，往往在电子产品装配时，需要对多根导线进行线把的扎制。采用线把扎制的方式可以将布线与产品装配分开，便于专业生产及减少错误，从而提高整机装配的安装质量，保证电路的工作稳定性。

值得注意的是：线把扎制时，电源线不能与信号线捆扎在一起，输入信号线不能与输出信号线捆扎在一起，高频信号线不能捆扎在线把中，以防止信号之间的相互干扰。

1. 线束(线把)的扎制分类

根据线束的软硬程度，线束可分为软线束和硬线束两种。具体使用哪一种线束，由电子产品的结构和性能来决定。

1) 软线束扎制

软线束扎制是指用多股导线、屏蔽线、套管及接线连接器等按导线功能进行分组，将功能相同的线用套管套在一起、而无须绑扎的走线处理过程。软线束扎制一般用于电子产品中各功能部件之间的连接。如图 2.37 所示，为某设备媒体播放机软线束外形图。图 2.38 就是图 2.37 所示软线束的接线图。

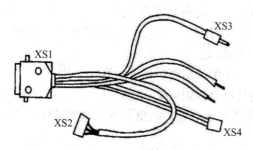

图 2.37　某设备媒体播放机软线束外形图

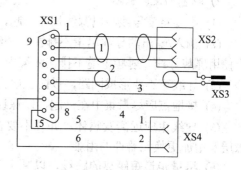

图 2.38　软线束接线图

2) 硬线束扎制

硬线束扎制是指按电子产品的需要，将多根导线捆扎成固定形状的线束的走线处理过程。硬线束扎制的绑扎必须有走线实样图，如图 2.39 所示为某设备的硬线束扎制图。

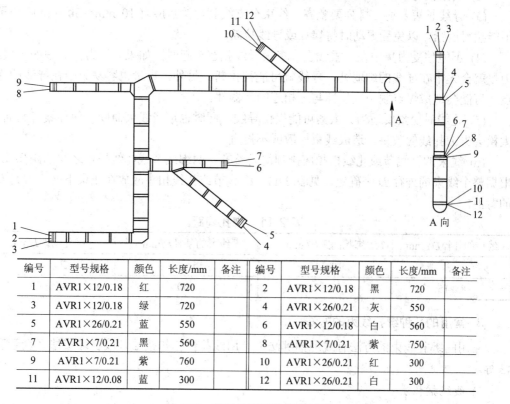

编号	型号规格	颜色	长度/mm	备注	编号	型号规格	颜色	长度/mm	备注
1	AVR1×12/0.18	红	720		2	AVR1×12/0.18	黑	720	
3	AVR1×12/0.18	绿	720		4	AVR1×26/0.21	灰	550	
5	AVR1×26/0.21	蓝	550		6	AVR1×12/0.18	白	560	
7	AVR1×7/0.21	黑	560		8	AVR1×7/0.21	紫	750	
9	AVR1×7/0.21	紫	760		10	AVR1×26/0.21	红	300	
11	AVR1×12/0.08	蓝	300		12	AVR1×26/0.21	白	300	

图 2.39　某设备的硬线束扎制图

硬线束扎制多用于固定产品零部件之间的连接，特别在机柜设备中使用较多。

2. 线束(线把)绑扎的基本常识

1) 线束图

线束图包括线束视图和导线数据表及附加的文字说明等，是按线束比例绘制的。实际制作时，要按图放样制作模具。

2) 线束的走线要求

(1) 不要将信号线与电源线捆在一起，以防止信号受到电源的干扰。

(2) 输入/输出的导线尽量不排在一个线束内，以防止信号回授。若必须排在一起时，应使用屏蔽导线。射频电缆不排在线束内，应单独走线。

(3) 导线束不要形成回路，以防止磁力线通过环形线而产生磁、电互相干扰。

(4) 接地点应尽量集中在一起，以保证它仍是可靠的同电位。

(5) 导线束应远离发热体，并且不要在元器件上方走线，以免发热元器件破坏导线绝缘层及增加更换元器件的困难。

(6) 尽量走最短距离的路线，以减小分布电容和分布电感对电路性能的影响；转弯处取直角以及尽量在同一平面内走线，以便于固定线束。

3) 扎制线束的要领

(1) 扎线前，应先确认导线的根数和颜色。这样才能防止导线遗漏，也便于检查扎线错误。

(2) 线束拐弯处的半径应比线束直径大两倍以上。

(3) 导线长短合适，排列要整齐。线束分支线到焊接点应有 10 mm～30 mm 的余量，不能拉得过紧，以免受振动时将焊片或导线拉断。

(4) 不能使受力集中在一根线上。多根导线扎在一起时，如果只用力拉其中的一根线，力量就会集中在导线的细弱处，导线就可能被拉断。另外，力量也容易集中在导线的连接点，可能会造成焊点脱裂或拉坏与之相连的元器件。

(5) 扎线时松紧要适当。太紧可能损伤导线，同时也造成线束僵硬，使导线容易断裂；太松会失去扎线的效果，造成线束松散或不挺直。

(6) 线束的绑线节或扎线搭扣应排列均匀整齐。两绑线节或扎线搭扣之间的距离 L 应根据整个线束的外径 D 来确定，见表 2-11。绑线节或扎线扣头应放在线束下面不容易看见的背面。

表 2-11　绑扎间距

线束的外径D / mm	绑扎间距L / mm	线束的外径D/mm	绑扎间距L/mm
<8	10～15	15～30	25～40
8～15	15～25	>30	40～60

3. 常用的几种绑扎线束的方法

常用的绑扎线束的方法有线绳捆绑法、专用线扎搭扣扣接法、胶合黏接法、套管套装法等。

1) 线绳捆扎法

线绳捆扎法是指用线绳(如棉线、亚麻线、尼龙线等)将多根导线捆绑在一起构成线束的方法。具体方法如图 2.40 所示。线束绑扎完毕后应在绑扎点上涂上清漆，防止线束松脱。

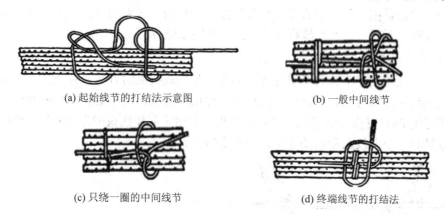

(a) 起始线节的打结法示意图　　　　　　　(b) 一般中间线节

(c) 只绕一圈的中间线节　　　　　　　　　(d) 终端线节的打结法

图 2.40　线绳捆扎法线节的打结法示意图

　　对于较粗的线束或带有分支线束的复杂线束，各线节的圈数应适当增加，特别是在分支拐弯处也应多绕几圈线绳，如图 2.41 所示。

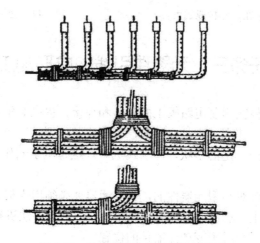

图 2.41　分支拐弯处的打结法示意图

2) 专用线扎搭扣扣接法

　　专用线扎搭扣扣接法是指用专用线扎搭扣将多根导线绑扎的方法。采用此法捆扎线束时，既可以用手工拉紧，也可以用专用工具紧固。常用的线扎搭扣及扣接形式如图 2.42 所示。

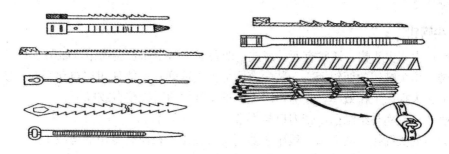

图 2.42　线束线扎搭扣的形状及捆扎法

3) 胶合黏接法

胶合黏接法是指用黏合剂将多根导线黏接在一起构成线束的方法，用于导线数量不多的、只需要进行平面布线的小线束绑扎方法，如图 2.43 所示。

4) 套管套装法

套管套装法是指用套管将多根导线套装在一起构成线束的方法，特别适于裸屏蔽导线或需要增加线束绝缘性能和机械强度的场合。使用的套管有塑料套管、热缩套管、玻纤套管等，还有用 PVC 管来做套管的。现在又出现了专用于制作线束的螺纹套管，使用非常方便，特别适合于小型线束和活动线束，如图 2.44 所示。

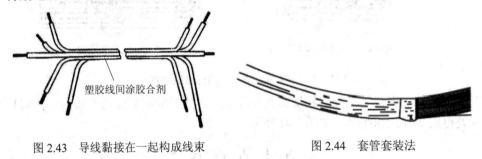

塑胶线间涂胶合剂

图 2.43 导线黏接在一起构成线束　　　　图 2.44 套管套装法

任务三　元器件引线的成形加工

为了便于电子元器件在印制电路板上的安装和焊接，提高装配质量和效率，增强电子设备的防震性和可靠性，在电子产品安装前，根据安装位置的特点及技术方面的要求，要预先把元器件引线弯曲成一定的形状，即引线成形。这是电子制作中必须掌握的一项准备工艺技能。

元器件引线成形是针对小型元器件的，大型元器件必须用支架、卡子等固定在安装位置上。小型元器件可用跨接、立、卧等方法进行插装、焊接，并要求受震动时不变动元器件的位置。

元器件引线的成形加工

一、元器件引线成形的常用工具及使用

元器件引线加工时，需要使用一些工具或设备。如尖嘴钳、镊子、成形模具、专用成形设备等。

1. 尖嘴钳

尖嘴钳也叫尖头钳，通常有两种形式，即普通尖嘴钳和长尖嘴钳，如图 2.45 所示。小型的电装专用尖嘴钳的两钳柄之间装配有回力弹簧或弹片，能使钳口自动张开，使用方便省力，能大大提高工作效率。尖嘴钳用于少量元器件的引线校直或成形。

尖嘴钳分铁柄与绝缘柄、带刀口与不带刀口几种类型。

带刀口的尖嘴钳，其刀口一般不做剪切工具使用，在没有专用的剪线工具时，也只能用来剪切一些较细的导线。

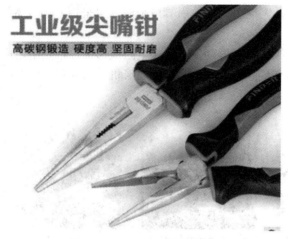

图 2.45　尖嘴钳

使用中应注意，不允许用尖嘴钳装拆螺母，也不允许把尖嘴钳当锤子使用，敲击其他物品。为了确保使用者人身安全，严禁使用塑料柄破损、开裂的尖嘴钳在非安全电压下操作。

2. 镊子

用于与尖嘴钳配合完成对小型元器件的校直或成形。

3. 元器件引线的成形模具

元器件引线成形模具是用于不同元器件的引线成形的专用夹具。

如图 2.46(a)所示为自动组装元器件或发热元器件引线成形的手工成形模具，它的垂直方向开有供插入元器件引线的长条形孔，水平方向开有供插入锥形插杆的圆形孔，孔距等于格距。图 2.46(b)所示为简单的固体元器件引线成形夹具，这种夹具由装有弹簧及活动定位螺钉的上模和下模两部分组成。为了适合不同尺寸的元器件的成形要求，有时将上、下模做成可调节模宽的活动、多用的成形夹具。图 2.46(c)所示为卧式安装元器件引线的成形模具，该模具设置有 11 档不同的成形宽度，适合多种大小不同的两引脚卧式安装元器件的成形要求。

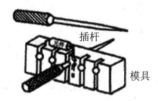

(a) 自动组装元器件引线成形模具

(b) 固体元器件引线成形模具

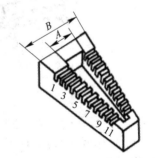

(c) 卧式安装的元器件引线成形模具

图 2.46　元器件引线成形模具

4. 自动元器件引脚成形设备

自动元器件引脚成形设备是一种能将元器件的引线按规定要求自动快速地弯成一定形

状的专用设备。在进行大批量元器件引脚成形时，可采用专用设备进行引脚成形，以提高加工效率和一致性。

常用的自动元器件引脚成形设备有散装电阻成形机、带式电阻成形机、IC 成形机、自动跳线成形机、电容及晶体管等立式元器件成形机等，外形如图 2.47 所示。

(a) 散装电阻成形机　　　(b) 带式电阻成形机　　　(c) IC 成形机　　　(d) 自动跳线成形机

图 2.47　自动元器件引脚成形设备

二、元器件引线的预加工

1. 预加工过程

元器件制成后至做成电子成品之前，要经过包装、储存和运输等中间环节，由于该环节时间较长，在引线表面会产生氧化膜，造成元器件引线表面发暗、可焊性变差、焊接质量下降，所以元器件在安装成形前，对元器件的引线必须进行预加工处理。元器件引线的预加工处理主要包括引线的校直、表面清洁及搪锡三个步骤。

1) 引线的校直

使用尖嘴钳或镊子对歪曲的元器件引线(引脚)进行校直，如 2.48 所示。

(a) 用尖嘴钳校直集成电路引脚　　　　　(b) 用镊子校直元器件引脚

图 2.48　元器件引脚的校直

2) 表面清洁

元器件引脚校直之后，对氧化的元器件引脚(表现为元器件引线或引脚发暗、无光泽)应做好表面清洁工作。

分立元器件的引脚，可以用刮刀轻轻刮拭引线表面或用细沙纸擦拭引线表面；扁平封装的集成电路，只能用绘图橡皮轻轻擦拭引脚。当引线或引脚表面出现光亮，说明表面氧化层基本去除，再用干净的湿布擦拭引线或引脚即可，如图 2.49 所示。

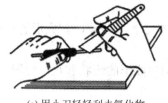

橡皮

集成电路引脚

(a) 用小刀轻轻刮去氧化物　　　　(b) 用橡皮轻轻擦拭引脚

图 2.49　元器件引脚去除氧化层的处理

3) 搪锡

元器件引线(引脚)做完校直和清洁后，应立即进行搪锡处理，避免元器件引线(引脚)的再次氧化。手工操作时，常使用电烙铁对元器件引线(引脚)进行搪锡。操作时，左手拿住元件转动，同时右手操持加热后的电烙铁顺元器件引线(引脚)方向来回移动，即可完成搪锡，如图 2.50 所示。

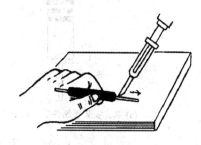

图 2.50　手工搪锡操作

2. 预加工处理的要求

预加工处理的要求是引线处理后不允许有伤痕，引脚的镀锡层应该为厚薄均匀的、薄薄的一层，不能与原来的引脚有太大的尺寸差别，且搪锡后的引脚表面光滑，无毛刺和焊剂残留物。

三、元器件引线成形的要求

1. 元器件的安装方式及特点

元器件的安装通常分为立式安装和卧式安装两种。

立式安装是指元器件直立于电路板上的安装方式。立式安装的优点是元器件的安装密度高，占用电路板平面的面积较小，有利于缩小整机电路板面积；其缺点是元器件容易相碰造成短路和散热差，不适合机械化装配，所以立式安装常用于元器件多、功耗小、频率低的电路。

立式安装时，元器件的标志朝向应一致，放置于便于观察的方向，以便校核电路和日后维修。

卧式安装是指元器件横卧于电路板上的安装方式。卧式安装的优点是元器件排列整齐，重心低、牢固稳定，元器件的两端点距离较大，可以降低电路板上的安装高度，有利于排版布局，便于焊接与维修，也便于机械化装配，缺点是所占面积较大。

卧式安装时，同样元器件的标志朝向应一致，放置于便于观察的方向，以便校核电路和日后维修。

根据电子整机的具体空间情况，有时一块电路板上的元器件往往采用立式和卧式混合进行安装的方式。

2. 元器件引线成形的尺寸要求

元器件引线成形的主要目的是使元器件能迅速而准确地插入安装孔内，并满足印制电路板的安装要求。

不同的安装方式，元器件引线成形的形状和尺寸各不相同，其成形的尺寸应符合以下基本要求。

(1) 小型电阻或外形类似电阻的元器件，其引线成形的形状和尺寸如图 2.51 所示。

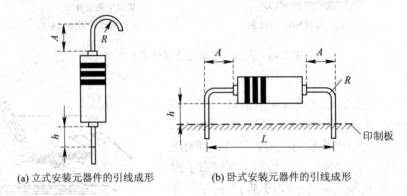

(a) 立式安装元器件的引线成形   (b) 卧式安装元器件的引线成形

图 2.51　引线成形基本要求

图中，A 是引线成形的弯曲点到元器件主体端面的最小距离，其尺寸应符合 $A \geq 2$ mm；卧式安装时，引线成形弯曲点的最小距离 A 应该是两边对称成形。

R 是引线成形的弯曲半径，其尺寸应符合 $R \geq 2d$(d 为引线直径)，目的是减小引线的机械应力，防止引线折断或被拔出。

h 是元器件主体到印制板之间的距离。立式安装 $h \geq 2$ mm (目的是减少焊接时的热冲击)；卧式安装时 $h = 0 \sim 2$ mm。取 $h = 0$ mm 安装时，是指元器件直接贴放到印制电路板上的安装方式(亦称贴板安装)。

L 是元器件卧式安装时，两焊盘之间的孔距。

(2) 晶体管和圆形外壳集成电路的安装方式(顺装或倒装)，其引线成形方式和要求如图 2.52 所示，图中所标尺寸的单位为 mm。

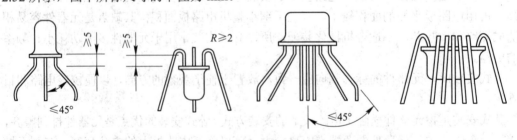

图 2.52　半导体三极管和圆形外壳集成电路的成形要求

(3) 扁平封装集成电路或贴片元件的引线成形要求如图 2.53 所示。

图中，W 为带状引线的厚度，R 是引线成形的弯曲半径。W 和 R 应满足 $R \geq 2W$ 的尺寸要求。

(4) 元器件安装孔跨距不合适，或发热元器件的成形，其引线成形的形状如图 2.54 所示。图中，元器件引线的弯曲半径 R 应满足 $R \geq 2d$(d 为引线直径)，元器件与印制板之间的距离 $h = 2$ mm ～ 5 mm。这种成形方式多用于双面印制板的安装或发热器件的安装。

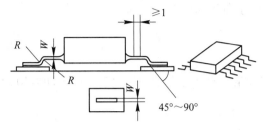
图 2.53　SMT 贴片集成电路的引线成形要求

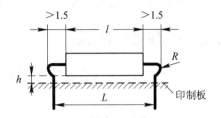
图 2.54　元器件安装孔跨距不合适的引线成形要求

(5) 自动组装时元器件引线成形的形状如图 2.55 所示，图中 $R \geqslant 2d$ (d 为引线直径)。

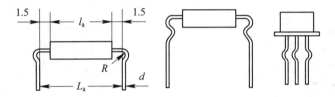
图 2.55　自动组装时元器件引线成形的形状

易受热的元器件(如晶体管、集成电路芯片等)引线的成形形状如图 2.56 所示，这些元器件成形的引线较长、有环绕，可以帮助散热。

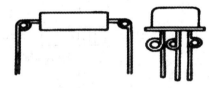
图 2.56　自动组装时发热元器件引线成形的形状

3. 元器件引线成形的技术要求

为了保证安装质量，元器件的引线成形应满足如下技术要求。

(1) 引线成形后，元器件本体不应产生破裂，外表面不应有损坏。

(2) 引线成形时，元器件引线弯曲的部分应弯曲成圆弧形，并与元器件的根部保持一定的距离，不可紧贴根部弯曲，这样可防止元器件在安装中引出线断裂。成形后的元器件引线(引脚)不能有裂纹和压痕，引线直径的变形不超过 10%，引线表面镀层剥落长度不大于引线直径的 10%。

(3) 对于较大元器件(重量超过 50 g)的安装，必须采用支承件、弯角件、固定架、夹具或其他机械形式固定；对于中频变压器、输入变压器、输出变压器等带有固定插脚的元器件，在插入电路板的插孔后，应将固定插脚用锡焊固定在电路板上；较大电源变压器则采用螺钉固定，并加弹簧垫圈，以防止螺母、螺钉松动。

(4) 凡需要屏蔽的元器件(如电源变压器、电视机高频头、遥控红外接收器等)，屏蔽装置的接地端应焊接牢固。

(5) 安装时，相邻元器件之间要有一定的空隙，不允许有碰撞、短路的现象。

(6) 引线成形后，卧式安装的元器件参数标记应朝上，立式安装的元器件参数标记应该向外，并注意标记的读数方向应保持一致，便于日后的检查和维修。

四、元器件引线成形的方法

元器件引线成形的方法有普通工具的手工成形、专用工具(模具)的手工成形和专用设备的成形方法。

1. 普通工具的手工成形

使用尖嘴钳或镊子等普通工具对元器件引线成形进行手工成形的方法，如图 2.57、图 2.58 所示。该方法一般用于产品试制阶段或维修阶段对少量元器件引线成形的场合。

图 2.57 用尖嘴钳对集成电路引脚的成形加工

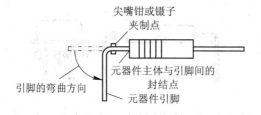

图 2.58 用尖嘴钳或镊子对元器件引脚的成形加工

2. 专用工具(模具)的手工成形

对于批量不大的同类型元器件的引线成形，可使用专用工具(模具)进行手工成形。

图 2.59 所示为一般卧式安装元器件引线的手工成形模具，其中，图(a)所示为手工成形模具，图(b)所示为游标卡尺，图(c)所示为元器件引线成形的形状。

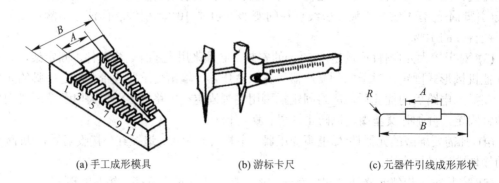

(a) 手工成形模具   (b) 游标卡尺   (c) 元器件引线成形形状

图 2.59 一般卧式安装元器件引线的成形模具

元器件成形时，先使用游标卡尺量取印制电路板上装配的元器件的焊盘孔距，由此确定图 2.59(a)所示的手工成形模具中的成形尺寸位置，方便地把元器件引线成形为图 2.59(c)所示的符合安装尺寸要求的形状。

自动组装元器件或发热元器件引线成形加工的加工模具和元器件引线成形的形状，如图 2.60 所示，该模具垂直方向开了长条形的槽和与槽垂直的圆孔，成形时，先将元器件的引脚插入长条形的槽中，再插入插杆，元器件引线即可成形。

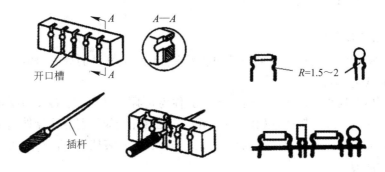

图 2.60 自动组装元器件或发热元器件引线的成形模具和成形形状

任务四 印制电路板的制作

印制电路板(Printed Circuit Board，PCB)又称为印制线路板、印刷电路板，简称印制板，它是电子产品的核心部件。它将设计好的电路制成导电线路，是元器件互连及组装的基板。通过印制电路板可以完成电路的电气连接和电路的组装，并实现电路的功能。印制电路板是目前电子产品不可缺少的组成部分。

一、常用覆铜板及其分类

覆以金属箔的绝缘板称为覆箔板。其中，覆以铜箔制成的覆箔板称为覆铜板，它是制作印制电路板的基本材料(基材)。覆铜板的种类很多，不同品种的覆铜板性能不同，因而适用场合也不同。

(1) 按基板材料分类，可分为纸基板覆铜板、玻璃布板覆铜板和合成纤维板覆铜板等。纸基板价格低廉，但性能较差，主要用在低频和民用产品中；玻璃布板与合成纤维板价格较高，但性能较好，主要用在高频和军用产品中。

(2) 按黏剂树脂分类，可分为酚醛覆铜板、环氧覆铜板、聚酯覆铜板、聚四氟乙烯覆铜板等。当频率高于数百兆赫时，必须用介电常数和介质损耗小的材料(如聚四氟乙烯和高频陶瓷)做基板。

(3) 按结构分类，可分为单面覆铜板、双面覆铜板和软性覆铜板等。

① 单面覆铜板是指绝缘基板的一面覆有铜箔的覆铜板。单面覆铜板常用酚醛纸、酚醛玻璃布或环氧玻璃布做基板加工而成，主要用在电性能要求不高的电子设备(如收音机、电视机、常规电子仪器仪表等)上做印制电路板用。

②　双面覆铜板是指在绝缘基板的两面覆有铜箔的覆铜板，其基板常使用环氧玻璃布或环氧酚醛玻璃布作为材料。双面覆铜板主要用于布线密度较高的电子设备(如电子计算机、电子交换机等通信设备)上做印制电路板用。

③　软性覆铜板是用柔性材料(如聚酯、聚酰亚胺、聚四氟乙烯薄膜等)为基材与铜箔热压而成。这种覆铜板有单层、双层和多层几种，具有可折叠、弯曲、卷绕成螺旋形的优点。

二、印制电路板及其特点

1. 印制电路板的作用

印制电路板由绝缘底板、连接导线和装配焊接电子元器件的焊盘组成，具有导电线路和绝缘底板的双重作用。

对于印制电路板来说，放置元器件的一面称为元器件面；用于布置印制导线和进行焊接的一面称为印制面或焊接面，如图 2.61 所示。元器件一般放置在元器件面这，但是对于双面印制板，元器件面和焊接面都要放置元器件。表面安装技术中，贴片元器件是放置在有铜箔的焊接面的。

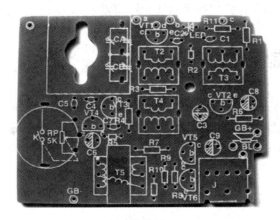

(a) 元器件面　　　　　　　　　　　(b) 焊接面

图 2.61　通孔安装的印制电路板

目前，印制电路板的工艺技术正朝着高密度、高精度、高可靠性、大面积、细线条的方向发展。

2. 印制电路板的分类

(1) 按印制电路布线层数划分，印制电路板可分为单面印制电路板、双面印制电路板和多层印制电路板。

①　单面印制电路板是指印制板的绝缘基板的一面敷设铜箔和印制线路，另一面为光面的印制电路板。单面印制电路板绝缘基板的厚度为 1 mm～2 mm，适用于电性能要求不高的收音机、电视机、常规电子仪器仪表等电子设备。

②　双面印制电路板是指印制板绝缘基板的两面都敷设有铜箔印制线路，它需要由金属化过孔连通两面的线路，适用于布线密度较高的较复杂的电路，如电子计算机、电子交换机等通信设备。

③ 多层印制电路板是指在一块印制电路板上，有三层或三层以上导电线路和绝缘材料分层压在一起的印制电路板，它包含了多个工作面。多层印制电路板上元器件安装孔需要金属化(孔内表面涂覆金属层)，使各层印制电路连通。它用于导线密度高、体积小、集成度高的精密电路，其特点是接线短、直，高频特性好，抗干扰能力强。

(2) 按印制电路板的刚、柔性划分，可分为刚性印制电路板和柔性印制电路板。

① 刚性印制电路板是指印制电路板的绝缘基板具有一定的抗弯能力和机械强度，常态时保持平直的状态，它是常规电子整机电路常用的印制电路板。刚性印制电路板的绝缘基板常使用环氧树脂、酚醛树脂、聚四氟乙烯等为基材。

② 柔性印制电路板(Flexible Printed Circuit，FPC)又称软性线路板、柔性印刷电路板，简称软板，其厚度为 0.25 mm～1 mm。它是以聚酰亚胺或聚酯薄膜为基材的柔性印制板，其一面或两面覆盖了导电线路，具有配线密度高、重量轻、厚度薄和可折叠、弯曲、卷绕成螺旋形的优点，因而柔性印制电路板可以放置到产品内部的任意位置，使电子产品的内部空间得到充分利用。

柔性印制电路板广泛应用于手机、笔记本电脑、数码相机、通信设备、掌上电脑、电子计算机、自动化仪器、导弹和汽车仪表等电子产品上。

3. 印制电路板的特点

(1) 印制电路板可以免除复杂的人工布线，自动实现电路中各个元器件的电气连接，同时降低了电路连接的差错率，简化了电子产品的装配、焊接工作，提高了劳动生产率，降低了电子产品的成本。

(2) 印制电路板的印制线路具有重复性和一致性，减少了布线和装配的差错，节省了设备的维修、调试和检查时间。

(3) 印制电路板的布线密度高，缩小了整机的体积和重量，有利于电子产品的小型化。

(4) 印制电路板采用了标准化设计，因而产品的一致性好，有利于互换，有利于电子产品生产的机械化和自动化，有利于提高电子产品的质量和可靠性。

三、印制电路板的设计简介

印制电路板的设计是根据设计人员的意图，将电路原理图转换成印制电路板图并确定加工技术要求，实现电路功能的过程。设计的印制电路板必须满足电路原理图的电气连接要求，满足电子产品的电气性能和机械性能要求，同时要符合印制电路板加工工艺和电子装配工艺的要求。

1. 设计内容

印制电路板的设计内容包括印制电路板上元器件排列的设计、地线的设计、输入/输出端的设计、连线排版图的设计等方面，如图 2.62 所示。印刷电路板的设计需要考虑外部连接的布局、电子元器件的优化布局、金属连线和通孔的优化布局、电磁保护、散热性能、抗干扰等各种因素；考虑哪些元器件安装在孔内、哪些要加固、哪些要散热、哪些要屏蔽、哪些元器件装在板外、需要多少板外联机、引出端的位置如何等；必要时还应画出板外元器件接线图。印制电路板的设计步骤如图 2.63 所示。

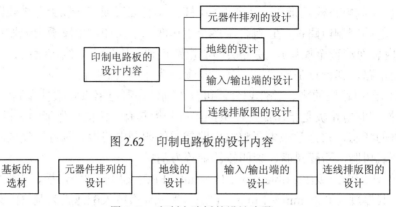

图 2.62　印制电路板的设计内容

图 2.63　印制电路板的设计步骤

1) 基板的选材

基板的选材是对印制电路板材料、厚度和板面尺寸的选定。

(1) 材料的选择。印制板的材料选择必须考虑到电气和机械特性，当然还要考虑到购买的相对价格和制造的相对成本。电气特性是指基材的绝缘电阻、抗电弧性、印制导线电阻、击穿强度、介电常数及电容等。机械特性是指基材的吸水性、热膨胀系数、耐热特性、抗挠曲强度、抗冲击强度、抗剪强度和硬度。

(2) 厚度的确定。从结构的角度考虑印制板的厚度，主要是考虑印制板上装配的所有元器件重量的承受能力和使用中承受的机械负荷能力。如果只装配集成电路、小功率晶体管、电阻、电容等小功率元器件，在没有较强的负荷振动条件下，使用厚度为 1.5 mm 或 1.6 mm(尺寸在 500 mm×500 mm 之内)的印制板。如果板面较大或无法支撑时，应选择 2 mm～2.5 mm 厚的印制板。

对于小型电子产品中使用的印制板(如计算器、电子表和便携式仪表中用的印制板)，为了减小重量、降低成本，可选用更薄一些的覆铜箔层压板来制造。

对于多层板的厚度也要根据电气和结构要求来决定。

(3) 形状和尺寸。印制板的结构尺寸与印制板的制造、装配有密切关系。应从装配工艺角度考虑两个方面的问题，一方面是便于自动化组装，使设备的性能得到充分利用，能使用通用化、标准化的工具和夹具；另一方面是便于将印制板组装成不同规格的产品，且安装方便、固定可靠。

印制板的外形应尽量简单，一般为长方形，尽量避免采用异形板。其尺寸应尽量采用国标 QJ 518—1980《印制电路板外形尺寸系列》中的尺寸，以便简化工艺，降低加工成本。民用产品如收音机、电视机、常规电子仪器仪表等的印制电路板一般使用单面板制作。

2) 印制电路板上元器件排列的设计

元器件排列是指按照电子产品电路原理图，将各元器件、连接导线等有机地连接起来，并保证电子产品可靠稳定工作。

元器件的排列方式主要有不规则排列、坐标排列和坐标格排列等三种方式。

(1) 不规则排列。元器件在印制电路板上可以任意方向排列，如图 2.64 所示，这种排列方式主要用在高频电路中。

不规则排列的特点是可以减少印制导线的长度，减少分布电容和接线电感对电路的影响，减少高频干扰，使电路工作稳定，但元器件的布局没有规则、凌乱，不便于打孔和装配。元器件的这种排列方式适合高频(30 MHz 以上)电路布局。

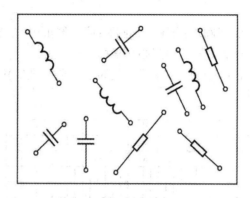

图 2.64　元器件的不规则排列

(2) 坐标排列。元器件的轴向和印制电路板的四边平行或垂直排列，如图 2.65 所示。坐标排列的特点是外观整齐美观，便于机械化打孔和装配，但电路中的干扰大，一般适用于低电压、低频率(1 MHz 以下)的电路中使用。

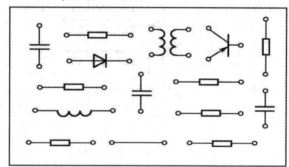

图 2.65　元器件的坐标排列

(3) 坐标格排列。用印有坐标格(1 mm 见方的格子)的图纸绘制设计电路板及元器件位置的坐标尺寸图的方法。

在坐标格排列的方式中，元器件的大小、位置排列，应根据电子元器件的尺寸合理安排。典型元器件(组件)的尺寸为 $d \times l$，如图 2.66(a)所示。

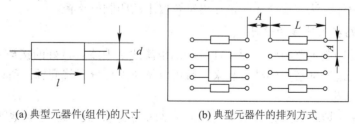

(a) 典型元器件(组件)的尺寸　　　(b) 典型元器件的排列方式

图 2.66　典型组件排列印制板板图

坐标格排列的几点要求如下：

① 元器件之间外表面的距离 A 应大于 1.5 mm；连接同一元器件的两接点间的距离 L，最小可等于典型组件长度 l(不包括引线长度)，最大可比典型组件长度 l 长 4 mm~5 mm，

阻容组件、晶体管等应尽量使用标准跨距，以利于组件的成形，如图 2.66(b)所示。

② 元器件的轴向必须与印制电路板的四边平行或垂直放置，元器件安装孔的圆心必须放置在坐标格的交点上。

③ 若安装孔成圆弧形(或圆周)布置，则圆弧(或圆周)的中心必须在坐标格交点上，并且圆弧(或圆周)上必须有一个安装孔的圆心在坐标格交点上。

④ 印制板上的其他孔(如印制板安装孔、定位孔、结构孔等)的圆心也应定位于坐标格的交点上，如图 2.67 所示。

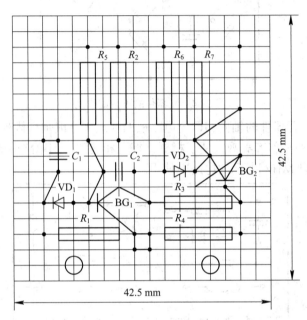

图 2.67　元器件的坐标格排列

坐标格排列方式的优点是元器件排列整齐美观，维修时寻找元器件和测试点方便，印制电路板加工时孔位易于对齐，也便于自动化生产，所以现在国内外大批量生产的电子产品都采用这种排列方式。电子元器件在印制板上的排列是一件实践性、技巧性很强的工作，设计不当会影响电子产品功能的实现，造成寄生耦合干扰，破坏产品的工作可靠性。因此在设计之前，要熟练掌握电子元器件的基本知识及功能电路的特点，善于总结经验，善于灵活运用各种设计方法，这样才能设计出符合要求的印制电路板。

3) 印制电路板上地线的设计

一般在设计印制电路板时，要设计统一的电源线及地线。良好的接地是控制干扰的有效方法，若将接地和屏蔽正确结合起来，就可以解决大部分干扰问题。所以，PCB 上的地线是设计的重要环节。

电子设备中，地线大致分为系统地、机壳地(屏蔽地)、数字地(逻辑地)和仿真地等。地线设计的原则如下。

(1) 一般将公共地线布置在印制电路板的边缘，便于印制电路板安装在机壳上，也便于与机壳连接。电路中的导线与印制电路板的边缘留有一定的距离，便于机械加工，有利于提高电路的绝缘性能。

(2) 在设计高频电路时，为减小引线电感和接地阻抗，地线应有足够的宽度，否则放大器的电性能易下降，电路也容易产生自激现象。

(3) 印制电路板上每级电路的地线，在许多情况下可以设计成自封闭回路，这样可以保证每级电路的高频地电流主要在本级回路中流通，而不流过其他级，因而可以减小级间地电流的耦合。同时由于电路四周都围有地线，便于接地元器件就近接地，减小了引线电感。但是，当外界有强磁场的情况下，地线不能接成回路，以避免封闭地线组成的线圈产生电磁感应而影响电路的电性能。

4) 输入/输出端的设计

印制电路板的输入/输出端位置的设计应考虑以下因素。

① 输入/输出端尽量按信号流程顺序排列，使信号便于流通，并可减小导线之间的寄生干扰。

② 输入/输出端尽可能远离，在可能的情况下最好用地线隔离开，可减小输入/输出端信号的相互干扰。

5) 排版连线图的设计

排版连线图是指用简单线条表示印制导线的走向和元器件的连接关系的图样。通常根据电路原理图来设计绘制排版连线图。图 2.68(a)为一个单稳态电路的电路原理图，图 2.68(b)是根据图 2.68(a)画出的排版连线图。

(1) 排版连线图的特点。在印制电路板几何尺寸已确定的情况下，从排版连线图中可以看出元器件的基本位置。在排版连线图中应尽量避免导线的交叉，但可以在组件处交叉，因元器件跨距处可以通过印制导线。

如图 2.68 所示，图 2.68(a)中可以看出它有一个交叉点 D，电路的排版方向与管座的位置也不相符，地线也不统一。图 2.68(b)的排版连线图基本上解决了上述导线交叉的问题，为绘制排版设计草图提供了重要依据。

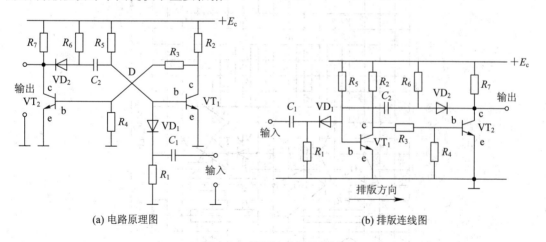

(a) 电路原理图　　　　　　　　　　　(b) 排版连线图

图 2.68　排版连线图的设计

当电路比较简单时也可以不画排版连线图，而直接画排版设计草图。

(2) 排版方向。排版方向是指印制电路板上的电路从前级到后级的总走向，这是印制电路布线应首先解决的问题。排版的总体原则是使信号便于流通，信号流程尽可能保持一致的方向。多数情况下，应将信号流向排版成从左向右(左输入、右输出)或从上到下(上输入、下输出)的状态。各个功能电路往往会以三极管或集成电路等半导体器件作为核心元器件来排布其他的元器件。

　　例如，如图 2.69(a)所示的晶体管共发射极电路中，如果电源走线$+E_c$在上，"地"在下，则晶体管以如图 2.69(b)所示的位置来放置为好；此时晶体管基极 b 的位置在左边，因此它的输入在左，输出在右，其排版方向由左向右。图 2.69(c)的排版方向显然是不正确的。

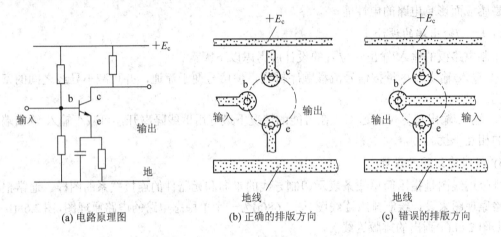

| (a) 电路原理图 | (b) 正确的排版方向 | (c) 错误的排版方向 |

图 2.69　由原理图到印制板图的排版方向

　　(3) 排版连线图的绘制。根据元器件的大小比例、大体位置及其连线方向、印制导线的形状、印制板的尺寸，精确布置元器件及连接孔的位置(最好在坐标格的交点上)，绘制排版连线图。

　　图 2.70 是一个排版连线设计草图。图 2.71 是根据图 2.70 绘制的印制导线图。

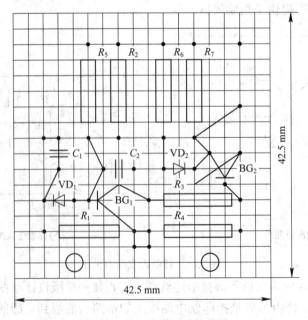

图 2.70　排版连线设计的草图

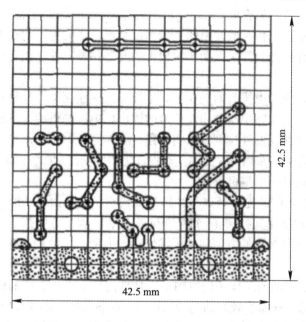

42.5 mm

42.5 mm

图 2.71　根据设计草图画成的印制导线图

2. 元器件布局的原则

(1) 应保证电路性能指标的实现。电路的性能指标一般是指电路的频率特性、波形参数、电路增益和工作稳定性等，具体指标随电路的不同而异。

① 对于高频电路，在元器件布局时，解决的主要问题是减小分布参数的影响。布局不当，将会使分布电容、接线电感、接地电阻等分布参数增大，直接改变高频电路的参数，从而影响电路基本指标的实现。

② 在高增益放大电路中，尤其是多级放大器中，元器件布局的不合理，就可能引起输出对输入或后级对前级的寄生反馈，容易造成信号失真，电路工作不稳定，甚至产生自激，破坏电路的正常工作。

③ 在脉冲电路中，传输、放大的信号是陡峭的窄脉冲，其上升沿或下降沿的时间很短，谐波成分比较丰富。如果元器件布局不当，就会使脉冲信号在传输中产生波形畸变，前后沿变坏，电路达不到规定的要求。

④ 无论什么电路，所使用的元器件，特别是半导体器件，对温度会非常敏感，因而元器件布局应采取有利机内散热和防热的措施，以保证电路性能指标不受温度的影响。

⑤ 元器件的布局应使电磁场的影响减小到最低限度。所以元器件布局时，应采取屏蔽、隔离等措施，避免电路之间形成干扰，并防止外来的干扰，以保证电路正常稳定的工作。

(2) 应有利于布线，方便于布线。元器件布设的位置直接决定着联机长度和铺设路径。布线长度和走线方向不合理，会增加分布参数和产生寄生耦合，使电子产品的高频性能变差和干扰增加，而且不合理的走线还会给装接、调试、维修等工作带来麻烦。

(3) 应满足结构工艺的要求。电子设备的组装不论是整机还是分机，都要求结构紧凑、外观性好、重量平衡、防震、耐震等。因此元器件布局时要考虑：重量大的元器件及部件的位置应分布合理，使整机重心降低，机内重量分布均衡。例如，将体积大、易发热的电源变压器固定在设备机箱的底板上，使整机的重心靠下；千万不要将其直接装在印制板上，否则会使印制板变形，工作时散发出的大量热量会严重影响电路的正常工作。对那些耐冲击振动能力差或工作性能受冲击振动影响较大的元器件及部件，在布局时应充分考虑采取防震、耐震的措施。

元器件布局时，应考虑排列的美观性。尽管导线纵横交叉、长短不一，但外观要力求平直、整齐和对称，使电路层次分明，信号的进出、电源的供给、主要元器件和回路的安排顺序妥当，使众多的元器件排列得繁而不乱、杂而有章。目前，电子设备向多功能小型化方向发展，这就要求在布局时，必须精心设计、巧妙安排，在各方面要求兼容的条件下，力求提高组装密度，以缩小整机尺寸。

(4) 应有利于设备的装配、调试和维修。现代电子设备由于功能齐全、结构复杂，往往将整机分为若干功能单元(分机)，每个单元在安装、调试方面都是独立的，因此元器件的布局要有利于生产时装调的方便和使用维修时的方便，如便于调整、便于观察、便于更换元器件等。

(5) 应根据电子产品的工作环境等因素来合理的布局。电子产品的工作环境因素包括温度、湿度、气压等。在温度较高的场合工作时，发热元器件之间要留有足够的空间散热，必要时要考虑安装风扇进行散热；在湿度较大的场合要考虑选用密封性好的元器件，并采取除湿措施，干燥时要注意采取防静电感应的措施。

总之，元器件的布局应遵循布局合理、连线正确、平整美观、工作可靠的基本原则，同时又要保证实现电子产品的性能指标，便于产品的装配、调试与维修。

3. 元器件排列的方法及要求

元器件位置的排列因电路要求不同、结构设计各异以及设备不同的使用条件等情况，其排列方法有各种各样，这里仅介绍一般的排列方法和要求。

(1) 按电路组成顺序成直线排列的方法。这种方法一般按电路原理图组成的顺序(即根据主要信号的放大、变换的传递顺序)按级成直线布置。电子管电路、晶体管电路及以集成电路为中心的电路都是如此。

以晶体管多级放大器为例。图 2.72(a)所示为晶体管两级放大器，图 2.72(b)所示为其布置简图。各级电路以三极管器件为中心，组件就近排列，各级间留有适当的距离，并根据组件尺寸进行合理布设，使前一级的输出与后一级的输入很好地衔接，尽量使小型组件直接跨接在电路之间。

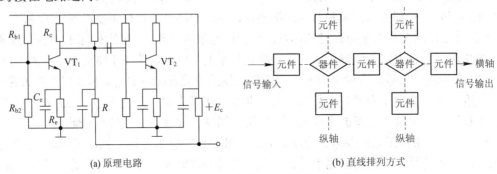

(a) 原理电路　　　　　　　　　　　(b) 直线排列方式

图 2.72　两级放大电路的直线排列方式

这种直线排列的优点如下。

① 电路结构清楚，便于布设、检查，也便于各级电路的屏蔽或隔离。

② 输出级与输入级相距甚远，使级间寄生反馈减小。

③ 前后级之间衔接较好，可使连接线最短，减小电路的分布参数。如果受到机器结构等条件的限制，不允许做直线布置，仍可遵循电路信号的顺序按一定路线排列，或排列成一角度，或双排并行排列或围绕某一中心组件适当布设。

(2) 按电路性能及特点的排列方法。在布设高频电路组件时，由于信号频率高，且相互之间容易产生干扰和辐射，因而排列时，应注意组件之间的距离越小越好，引线要短而直，可相互交叉，但不能平行排列，如一个直立另一个卧倒。

对于推挽电路、桥式电路等对称性电路组件的排列，应注意组件布设位置和走线的对称性，使对称组件的分布参数也尽可能一致。

在电路中，高电位的组件应排列在横轴方向上，低电位的组件应排列在纵轴方向上，这样可使低电流集中在纵轴附近以免窜流，减少高电位组件对低电位组件的干扰。

如果遇到干扰电路靠近放大电路的输入端，在布设时又无法拉开两者的距离时，可改变相邻的两个组件的相对位置，以减小脉冲及噪声干扰。

为了防止通过公共电源馈线系统对各级电路形成干扰，常用去耦电路。在布设去耦组件时，应注意将它们放在有关电路的电源进线处，使去耦电路能有效地起退耦作用，不让本级信号通过电源线泄漏出去。因此要将每一级电路的去耦电容和电阻紧靠在一起，并且电容应就近接地。

(3) 按元器件的特点及特殊要求合理排列。敏感组件的排列要注意远离敏感区。如热敏组件不要靠近发热组件(功放管、电源变压器、大功率电阻等)，光敏组件要注意光源的位置。

磁场较强的组件(变压器及某些电感器件)在放置时应注意其周围应有适当的空间或采取屏蔽措施，以减小对邻近电路(组件)的影响。它们之间应注意放置的角度，一般应相互垂直或成某一角度放置，不应平行安放，以免相互影响。

高压元器件或导线在排列时要注意和其他元器件保持适当的距离，防止击穿与打火。需要散热的元器件要装在散热器上或装在作为散热器的机器底板上，且排列时注意有利于这些元器件的通风散热，并远离热敏感元器件(如二极管、三极管、场效应管、集成电路及热敏元器件等)。

(4) 从结构工艺上考虑元器件的排列方法。印制电路板是元器件的支撑主体，元器件的排列主要是印制板上组件的排列，从结构工艺上考虑应注意以下几点。

① 为防止印制板组装后的翘曲变形，元器件的排列要尽量对称使重量平衡，重心尽量靠板子的中心或下部，采用大板子组装时，还应考虑在板子上使用加强筋。

② 组件在板子上排列应整齐，不应随便倾斜放置，轴向引出线的组件一般采用卧式跨接，使重心降低，有利于保证自动焊接时的质量。

③ 对于组装密度大，电气上有特殊要求的电路，可采用立式跨接。同尺寸的元器件或尺寸相差很小的元器件的插装孔距应尽量统一，跨距趋向标准化，便于组件引线的折弯和插装机械化。

④ 在组件排列时，组件外壳或引线至印刷板的边缘距离不得小于 2 mm。在一排组件中，两相邻组件外壳之间的距离应根据工作电压来选择，但不得小于 1 mm。机械固定的垫

圈等零件与印制导线(焊盘)之间的距离不得小于 2 mm。

　　⑤ 对于可调组件或需更换频繁的元器件，应放在机器的便于打开、容易触及或观察的地方，以利于调整与维修。

　　⑥ 对于比较重的组件，在板上要用支架或固定夹进行装卡，以免组件引线承受过大的应力。

　　⑦ 若印制板不能承载的组件，应在板外用金属托架安装，并注意固定及防止振动。

　　元器件在印制板上排列的注意事项及排列技巧较多，处理好这些问题，更需要在实际工作中多实践、多研究，以便灵活运用各种技巧解决问题。

4. 设计方法

　　印制电路板设计的好坏会直接影响电子产品的质量和调试周期。

　　简单的印制电路板图可以用人工进行设计，图 2.73 所示是人工方法设计印制电路板的流程图。复杂的印制电路板图可以借助于计算机辅助设计(Computer Aided Design，CAD)软件进行设计，图 2.74 所示是采用 CAD 软件设计印制电路板的流程图。

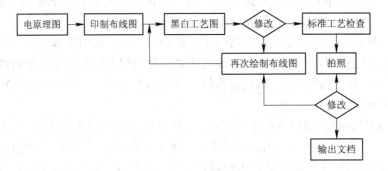

图 2.73　人工方法设计印制电路板的流程图

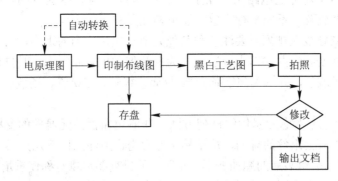

图 2.74　采用 CAD 软件设计印制电路板的流程图

　　(1) CAD 软件的操作步骤如下。

　　① 在计算机辅助设计软件上画出电路原理图。

　　② 向计算机输入能反映出印制板布线结构的参数，其包括焊盘尺寸大小、元器件的孔径和焊盘、走线关系、印制导线宽度、最小间距、布线区域尺寸等参数。

　　③ 操作计算机执行布线设计命令，则计算机可自动完成印制电路板的设计。

　　④ 布线后审查走线的合理性，并对不理想的走线进行修改(包括改变方向、路径、宽

窄等)。如出现交叉排版的情况，则操作人员可设置焊盘进行双面走线，并通过人工干预达到线路连通的目的，但这种现象在复杂电路设计中不应超过 5%。

⑤ 定稿后，通过绘图机按所需比例直接绘制黑白底图，不再需要人工绘图或贴图。也可以生成 GER(即 R 格式)文件供光学绘图机制作曝光(晒版)使用的胶片；或者使用激光印字机输出到塑料膜片上，直接代替照相底版。

⑥ 将设计存入软盘，可以永久性保存。

(2) CAD 的优点。采用 CAD 软件的优点是可以很方便地将电路原理图设计成理想的印制电路板布线图，印制电路板图自动生成，其设计速度快，设计、修改过程简便，布线均匀、美观。特别是通过绘图机绘制的黑白底图的图形精度可达到 0.05 mm 以内，这对使用数控钻床打孔和自动装配焊接是极为重要的。

利用 CAD 软件设计印制电路既能保证设计质量，又可以大大节省设计和绘图的时间，设计的正确性和效率高，彻底解决了手工绘图效率低、费时、错误多、修改困难、集成化低、质量不高的缺点。

5. 几种常用的印制电路板计算机辅助设计软件

目前，印制电路板的设计大多使用计算机设计软件进行设计。这类软件主要有 SMARTWORK、TANGO、Protel 等几种。

(1) SMARTWORK 软件。SMARTWORK 软件是美国 WINTEK 公司研制的，其主要特点是文件内容小，容易学习使用。它可以很直观地设计单面或双面印制电路板图。SMARTWORK 具有"块操作"的功能，用户可以根据需要，把版图中的任一部分定义为一个"块"，将其移动、复制到其他位置上去，或者将其删除。SMARTWORK 可以同时布置双列(或单列)插脚集成电路的多个焊盘，使设置焊盘的工作大为简化。它还有将图形翻转 180°的功能，有局部扩展版面的功能，有标注字符的功能等。

SMARTWORK 软件的指令不太多，容易学习、记忆。一般人对照使用说明，只需要十几分钟就能学会它的基本用法，经过半天时间的练习，就可以运用。其使用特点是方便、快捷。但 SMARTWORK 的主要缺点是不能够自动布线以及没有常用的图形符号库。

(2) TANGO 软件。TANGO 软件是美国 ACCEL TECHNOLOGY 公司于 1987 年推出的印制板线路设计软件包，它包括电路原理图设计 SCHEAMATIC 软件(简写为 SCH)、印制电路板图设计 PCB 软件和印制板图自动布线 RouTE 软件(简写为 ROU)三大部分。SCH 和 PCB 可以互相配合并与 ROU 部分组合使用，也可以分别独立使用。

SCH 中共有 16 个库文件，存有三千多种常用电子元器件的图形符号，绘图时可以直接调用。由于可以用网络标号代替实际连线，可以重复放置元器件和连线，以及具有块操作功能等，都能使绘图速度大大加快。与用笔在纸上设计电原理图比较，使用 SCH 不仅速度快，而且打印出来的图形工整、美观，更主要的是便于修改、更新。此外，还能够将图中的一部分电路(例如电源部分)单独复制成一个磁盘文件，待日后设计其他电路的时候，可以把所需要的单元电路调入图中进行重新组合和再次利用。

PCB 软件包单独使用时，是用手工操作键盘，在显示屏幕上直接绘制电路板图。与 SMARTWORK 相比较，PCB 中含有一个标准封装库文件 PCBSTD.IB，存有适合安装各种常用电子元器件的焊盘位置图，用户可以直接调用。其他功能也比 SMARTWORK 更强一些。

TANGO 软件的特点是软件丰富(包括 SCH、PCB 和 ROU 三大部分)、各种命令齐全、备有文件库,可以根据需要调用组合,完成多种电路图的设计。

(3) Protel 软件。Protel 软件包是澳大利亚 PROTEL TECHNOLOGY 公司研制的,是 TANGO 软件包的升级产品。

目前使用的 Protel 99SE 是在 TANGO 软件包的基础上,历经 DOS、Windows 的多种版本发展起来的,该软件主要由电路原理图设计模块、印制电路板(PCB)设计模块、电路信号仿真模块和 PLD 逻辑模块组成。

Protel 99SE 软件的特点是具有强大的编辑功能、完善有效的检测工具、灵活有序的设计管理手段,具有丰富的原理图元器件库、PCB 元器件库和灵活的布线方式(根据需要可选择人工布线和自动布线的方式),有良好的开放性和兼容性,支持 Windows 平台上的所有外设,集强大的设计能力、复杂工艺的可生产性及设计过程管理于一体,可以完整实现电子产品从设计到生成物理生产数据的全过程,以及过程中间的所有分析、仿真和验证,是一个强大的电路设计与开发软件。Protel 99SE 设计印制电路板的流程如图 2.75 所示。

图 2.75　Protel 99SE 设计印制电路板的流程

(4) Altium Designer 软件。Altium Designer 是原 Protel 软件开发商 Altium 公司推出的一体化的电子产品开发系统,主要运行在 Windows 操作系统。这套软件通过把原理图设计、电路仿真、PCB 绘制编辑、拓扑逻辑自动布线、信号完整性分析和设计输出等技术完美融合,为设计者提供了全新的设计解决方案,使设计者可以轻松进行设计,熟练使用这一软件使电路设计的质量和效率大大提高。

Altium Designer 除了全面继承包括 Protel 99SE、Protel DXP 在内的先前一系列版本的功能和优点外,还增加了许多改进和高端功能。该平台拓宽了板级设计的传统界面,全面集成了 FPGA 设计功能和 SOPC 设计实现功能,从而允许工程设计人员能将系统设计中的 FPGA 与 PCB 设计及嵌入式设计集成在一起。 由于 Altium Designer 在继承先前 Protel 软件功能的基础上,综合了 FPGA 设计和嵌入式系统软件设计功能,Altium Designer 对计算机的系统需求比先前的版本要高一些。

四、电子制作中电子元器件选用的基本原则

电子产品的制作需要各种各样的电子元器件。为了保证产品质量、降低成本,必须合理选用电子元器件,选择不当会影响产品的性能指标。

1. 元器件选用的依据

元器件一般是依据电原理图上标明的各元器件的规格、型号、参数进行选用。当有些元器件的标志参数不全时,或使用的条件与技术资料不符时,可适当选择和调整元器件的部分参数,但尽量要接近原来的设计要求,保持电子产品的性能指标。

2. 元器件选用的原则

(1) 精简元器件的数量和品种的原则。在满足产品功能和技术指标的前提下，应尽量减少元器件的数量和品种，使电路尽可能简单，以利于装接调试。

(2) 确保产品质量的原则。所选用的元器件必须是经过高温存储及通电老化筛选后的合格品，不使用淘汰和禁用的元器件。

(3) 经济适用的原则。从降低成本、经济合理的角度出发，选用的元器件在满足电路性能要求和工作环境的条件下，精密度无须要求最高，可以有一定的允许偏差。

五、手工自制印制电路板的方法和技巧

在进行大批量生产印制电路板时，应该由印制板专业厂家来完成制作。在电子产品样机尚未设计定型的试验阶段，或当爱好者进行业余制作的时候，经常只需要制作少量印制电路板，这时，有必要采用手工方法自制印制电路板。

手工自制印制电路板常用的方法有描图法、贴图法和刀刻法等。

1. 描图法

描图法是手工制作印制电路板最常用的一种方法，其工艺流程如图 2.76 所示。描图法操作的具体步骤如下。

图 2.76   描图法自制印制板工艺流程

(1) 下料。根据电路设计图的要求剪裁覆铜板(可用小钢锯条沿边线锯开)，并用砂纸或锉刀打磨印制板四周，去除毛刺，打磨光滑平整，使裁剪的印制电路板的形状和大小符合设计要求和安装要求。

(2) 拓图。用复写纸将已设计好的印制板布线草图拓印在覆铜板的铜箔面上。印制导线用一定宽度的线条表示，焊盘用小圆圈表示。对于较复杂的电原理图，可采用计算机辅助设计软件进行印制电路板的设计、拓图。

(3) 打孔。拓图后可以进行钻孔，所需的孔洞包括元器件的引脚插孔和固定印制电路板面的定位孔。对于一般的元器件，钻孔孔径约为 0.7 mm～1 mm；若是固定孔或大元器件孔，钻孔孔径约为 2 mm～3.5 mm。打孔时应注意"孔"的位置在焊盘的中心点，并保持导线图形清晰和孔洞周边的铜箔光洁。

打孔的步骤有时也可放在步骤(6) "去漆膜"之后进行。

对于安装表面元器件的印制电路板，不必在印制电路板上钻孔。

(4) 描漆图。使用硬质笔(铅笔、鸭嘴笔、记号笔均可)或硬质材料蘸油漆，按照拓好的图形描图。描图时，油漆是覆盖需要焊接用的焊盘和连接线路的。操作时，先描焊盘，注意焊盘要与钻好的孔同心，大小尽量均匀，然后再描绘导线。焊盘及导线可以描的粗大些便于后续修整。待印制板上的油漆干燥到一定程度(用手触摸不粘手且有些柔软)时应检查图形描绘的正确性，在描图正确的情况下，用小刀、直尺等工具对所描线条和焊盘的毛刺及多余的油漆进行修整，使描图更加平整、美观。

(5) 腐蚀。腐蚀铜箔的腐蚀液一般使用三氯化铁水溶液，可以自己配制(一份三氯化铁、两份水的质量比例)，保持浓度在 28%～42%之间。将用油漆描绘并完全干燥的覆铜板全部浸入三氯化铁腐蚀液中，经过一段时间后，腐蚀液就把没有涂覆漆膜的铜箔腐蚀掉。

为了加快腐蚀反应速度，可以对腐蚀溶液适当加温(但温度也不宜过高，不能将漆膜泡掉，温度在 40℃～50℃比较合适)，同时可以用软毛排笔轻轻刷扫板面，但不要用力过猛，避免把漆膜刮掉。待完全腐蚀以后，取出板子用水清洗。

由于三氯化铁具有一定的腐蚀性，特别是对金属的腐蚀性较强，在使用过程中要小心操作，若不小心溅到皮肤或衣服上，可用大量清水洗净。盛装腐蚀液的容器和夹具不能使用金属材料，一般使用塑料、搪瓷或陶瓷等材料的容器，夹取印制电路板的夹子应使用竹夹子。

(6) 去漆膜。待印制板完全腐蚀以后，取出印制板用清水洗净，然后用温度较高的热水浸泡将板面的漆膜泡掉。漆膜未泡掉处，可用水砂纸轻轻打磨掉。

(7) 清洗。漆膜去除干净以后，可用水砂纸或去污粉擦拭铜箔面，去掉铜箔面的氧化膜，使线条及焊盘露出铜的光亮本色。注意应按某一方向固定擦拭，这样可以使铜箔反光方向一致，看起来更加美观。擦拭后用清水洗净并晾干。

(8) 涂助焊剂。为了防止印制电路板上的铜箔表面氧化和便于后期焊接元器件，在印制电路板清洗晾干之后，对印制电路板的铜箔面上进行一些表面处理，也就是进行涂助焊剂的过程。即用毛笔蘸上松香水(用 6 份无水酒精加 4 份松香泡制)轻轻地在印制电路板铜箔面上涂上一层并晾干，印制电路板的制作就全部完成了。涂助焊剂的目的是保证导电性能、保护铜箔、防止氧化、提高可焊性。

2. 贴图法

贴图法制作印制电路板的工艺流程与描图法基本相同，不同之处在于描图过程。描图法自制电路板时，图形是用油漆或其他抗蚀涂料手工描绘而成，而贴图法是使用一些具有抗腐蚀能力的、薄膜厚度只有几微米的薄膜图形材料，按设计要求贴在覆铜板上完成贴图(描图)任务。

1) 贴图的具体操作过程

用于制作印制电路板的贴图图形是具有抗腐蚀能力的薄膜图形，包括各种焊盘、直引线、弯曲线条和各种符号等几十种。这些图形贴在一块透明的塑料软片上，使用时可用小刀片把所需图形从软片上挑下来，转贴到覆铜板相应的位置上。焊盘和图形贴好后，再用各种宽度的抗蚀胶带连接焊盘，即构成印制导线。整个图形贴好以后即可进行腐蚀。

2) 贴图法和描图法的区别

描图法的特点是简单易行，但由于印制线路、焊盘等图形是靠手工描绘而成，其描绘质量很难保证，往往造成描绘的焊盘大小、形状不一，印制导线粗细不匀，走线不平整。

贴图法的特点是操作简单，无须配制涂料且不用描图。制作的印制电路板图形状、规格标准统一，图形线条整齐、美观、大方，印制板制作效果好。其与照相制版的效果几乎没什么质量区别，但成本高、走向不够灵活。这种图形贴膜方法为新产品的印制板制作开辟了新的途径。

3. 刀刻法

采用刀刻法制作印制电路板时，首先需要把印制板图复制到印制板铜箔面上，然后用特制小刻刀刻去不需要保留的铜箔。刀刻法的工艺流程如图 2.77 所示，其中的下料、拓图、打孔、修复、清洗和涂助焊剂等过程与描图法一样，不同之处在于刀刻制作印制板和修复的过程。

图 2.77　刀刻法自制印制板工艺流程

1) 刀刻法制作印制板的具体操作过程

根据绘制在印制板铜箔面上的印制板图，将钢尺放置在需刻制的位置上，用刻刀沿钢尺刻划铜箔，刀刻的深度必须把铜箔划透，但不能伤及覆铜板的绝缘基板，再用刀尖挑起不需保留的铜箔角，用钳子夹住，撕下铜箔即可。

印制电路板刻好后进行打孔(贴片安装不需要该步骤)，并检查印制板上有无没撕干净的毛刺，然后用砂纸轻轻打磨、修复印制电路板上的毛刺，最后清洁表面，涂上助焊剂。

2) 刀刻法的特点及使用场合

刀刻法的制作过程相对简单，使用的材料少，但刀刻的技术要求高，除直线外，其他形状的线条、图形难以用刀刻完成。

刀刻法一般用于制作量少、电路简单、线条较少的印制板。该方法在进行布局排版设计时，要求形状尽量简单、成直线形，一般把焊盘与导线合为一体，形成多块矩形图形。由于平行的矩形图形具有较大的分布电容，所以刀刻法制板不适合高频电路。

六、印制电路板的质量检验

印制电路板完成制作后，要进行质量检验，之后才能进行元器件的插装和焊接。

常用的检验方法分为目视检验和仪器检验。检验的主要项目有机械加工正确性检验、连通性试验、绝缘电阻的检测、可焊性检测等。一般来说，机械加工正确性检验采用目视检验的方法进行，连通性试验、绝缘电阻和可焊性检测采用仪器检验的方法进行。

1. 机械加工正确性检验

通常是用目视来检验印制电路板的加工是否完整、印制导线是否完全整齐、焊盘的大小是否合适、焊孔是否在焊盘中间、焊孔的大小是否合适、印制板的大小形状是否符合设计要求等。

2. 连通性试验

对多层电路板要进行连通性试验，以查明印制电路图形是否连通。这种试验可借助于万用表来进行。

3. 绝缘电阻的检测

使用万用表测量印制电路板绝缘部件之间所呈现出的电阻，绝缘电阻的理论值为无穷大。在印制板电路中，此试验既可以在同一层上的各条导线之间来进行，也可以在两个不同层之间来进行。

4. 可焊性检测

可焊性检测是用来检测焊锡对印制图形(铜箔)的附着能力，其目的是为了使元器件能良好地焊接在印制板上。可焊性一般用附着、半附着、不附着来表示。良好的印制电路板其可焊性属于附着。

(1) 附着是指焊料在导线和焊盘上自由流动及扩展，形成黏附性连接。

(2) 半附着是指焊料首先附着表面，然后由于附着不佳而造成焊接回缩，结果在基底金属上留下一薄层焊料层。在表面一些不规则的地方，大部分焊料都形成了焊料球。

(3) 不附着是指焊盘表面虽然接触熔融焊料，但在其表面丝毫未沾上焊料。

项 目 小 结

1. 电子产品装配之前，进行识读图纸、对导线加工、对元器件和零部件成形、印制电路板的制作等各项准备工作称为装配之前的准备工艺，这是顺利完成整机装配的重要保障。

2. 电子产品装配过程中常用的电路图有方框图、电原理图、装配图、接线图及印制电路板组装图等。

方框图的主要功能是表示电子产品的构成模块以及各模块之间的连接关系，各模块在电路中所起的作用以及信号的流程顺序。

电原理图是详细说明构成电子产品电路的电子元器件相互之间、电子元器件与单元电路之间、产品组件之间的连接关系，以及电路各部分电气工作原理的图形。它是电子产品设计、安装、测试、维修的依据。

电子产品装配图是表示组成电子产品各部分装配关系的图样。

印制电路板组装图是用来表示各种元器件在实际电路板上的具体方位、大小，以及各元器件之间的相互连接关系、元器件与印制板的连接关系的图样。

3. 电子产品中的常用线材包括安装导线、电磁线、屏蔽线和同轴电缆、扁平电缆(平排线)等几类，它们是传输电能或电磁信号的传输导线。

安装导线是指用于电子产品装配的导线。

电磁线是指由涂漆或包缠纤维作为绝缘层的圆形或扁形导线，用以制造电子、电工产品中的线圈或绕组的绝缘电线。

电源软导线的作用是连接电源插座与电气设备。

屏蔽线和同轴电缆具有传递信号、静电(或高电压)屏蔽、电磁屏蔽和磁屏蔽的作用。

扁平电缆主要用于印制电路板之间的连接和各种信息传递的输入/输出之间的柔性连接。

4. 在电子产品制作之前要对导线进行必要的加工，不同的导线其加工方式不同。

普通绝缘导线的加工分为剪裁、剥头、捻头(多股线)、搪锡、清洗和印标记等几个过程。

屏蔽导线或同轴电缆的加工比普通绝缘导线要多一道去除屏蔽层的处理工序。其加工分为不接地线端的加工、接地线端的加工和导线的端头绑扎处理等。

5. 在一些较复杂的电子产品中，为了简化装配结构，减少占用空间，便于检查、测试和维修，常常在产品装配时，将相同走向的导线绑扎成一定形状的导线束(俗称线把)。采用这种方式可以将布线与产品装配分开，便于专业生产和减少错误，提高整机装配的安装质量，保证电路的工作稳定性。

6. 为了使元器件在印制电路板上的装配排列整齐，便于安装和焊接，提高装配质量和效率，增强电子设备的防震性和可靠性，在安装前，根据安装位置的特点及技术方面的要求，要预先把元器件引线弯曲成一定的形状。

元器件引线成形是针对小型元器件的。

7. 元器件进行安装时，通常分为立式安装和卧式安装两种。不同的安装方式，元器件成形的形状和尺寸各不相同。元器件成形的主要目的是使元器件能迅速而准确地插入安装孔内，并满足印制电路板的安装要求。

8. 元器件引线成形的方法有普通工具的手工成形、专用工具(模具)的手工成形和专用设备的成形。

9. 覆铜板是指在绝缘基板的一面或两面覆以铜箔，经热压而成的板状材料，它是制作印制电路板的基本材料(基材)。

10. 印制电路板(PCB)由绝缘底板、连接导线和装配焊接电子元器件的焊盘组成，具有导电线路和绝缘底板的双重作用。印制电路板可以完成电路的电气连接、元器件的固定和电路的组装，并实现电路的功能，是目前电子产品不可缺少的组成部分。

11. 印制电路板的设计是以电路原理图为依据，将电原理图转换成印制电路板图并确定加工技术要求，从而实现电路功能的过程。

12. 在电子产品的试验阶段或制作少量印制电路板时，一般采用手工方法自制印制电路板。手工自制印制电路板常用的方法有描图法、贴图法和刀刻法等。

13. 在完成印制电路板的加工后，应对印制电路板进行质量检验，质量检验主要包括机械加工正确性检验、连通性试验、绝缘电阻的检测和可焊性检测等方面。

习　题　2

一、填空题

1. 电路图是指用约定的(　　　)和(　　　)表示的电子工程用的图形。

2. 方框图是一种用方框、少量(　　　)和连线来表示电路构成概况的电路样图。

3. (　　　)是表示组成电子产品各部分装配关系的图样。

4. (　　　)是表示产品装接面上各元器件的相对位置关系和接线的实际位置的略图。

5. 电子产品中的常用线材包括(　　)(　　)，它们是(　　　)。

6. 屏蔽线具有(　　　)、(　　　)、(　　　)的作用。

7. 电磁线主要用于绕制(　　　)、(　　　)。

8. 去除漆包线的方法(　　　)、(　　　)。

9. 常用的手工工具包括(　　)、(　　　)、(　　)、(　　)、(　　)、(　　)等。

10. 镊子主要有(　　　)和(　　　)两种。

11. 导线剥头方法通常分为( )、( )两种。

12. 捻头的方法( )，角度一般在( )之间。

13. 在电子产品中，把走向相同的导线绑扎成一定的形状的导线束称为( )。

14. 常用覆铜板按结构分类，可分为( )、( )、( )等。

15. 元器件的排列方式主要有( )、( )、( )等三种方式。

二、简答题

1. 剥线钳的主要特点有哪些？

2. 搪锡的作用是什么？

3. 清洗的作用是什么？

4. 元器件引线成形的方法有哪些？

5. 如何加工扁平电缆？

6. 线束的走线有什么要求？

7. 常用的绑扎线束的方法有哪些？

8. 预加工处理有什么要求？

9. 元器件成形的主要目的是什么？

10. 元器件引线成形的方法有哪些？

11. 印制电路板的作用有哪些？

12. 印制电路板如何分类？

13. 印制电路板的设计步骤是什么？

14. 元器件选用的依据是什么？

项目 3

直流稳压电源的制作与调试

 学习目标

(1) 了解电子产品制作中焊接的概念、类别及特点；

(2) 熟练掌握手工焊接及拆焊的操作要领和手工焊接技巧；

(3) 学习几种自动焊接技术和无铅焊接技术，学会检测焊点的质量。

 知识点

(1) 焊接及焊接材料；

(2) 手工焊接工具的种类及用途；

(3) 手工焊接的操作要领及工艺要求；

(4) 几种自动焊接技术；

(5) 无铅焊接技术；

(6) 焊点的质量要求及质量分析；

(7) 直流稳压电源的电路原理。

 技能点

(1) 学会使用电烙铁完成焊接及拆焊；

(2) 掌握五步法和三步法的手工焊接技术和焊接技巧；

(3) 学会在印制电路板及万能板上进行焊接；

(4) 直流稳压电源的制作与调试。

任务一　焊接的基本知识

一、焊接的概念

焊接是使金属连接的一种方法，电子产品中的焊接是将导线、元器件引脚与印制电路板连接在一起的过程。焊接过程要满足机械连接和电气连接两个目的，其中机械连接起固定作用，而电气连接起电气导通的作用。

焊接质量的好坏直接影响到电子产品的整机性能指标。因而焊接操作技术是电子产品制作中必须掌握的一门基本操作技能，是考核电子工程技术人员的主要项目之一，也是评价其基本动手能力和专业技能的依据。

1. 焊接技术的分类

现代焊接技术主要分为熔焊、钎焊和接触焊三类。

1) 熔焊

熔焊是一种加热被焊件(母材)，使其熔化产生合金而焊接在一起的焊接技术，即直接熔化母材的焊接技术。常见的熔焊有电弧焊、激光焊、等离子焊及气焊等。

2) 钎焊

钎焊是一种在已加热的被焊件之间，熔入低于被焊件熔点的焊料，使被焊件与焊料熔为一体并连接在一起的焊接技术。即母材不熔化，焊料熔化在焊接点形成合金层的焊接技术。常见的钎焊有锡焊、火焰钎焊、真空钎焊等。在电子产品的生产中，大量采用锡焊技术进行焊接。

3) 接触焊

接触焊是一种不用焊料和焊剂，即可获得可靠连接的焊接技术。常见的接触焊有压接、绕接、穿刺等。

2. 锡焊的基本条件

完成锡焊并保证焊接质量、应同时满足以下几个基本条件。

(1) 被焊金属应具有良好的可焊性。可焊性是指在一定的温度和助焊剂的作用下，被焊件与焊料之间能够形成良好合金层的能力。不是所有的金属都具有良好的可焊性，例如，铜、金、银的可焊性都很好，但金、银的价格较高，一般很少使用，目前常用铜来做元器件的引脚、导线、接点等；铁、铬、钨等金属的可焊性较差。为避免氧化破坏金属的可焊性或需焊接可焊性较差的金属，常常采用在被焊金属表面镀锡、镀银的办法来解决以上问题。

(2) 被焊件应保持清洁。杂质(氧化物、污垢等)的存在会严重影响被焊件与焊料之间的合金层的形成。为保证焊接质量，使被焊件达到良好的连接，在焊接前应做好被焊件的表面清洁工作，去除氧化物、污垢。通常使用无水乙醇来清洗污垢，焊接时使用焊剂清除氧化物；当氧化物污垢严重时，可先采用小刀轻刮或细砂纸轻轻打磨，然后使用无水乙醇来清洗的方法来完成清洁工作。

(3) 选择合适的焊料。焊料的成分及性能直接影响到被焊件的可焊性，焊料中的杂质同样会影响被焊件与焊料之间的连接。目前使用的焊料为无铅合金焊料，使用时应根据不同的要求选择不同成分的无铅焊料。

(4) 选择合适的焊剂。焊剂是用于去除被焊金属表面的氧化物，防止焊接时被焊金属和焊料再次出现氧化，并降低焊料表面张力的焊接辅助材料。它有助于形成良好的焊点，保证焊接的质量。在电子产品的锡焊工艺中，多使用松香做助焊剂。

(5) 保证合适的焊接温度。合适的焊接温度是完成焊接的重要因素。焊接温度太低，容易形成虚焊、拉尖等焊接缺陷；焊接温度太高，易产生氧化现象，造成焊点无光泽、不光滑，严重时会烧坏元器件或使印制电路板的焊盘脱落。

保证焊接温度的有效办法是选择功率、大小合适的电烙铁并控制焊接时间。对印制板上的电子元器件进行焊接时，电烙铁一般选择 20 W～35 W 的功率；每个焊点一次焊接的时间应不大于 3 秒钟。

焊接过程中，若一次焊接在 3 秒钟内没有焊完应停止焊接，待元器件的温度完全冷却后，再进行第二次焊接，若仍然无法完成，则必须查找影响焊接的其他原因。

在手工焊接时，焊接温度不仅与焊接时间有关，而且与电烙铁的功率大小、环境温度及焊点的大小等因素有关。电烙铁的功率越大、环境温度越高(如夏季)、焊点越小，则焊点的温度升高越快，因而焊接的时间应稍短些。反之，电烙铁的功率越小、环境温度越低(如冬季)、焊点越大，则焊点的温度上升慢，因而焊接的时间应稍长些。

二、焊接材料

焊接是电子产品装配中必不可少的工艺过程。完成焊接需要的材料包括焊料、焊剂和一些其他的辅助材料(如阻焊剂、清洗剂等)。

1. 焊料的构成及特点

焊料是一种熔点低于被焊金属，在被焊金属不熔化的条件下，能润湿被焊金属表面，并在接触面处形成合金层的物质，是裸片、包装和电路板装配的连接材料。

由于铅及其化合物对人体有害，含有损伤人类的神经系统、造血系统和消化系统的重金属毒物，导致呆滞、高血压、贫血、生殖功能障碍等疾病，会影响儿童的生长发育、神经行为和语言行为，铅浓度过大可能致癌，并对土壤、空气和水资源均产生污染，使污染范围迅速扩大。从 2006 年 7 月 1 日起，"无铅电子组装"在欧洲和中国同步启动，使用无铅焊料、无铅元器件、无铅材料已成为电子产品制作中的必要条件。

目前电子产品使用的焊料从原来的锡铅合金焊料全部换成无铅焊锡。

1) 无铅焊锡的构成

无铅焊锡是指以锡为主体，添加铅之外的其他金属材料制成的焊接材料。所谓"无铅"并非完全没有铅的成分，而是要求无铅焊锡中铅、汞、镉、六价铬、聚合溴化联苯(PBB)和聚合溴化联苯乙醚(PBDE)在内的 6 种有毒有害材料的含量必须控制在 0.1%以内，同时意味着电子制造必须符合无铅的组装工艺要求。

目前使用无铅焊料及熔点，如表 3-1 所示。

表 3-1　无铅焊料的成分及熔点温度

无铅焊锡的成分	无铅焊料的熔点温度 T / ℃
85.2Sn/4.1SAg/2.2Bi/0.5Cu/8.0In	193～199
88.5Sn/3.0Ag/0.5Cu/8.0In	195～201
91.5Sn/3.5Ag/1.0Bi/4.0In	208～213
92.8Sn/0.5Ga/0.7Cu/6.0In	210～215
93.5Sn/3.1Ag/3.1Bi/0.5Cu	209～212
95Sn/5Sb	235～243
95.4Sn/3.1Ag/1.5Cu	216～217
96.5Sn/3.5Cu	221

2) 无铅焊锡的特点

(1) 无铅焊料的熔点高。如"锡银铜合金"的熔点温度为 217℃～227℃，该熔化温度有可能接近或高于一些元器件和 PCB 的温度忍耐水平，易造成元器件损坏、PCB 变形或铜箔脱落。

(2) 无铅焊料的可焊性不高。无铅焊料在焊接时，焊点条纹较明显、暗淡，焊点看起来显得粗糙、不平整，这必将影响到焊点的焊接强度，造成焊点的机械强度不足和导电性能不良。

(3) 无铅焊接导致发生焊接缺陷的几率增加，如易发生桥接、不容湿、反熔湿以及焊料结球等缺陷。选择与待焊接金属相容的焊剂以及使用优化的焊接温度即可防止缺陷的增加，采用正确的存放和处理方法确保线路板和元器件的可焊性也将使无铅焊接的焊点良好。

(4) 无铅焊料的成本高。无铅焊料中，以其他金属取代了价格便宜的铅，因而其价格成本上升，导致电子产品的成本上升。

目前开发的无铅焊料主要有锡银(SnAg)、锡锌(SnZn)、锡铋(SnBi)三大系列，如表 3-2 所示，通常使用较多的是锡银铜(SnAgCu)合金。

表 3-2　无铅焊料三大系列的比较

无铅焊料系列	适用温度/℃	适合的焊接工艺	特　点
SnAg系列 SnAg3.5Cu0.7	高温系列 (230～260)	回流焊，波峰焊	热疲劳性能优良，结合强度高，熔融温度范围小，蠕变特性好；但熔点温度高，润湿性差，成本高
SnZn系列 SnZn8.8-x	中温系列 (215～225)	回流焊	熔点较低，热疲劳性能好，机械强度高，拉伸性能好，熔融温度范围小，价格低；但润湿性差，抗氧化性差，具有腐蚀性
SnBi系列 SnBi57Ag1	低温系列 (150～160)		熔点低，与SnPb共晶焊料的熔点相近，结合强度高；但热疲劳性能差，熔融温度范围宽，延伸性差

3) 焊料的形状

根据焊接使用场合的不同，焊料可制成多种形状，主要包括有粉末状、带状、球状、块状、管状和装在罐中的锡膏等几种。其中粉末状、带状、球状、块状的焊锡用于浸焊或波峰焊中；锡膏用于贴片元件的回流焊接；手工焊接中最常见的是管状松香芯焊锡丝，管状松香芯焊锡丝将焊锡制成管状，其轴向芯内是优质松香添加一定的活化剂组成的。

管状松香芯焊锡丝其外径有 0.5、0.6、0.8、1.0、1.2、1.6、2.3、3.0、4.0、5.0 mm 等若干种尺寸。焊接时可根据焊盘的大小选择松香芯焊锡丝的尺寸，通常松香芯焊锡丝的外径应小于焊盘的尺寸。

2. 焊膏及其作用

焊膏是指将合金焊料加工成一定粉末状颗粒并拌以糊状助焊剂构成的，具有一定流动性的糊状焊接材料。它是表面安装技术中再流焊工艺的必需焊接材料。

糊状焊膏既有固定元器件的作用，又有焊接的功能。使用时，首先用糊状焊膏将贴片元器件粘在印制电路板的规定位置上，然后通过加热使焊膏中的粉末状固体焊料熔化，达到将元器件焊接到印制电路板上的目的。

焊膏的品种较多，其分类方式主要有以下几种。

(1) 按焊料合金的熔点可分为高温、中温和低温焊膏，如锡银焊膏(96.3Sn/3.7Ag)为高温焊膏，其熔点温度 221℃；锡锑焊膏(63Sn/37Sb)为中温焊膏，其熔点温度 183℃；锡铋焊膏(42Sn/58Bi)为低温焊膏，其熔点温度 138℃。

(2) 按焊剂的成分可分为免清洗、有机溶剂清洗和水清洗焊膏等几种。免清洗焊膏是指焊接后只有焊点有很少的残留物，焊接后不需要清洗；有机溶剂清洗焊膏通常是指掺入松香助焊剂的焊膏，需要清洗时通常使用有机溶剂清洗；水清洗焊膏是指焊膏中用其他有机物取代松香助焊剂，焊接后可以直接用纯水进行冲洗去除焊点上的残留物。

(3) 按黏度可分为印刷用和滴涂用两类。

三、焊接辅助材料

焊接过程中，除了使用焊锡(或焊膏)，还需要一些其他的辅助材料帮助焊接、完善焊接，并起到保护焊接的电子元器件和电路板的目的。常用的辅助材料包括焊剂、清洗剂、阻焊剂等。

1. 焊剂

焊剂亦称助焊剂，它是焊接时添加在焊点上的化合物，其熔点低于焊料的熔点，是进行焊接的辅助材料。

焊剂能去除被焊金属表面的氧化物，防止焊接时被焊金属和焊料再次出现氧化，并降低焊料表面的张力，提高焊料的流动性，有助于焊接，使焊点易于成形，有利于提高焊点的质量。

1) 对焊剂的要求

(1) 焊剂的熔点低于焊料的熔点。

(2) 焊剂的表面张力、黏度和比重应小于焊料。

(3) 残余的焊剂容易清除。

(4) 不会腐蚀被焊金属。

(5) 不会产生对人体有害的气体及刺激性味道。

2) 常用的助焊剂简介

(1) 无机焊剂。无机焊剂的特点是有很好的助焊作用,但是具有强烈的腐蚀性。该焊剂大多用在可清洗的金属制品的焊接中,市场中销售的助焊油、助焊膏均属于这一类。由于电子元器件的体积小,外形及引线精细,若使用无机焊剂会造成日后的腐蚀断路故障,因而电子产品的焊接中,通常不允许使用无机焊剂。

(2) 有机焊剂。有机焊剂由有机酸、有机类卤化物等合成。其特点是具有较好的助焊作用,但由于酸值太高,因而具有一定的腐蚀性,残余的焊剂不容易清除且挥发物对人体有害。因此在电子产品的焊接中也不使用。

(3) 松香类焊剂。松香类焊剂属于树脂系列焊剂。这种焊剂的特点是有较好的助焊作用,且价格低廉、无腐蚀、绝缘性能好、稳定性高、耐湿性好、无污染、成本低及焊接后容易清洗。因此电子产品的焊接中,常使用此类焊剂。但松香类助焊剂使用时应注意以下几点。

① 松香类焊剂反复加热使用后会发黑(碳化),绝缘性能会下降,此时的松香不但没有助焊作用,且助焊剂中的残留物成为焊点中的杂质而造成焊点的虚焊,降低了焊点的质量。

② 在温度达到 60℃时,松香的绝缘性能会下降,松香易结晶,稳定性变差,且焊接后的残留物对发热元器件有较大的危害(影响散热)。

③ 存放时间过长的松香不宜使用,因为松香的成分会发生变化使活性变差,所以助焊效果也就变差进而影响焊接质量。

2. 清洗剂

在完成焊接操作后,焊点周围存在残余焊剂、油污、汗迹、灰尘以及多余的金属物等杂质,这些杂质对焊点有腐蚀、伤害作用,会造成绝缘电阻下降、电路短路或接触不良等,因此要对焊点进行清洗。

常用的清洗剂有以下几种。

(1) 无水乙醇。无水乙醇又称无水酒精,它是一种无色透明且易挥发的液体。其特点是易燃、吸潮性好,能与水及其他许多有机溶剂混合,可用于清洗焊点和印制电路板组装件上残留的焊剂和油污等。

(2) 航空洗涤汽油。航空洗涤汽油是由天然原油中提取的轻汽油,可用于精密部件和焊点的洗涤等。

(3) 三氯三氟乙烷(F113)。三氯三氟乙烷是一种稳定的化合物,在常温下为无色透明易挥发的液体,有微弱的醚的气味。它对铜、铝、锡等金属无腐蚀作用,对保护性的涂料(油漆、清漆)无破坏作用,在电子设备中常用作气相清洗液。

有时,也会采用三氯三氟乙烷和乙醇的混合物或用汽油和乙醇的混合物作为电子设备的清洗液。

3. 阻焊剂

阻焊剂是一种耐高温的涂料,其作用是保护印制电路板上不需要焊接的部位。使用时,将阻焊剂涂在不需要焊接的部位将其保护起来，使焊料只在需要焊接的焊点上进行。常见的印制电路板上没有焊盘的绿色涂层即为阻焊剂。

阻焊剂可分为热固化型阻焊剂、紫外线光固化型阻焊剂(又称光敏阻焊剂)和电子辐射固化型阻焊剂等几种。目前，常用的阻焊剂为紫外线光固化型阻焊剂。

使用阻焊剂的优点如下。

(1) 在焊接中，特别是在自动焊接技术中，可防止桥接、短路等现象发生，降低返修率，提高焊接质量。

(2) 焊接时，可减小印制电路板受到的热冲击，使印制板的板面不易起泡和分层。

(3) 在自动焊接技术中，使用阻焊剂后，除了焊盘其余部分均不上锡，可大大节省焊料。

(4) 阻焊剂使印制电路板受热少，可以降低电路板的温度，起到保护电路板和电路元器件的作用。

(5) 使用带有色彩的阻焊剂，使印制板的板面显得整洁美观。

任务二　手工焊接工具

电子产品制作中常用的手工焊接工具主要有电烙铁、电热风枪等。

一、电烙铁

手工焊接工具

1. 电烙铁的基本构成及分类

电烙铁是手工焊接中最为常见的工具，是电子整机装配人员必备的工具之一，用于各类电子整机产品的手工焊接、补焊、维修及更换元器件。

(1) 电烙铁的基本构成。电烙铁主要由烙铁芯、烙铁头和手柄三个部分组成。其中烙铁芯是电烙铁的发热部分，烙铁芯内的电热丝通电后，将电能转换成热能，并传递给烙铁头；烙铁头是储热部分，它储存烙铁芯传来的热量，并将热量传给被焊工件，对被焊接点部位的金属加热，同时熔化焊锡，完成焊接任务；手柄是手持操作部分，它是用木材、胶木或耐高温塑料加工而成，起隔热、绝缘作用。

电烙铁的电源线常选用橡胶绝缘导线或带有棉织套的花线，而不使用塑胶绝缘的导线，这是因为塑胶导线的熔点低、易被烙铁的高温烫坏。

(2) 电烙铁的分类。电烙铁的种类很多，根据加热方式可分为内热式和外热式两种；根据功能可分为吸锡电烙铁、恒温电烙铁、防静电电烙铁及自动送锡电烙铁等；根据功率大小可分为小功率电烙铁、中功率电烙铁、大功率电烙铁。

2. 内热式电烙铁

内热式电烙铁的外形及内部结构如图 3.1 所示。由于这种电烙铁的发热部分(烙铁芯)安装于烙铁头内部，其热量由内向外散发，故称为内热式电烙铁。

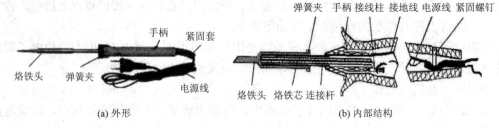

图 3.1　内热式电烙铁

(1) 内热式电烙铁的特点。由于内热式电烙铁的烙铁芯安装在烙铁头的里面，因而其具有热效率高(高达 85%～90%)、烙铁头升温快、耗电省、体积小、重量轻、价格低的优点。但由于结构的原因，内热式烙铁芯在使用过程中温度集中，产生的高温容易导致烙铁头氧化、烧死，造成连续熔焊能力差，长时间通电工作，电烙铁易烧坏，因而内热式烙铁寿命较短，不适合做大功率的烙铁。

(2) 内热式电烙铁的规格。内热式电烙铁多为小功率，常用的有 20 W、25 W、35 W、50 W 等。功率越大其外形、体积越大，烙铁头的温度就越高。

焊接集成电路、晶体管及受热易损元器件时，应选用小于等于 25 W 的内热式电烙铁；焊接导线、同轴电缆或较大的元器件(如行输出变压器、大电解电容器等)时，可选用 35 W～50 W 的内热式电烙铁；焊接金属底盘接地焊片时，应选用大于 50 W 的内热式电烙铁。内热式电烙铁特别适合修理人员或业余电子爱好者使用，也适合偶尔需要临时焊接的工种，如调试、质检等。

3. 外热式电烙铁

如图 3.2 所示为常用的直立型外热式电烙铁的内部结构。其烙铁头安装在烙铁芯的里面，即产生热能的烙铁芯在熔铁头外面，其热量由外向内渗透，故称为外热式电烙铁。

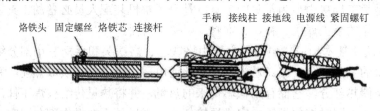

图 3.2　直立型外热式电烙铁的内部结构

外热式电烙铁常用的有直立型和 T 型两种类型，如图 3.3 所示。其中，直立型外热式电烙铁是专业电子装配的首选电烙铁，而 T 型外热式电烙铁具有烙铁头细长、调整方便、焊接温度调节方便、操作方便等优点，主要用于焊接装配密度高的电子产品。

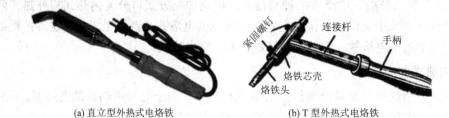

(a) 直立型外热式电烙铁　　　　　　(b) T 型外热式电烙铁

图 3.3　外热式电烙铁的外形结构

(1) 外热式电烙铁的特点。由于外热式电烙铁的烙铁芯安装在烙铁头的外面，烙铁芯在传递热量给烙铁头的同时，也在不断地散热，从而平衡电烙铁的焊接温度，因而外热电烙铁的工作温度平稳，焊接时不易烫坏元器件、连续熔焊能力强、使用寿命长。但由于其结构的原因，外热式电烙铁的体积大、热效率低、耗电大、升温速度较慢(一般要预热 6～7 分钟才能焊接)。

(2) 外热式电烙铁的选用。外热式电烙铁的规格很多，常用的有 25 W、30 W、40 W、50 W、60 W、75 W、100 W、150 W、300 W 等多种规格。外热式电烙铁的体积较大，焊小型器件时显得不方便。一些大器件(如屏蔽罩)的焊接要采用大功率电烙铁，大功率的电烙铁通常是外热式的。

一般电子产品制作中，多选用 45 W 的外热式电烙铁。

4. 温控式电烙铁

温控式电烙铁是指焊接温度可以控制的电烙铁，亦称为恒温(调温)电烙铁。

恒温电烙铁可以设定在一定的温度范围内，并自动调节、保持恒定焊接温度。普通电烙铁在长时间连续加热后，烙铁头的温度会越来越高，导致焊锡氧化，造成焊点虚焊，影响焊接质量；同时由于温度过高，易损坏被焊元器件，且使烙铁头氧化加速和烙铁芯变脆，使电烙铁的使用寿命大大缩短。所以在要求较高的场合，宜采用恒温电烙铁。

常用的恒温电烙铁有磁控恒温烙铁(图 3.4 所示)和热电耦检测控温式自动调温恒温电烙铁(图 3.5 所示)两种。

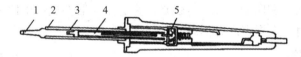

1—烙铁头；2—烙铁芯；3—磁性传感器；4—永久磁铁；5—磁性开关

图 3.4　磁控恒温烙铁

图 3.5(b)所示自动调温恒温电烙铁具有防静电功能，它又称为防静电焊接台。其控制台部分具有良好的保护接地，主要完成对烙铁的去静电、恒温等功能，同时兼有烙铁架功能，常用于温度较敏感的 CMOS 集成块、晶体管等，以及计算机板卡、手机等维修场合。

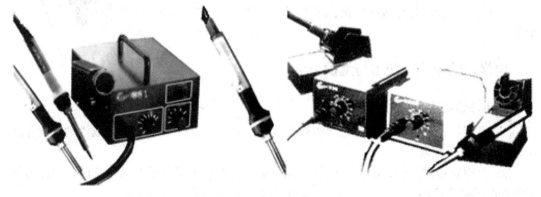

(a) 带气泵型自动调温恒温电烙铁(含吸锡电烙铁)　　　(b) 防静电型自动调温恒温电烙铁(两台)

图 3.5　自动调温恒温烙铁

恒温电烙铁的主要特点如下。

(1) 省电。恒温电烙铁是断续通电加热，它比普通电烙铁节电约 1/2 左右。

(2) 使用寿命长。恒温电烙铁的温度变化范围很小，电烙铁不会出现过热而损坏烙铁和烙铁芯的现象，其使用寿命长。

(3) 焊接温度调节方便，焊接质量高。由于焊接温度保持在一定范围内，并可自行设定焊接温度范围，故被焊接的元器件不会因焊接温度过高而损坏，且焊料不易氧化，可减少虚焊，保证焊接质量。

(4) 价格高。由于其制作工艺和内部结构复杂且功能多，因而价格高。

5. 吸锡电烙铁

吸锡电烙铁是在普通电烙铁的基础上增加吸锡机构，使其具有加热、吸锡两种功能，如图 3.6 所示。它具有使用方便、灵活、适用范围宽等特点。

吸锡电烙铁用于方便地拆卸电路板上的元器件，常用于电子元器件的更换和维修以及调试电子产品的场合。操作时，先用吸锡电烙铁加热焊点，等焊点的焊锡熔化后，按动吸锡开关，可将焊盘上的熔融状焊锡吸走，此时元器件就可拆卸下来。

图 3.6　吸锡电烙铁

使用吸锡电烙铁拆卸元器件具有操作方便、能够快速吸空多余焊料、拆卸元器作的效率高、不易损伤元器件和印制电路板等优点，为更换元器件提供了便利。吸锡电烙铁的不足之处是每次只能对一个焊点进行拆焊。

6. 自动送锡电烙铁

自动送锡电烙铁是在普通电烙铁的基础上增加了焊锡丝输送机构，该电烙铁能在焊接时将焊锡自动输送到焊接点，如图 3.7 所示。

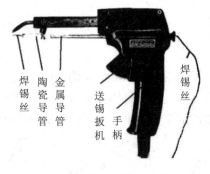

操作自动送锡电烙铁时，可使操作者腾出一只手(原来拿焊锡的手)来固定工件，因而在焊接活动的工件时特别方便，如进行导线的焊接、贴片元器件的焊接等。

图 3.7　自动送锡电烙铁

二、电烙铁的检测、使用与维护

1. 电烙铁的检测

(1) 目测。查看电源线有无松动和被烫破露出芯线、烙铁头有无氧化或松动、固定螺丝有无松动脱落现象。

(2) 万用表检测。若目测没有问题，但电烙铁通电后不发热或升温不高时，可用万用表测试电源插头两端的电阻，正常时，测试的电阻值应该在几百欧姆。

若测试电源插头两端的电阻为无穷大时，有可能出现电源插头的接头断开、烙铁芯内的电阻丝与电源线断开或烙铁芯内部的电阻丝断开等故障。

若测试的电阻值在几百欧姆，但烙铁头的温度不高，则要检查烙铁头是否氧化或烙铁头是否拉出。

若测试的电阻值为零，说明电烙铁内部出现短路故障，此时一定要排除短路故障后才能通电使用，否则易造成一连串的短路而损坏电源电路。

2. 电烙铁的使用

电烙铁加热使用时的注意事项如下。

(1) 电烙铁加热使用时，不能用力敲击、甩动。因为电烙铁通电后，其烙铁芯中的电热丝和绝缘瓷管变脆，敲击易使烙铁芯中的电热丝断裂和绝缘瓷管破碎，使烙铁头变形、损伤。当烙铁头上的焊锡过多时，可用布擦掉，切勿甩动电烙铁，以免飞出的高温焊料危及人身、物品安全。

(2) 加热及焊接过程中，电烙铁的放置及处理。电烙铁加热或暂时停焊时，不能随意放置在桌面上，应把烙铁头支放在烙铁架上，可避免烫坏其他物品。注意电源线不可搭在烙铁头上，以防烫坏绝缘层而发生触电事故或短路事故。

电烙铁较长时间不用时，要把电烙铁的电源插头拔掉。长时间在高温下会加速烙铁头的氧化，从而影响焊接性能，烙铁芯的电阻丝也容易烧坏，降低电烙铁的使用寿命。

(3) 烙铁头温度的调节。烙铁头的温度可通过调节烙铁头伸出的长度来改变。烙铁头从烙铁芯拉出越长，烙铁头的温度相对越低，反之温度越高。也可以利用更换烙铁头的大小及形状达到调节温度的目的，烙铁头越细温度越高，烙铁头越粗则相对温度越低。

(4) 焊接结束后，电烙铁的处理。焊接结束后，应及时切断电烙铁的供电电源。待烙铁头冷却后，用干净的湿布清洁烙铁头，并将电烙铁收回工具箱。

3. 电烙铁的维护

(1) 安全性检测。新买的电烙铁先要用万用表的电阻挡检查一下插头与金属外壳之间的电阻值，正常时其电阻值为无穷大(表现为万用表指针不动)，否则应该将电烙铁拆开检查。

采用塑料电线作为电烙铁的电源线是不安全的，因为塑料电线容易被烫伤、破损，易造成短路或触电事故。建议在电烙铁使用前换用橡皮花线。

(2) 新烙铁头的处理。普通的新烙铁第一次使用前，其烙铁头要先进行镀锡处理。方法是将烙铁头用细砂纸打磨干净，然后浸入松香水，沾上焊锡在硬物(例如木板)上反复研磨，使烙铁头各个面全部镀锡。这样可增强其焊接性能和防止氧化。但对经特殊处理的长寿烙铁头，其表面一般不能用锉刀去修理，因烙铁头端头表面镀有特殊的抗氧化层，一旦镀层被破坏后，烙铁头就会很快被氧化而报废。

(3) 烙铁头的维护。对使用过的电烙铁，应经常用浸水的海绵或干净的湿布擦拭烙铁头，以保持烙铁头的清洁。

烙铁头长时间使用后，由于烙铁头长时间工作在高温状态，会出现烙铁头发黑、碳化等氧化现象，使温度上升减慢、焊点易夹杂氧化物杂质而影响焊点质量；同时烙铁头工作面也会变得凹凸不平而影响焊接。这时可用小锉刀轻轻锉去烙铁头表面氧化层，将烙铁头工作面锉平。在露出紫铜的光亮后，立即将烙铁头浸入熔融状的焊锡中，进行镀锡(上锡)处理。

烙铁芯和烙铁头是易损件，其价格低廉，很容易更换。但不同规格的烙铁芯和烙铁头不能通用互换。

三、烙铁头的选择技巧

烙铁头是用热传导性能好、高温不易氧化的铜合金材料制成的，为保护在焊接的高温条件下不被氧化生锈，常将烙铁头做电镀处理。

烙铁头的温度与烙铁头的形状、体积、长短等都有一定关系。不论是何种类型的电烙铁，烙铁头的形状都要适应被焊元器件的形状、大小、性能以及电路板的要求，不同的焊接场合要选择不同形状的烙铁头。

常见的烙铁头形状有锥形、凿形、圆斜面形等，如图 3.8 所示。不同形状的烙铁头其含热量不同，焊接温度也不同。如表面积较大的圆斜面形是烙铁头的通用形式，其传热较快，适用于单面板上焊接不太密集且焊接面积大的焊点；凿形和半凿形烙铁多用于电气维修工作；尖锥形和圆锥形烙铁适用于焊接空间小、焊接密度高的焊点或用于焊接体积小而怕热的元器件。

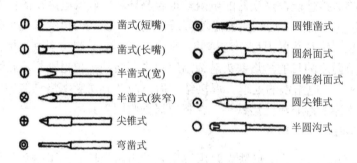

图 3.8　烙铁头的形状

四、电热风枪

电热风枪是专门用于焊装或拆卸表面贴装元器件的专用焊接工具，它利用高温热风作为加热源，同时加热焊锡膏、电路板及元器件引脚，使焊锡膏熔化，从而实现焊装或拆焊的目的。

电热风枪由控制台和电热风吹枪组成，如图3.9 所示，电热枪内装有电热丝和电风扇，控制台完成温度及风力的调节。

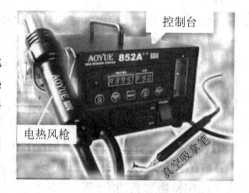

图 3.9　电热风枪

五、焊接用辅助工具及使用

焊接时，除使用电烙铁等焊接工具之外，还经常要借助一些辅助工具帮助焊接。焊接用的辅助工具通常有烙铁架、小刀、细砂纸、尖嘴钳、镊子、斜口钳、吸锡器等。

1. 烙铁架

使用电烙铁实施焊接时，要借助于烙铁架存放松香或焊锡等焊接材料，在焊接的空闲时间，电烙铁要放在特制的烙铁架上，以免烫坏其他物品。常用的烙铁架如图 3.10 所示。

图 3.10　烙铁架

2. 小刀与细砂纸

焊接前，可使用小刀或细砂纸等对元器件引脚或印制电路板的焊接部位进行去除氧化层处理。

(1) 去除元器件引脚或导线芯线的氧化层。当元器件引脚或导线芯线发暗、无光泽时，说明元器件引脚或导线芯线已经被氧化了，可使用小刀或细砂纸刮去(或打磨)元器件金属引线表面或导线芯线的氧化层，对于集成电路的引脚可使用绘图橡皮擦拭去除氧化层，使引脚露出金属光泽表示氧化层已清除，然后立即进行搪锡处理。如图 3.11 所示。

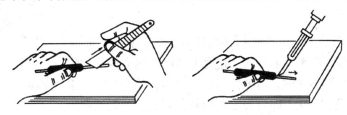

图 3.11　元器件引脚去除氧化层的处理

(2) 去除印制电路板铜箔的氧化层。当印制电路板铜箔面发暗、无光泽时，说明印制电路板已经被氧化了，这时可用细砂纸将印制电路板的铜箔面轻轻打磨，直至打出光泽后，立即用干净布擦拭干净，再涂上一层松香酒精溶液即可。

经过处理后的元器件引脚和印制电路板就可以正式焊接了。

3. 尖嘴钳与镊子

(1) 进行元器件引脚的成形。焊接前，使用尖嘴钳或镊子对元器件的引脚成形，如图 3.12 所示。

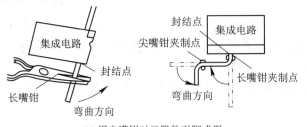

(a) 用尖嘴钳对元器件引脚成形　　　　　　(b) 用镊子对元器件引脚成形

图 3.12　元器件引脚成形

（2）镊子的其他作用。在焊接过程中，用镊子夹持元器件引脚，可以帮助元器件在焊接过程中散热，避免焊接温度过高损坏元器件，同时可避免烫伤持焊接元器件的手，如图3.13(a)所示。焊接结束时，使用镊子轻轻摇动元器件引脚，检查元器件的焊接是否牢固，如图3.13(b)所示。

 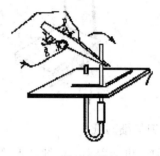

（a）帮助焊接　　　　　　　　　　　　　　（b）检查焊接情况

图 3.13　镊子的辅助作用

4. 斜口钳

在装接前，使用斜口钳剪切导线。元器件安装焊接无误时，使用斜口钳剪去多余的元器件引脚。如图 3.14 所示。

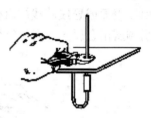

5. 吸锡器

吸锡器的作用是协助电烙铁拆卸电路板上的元器件。操作时，左手持吸锡器，右手持电烙铁，先用电烙铁加热需拆除的焊点，待焊点上的焊锡熔化时，用吸锡器嘴对准熔化的焊锡，左手按动吸锡器上的吸锡开关，即可吸去熔化状的焊锡，使元器件的引脚与焊盘分离。为新元器件的安装做好准备。

图 3.14　斜口钳的作用

任务三　手工焊接技术

手工焊接是焊接技术的基础，也是电子产品制作人员必须要掌握的一项基本操作技能。手工焊接技术适合于电子产品的研发试制、小批量生产、调试与维修以及某些不适合自动焊接的场合。

手工焊接技术

一、手工焊接的操作要领

手工焊接是一项实践性很强的技能，在掌握手工焊接的操作要领后，多练习、多实践才能获得较好的焊接质量。

学好手工焊接的要点是保证正确的焊接姿势，熟练掌握焊接的基本操作方法。

1. 正确的焊接姿势

掌握正确的操作姿势，可以保证操作者的身心健康，减轻劳动伤害。手工焊接一般采用坐姿焊接，工作台和坐椅的高度要合适。在焊接过程中，为减小焊料、焊剂挥发的化学物质对人体的伤害，同时保证操作者的焊接便利，要求焊接时电烙铁离操作者鼻子的距离以 20 cm～30 cm 为佳。

2. 电烙铁的握持方法

(1) 反握法。反握法如图 3.15(a)所示。反握法对被焊件的压力较大，适合于较大功率的电烙铁(75W)对大焊点的焊接操作。

(2) 正握法。正握法如图 3.15(b)所示。正握法适用于中功率的电烙铁及带弯头的电烙铁的操作，或用于直烙铁头在大型机架上的焊接。

(3) 笔握法。笔握法如图 3.15(c)所示。笔握法类似于写字时手拿笔的姿势，该方法适用于小功率的电烙铁，焊接印制板上的元器件及维修电路板时以笔握式较为方便。

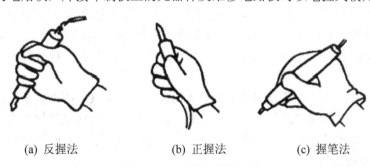

(a) 反握法　　　　　　(b) 正握法　　　　　　(c) 握笔法

图 3.15　电烙铁的握持方法

3. 焊锡丝的握持方法

焊接时，通常是左手拿持焊锡丝，右手握持电烙铁进行焊接操作。握持焊锡丝的方法主要包括断续送焊锡丝法和连续送焊锡丝法，如图 3.16 所示。

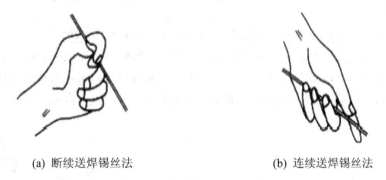

(a) 断续送焊锡丝法　　　　　　　　(b) 连续送焊锡丝法

图 3.16　握持焊锡丝的方法

4. 加热焊点的方法

焊接时，电烙铁必须同时加热焊接点上的所有被焊金属。如图 3.17 所示，烙铁头是放在被焊的导线和印制板铜箔之间的，这样可以同时加热导线和印制板铜箔，容易形成良好的焊点，烙铁头接触印制板的最佳焊接角度为 $\theta = 30°\sim50°$。

5. 焊料的供给方法

手工焊接时，一般是右手拿电烙铁加热元器件和电路板，左手拿焊锡丝送往焊接点进行融化焊锡焊接，如图 3.18 所示。

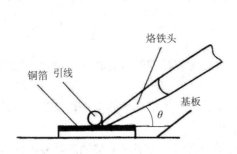

图 3.17　电烙铁加热焊点的方法

图 3.18　焊料的供给方法

焊料供给的操作要领是先同时加热被焊件(需要焊接的元器件和电路板),当被焊件加热到一定的温度时,先在图 3.18 的①处(烙铁头与焊接件的结合处)供给少量焊料,然后将焊锡丝移到②处(距烙铁头加热的最远点)供给合适的焊料,直到焊料润湿整个焊点时便可撤去焊锡丝。

注意:焊接过程中,不要使用烙铁头作为运载焊锡的工具。因为处于焊接状态的烙铁头的温度很高,一般都在 350℃以上,用烙铁头融化焊锡后运送到焊接面上焊接时,焊锡丝中的助焊剂在高温时分解失效,同时焊锡会过热氧化,造成焊点质量低或出现焊点缺陷。

6. 电烙铁的撤离方法

电烙铁结束焊接时,其撤离方向、角度决定了焊点上焊料的留存量和焊点的形状。如图 3.19 所示为电烙铁撤离方向与焊料留存量的关系。手工焊接者可根据实际需要,选择电烙铁不同的撤离方法。

图 3.19(a)中,电烙铁以 45°的方向撤离,带走少量焊料,使焊点圆滑、美观,是焊接时较好的撤离方法。

图 3.19(b)中,电烙铁垂直向上撤离,焊点容易产生拉尖、毛刺。

图 3.19(c)中,电烙铁以水平方向撤离,带走大量焊料,可在拆焊时使用。

图 3.19(d)中,电烙铁沿焊点向下撤离,带走大部分焊料,可在拆焊时使用。

图 3.19(e)中,电烙铁沿焊点向上撤离,带走少量焊料,但焊点的形状不好。

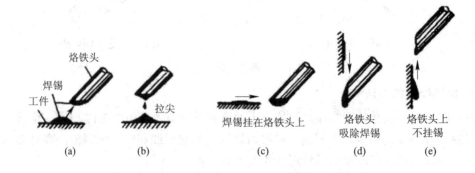

图 3.19　电烙铁的撤离方向与焊料的留存量

掌握上述撤离方向,就能控制焊料的留存量,使每个焊点符合要求。

二、手工焊接的操作方法

1. 五步操作法

五步操作法如图 3.20 所示，包括准备、加热、加焊料、撤离焊料、移开烙铁等五个步骤。

图 3.20　五步操作法

(1) 准备工作。焊接前把被焊件(导线、元器件、印制电路板等)、焊接工具(电烙铁、镊子、斜口钳、尖嘴钳、剥线钳等)和焊接材料(焊料、焊剂等)准备好，并清洁工作台面，做好元器件的预加工、引脚成形及导线端头的处理等准备工作。

(2) 加热过程。用电烙铁加热被焊件，使焊接部位的温度上升至焊接所需要的温度。

注意： 合适的焊接温度是形成良好焊点的保证。温度太低，焊锡的流动性差，在焊料和被焊金属的接触面难以形成合金，不能起到良好的连接作用，并会造成虚焊(假焊)的结果；温度过高，易造成元器件损坏、电路板起翘、印制板上铜箔脱落，还会加速焊剂的挥发，被焊金属表面氧化，造成焊点夹渣而形成缺陷。

焊接的温度与电烙铁的功率、焊接的时间、环境温度有关。保证合适的焊接温度，可以通过选择电烙铁和控制焊接时间来调节。真正掌握焊接的最佳温度，获得最佳的焊接效果，还需进行严格的训练，要在实际操作中去体会。

(3) 加焊料。当焊件加热到一定的温度后，即在烙铁头与焊接部位的结合处以及对称的一侧，加上适量的焊料。焊料的供给方法如图 3.18 所示。

(4) 撤离焊料。当适量的焊料熔化后，迅速向左上方撤离焊料，然后用烙铁头沿着焊接部位将焊料沿焊点转动一个角度(一般旋转 45°～ 180°)，确保焊料覆盖整个焊点。

(5) 移开烙铁。当焊点上的焊料充分润湿焊接部位时，立即向右上方 45° 左右的方向移开电烙铁，结束焊接。电烙铁的撤离方法如图 3.19(a)所示。

注意： 移开烙铁的伊始，由于焊点刚刚形成但还没有完全凝固，因而不能移动被焊件之间的位置，否则由于被焊件相对位置的改变会使焊点结晶粗大(呈豆腐渣状)、无光泽或有裂纹，影响焊点的机械强度，甚至造成虚焊现象。焊接时，若发现焊点拉尖(也称拖尾)时，可用烙铁头在松香上蘸一下，再补焊即可消除。

五步操作法中的(2)～(5)的操作过程，一般要求在 2～3 s 的时间内完成。实际操作中，具体的焊接时间还要根据环境温度的高低、电烙铁的功率大小以及焊点的热容量来确定。

2. 三步操作法

在五步操作法运用得较熟练且焊点较小的情况下，可采用三步法完成焊接，如图 3.21 所示。即将五步法中的(2)、(3)步合为一步，即加热被焊件和加焊料同时进行；(4)、(5)步合为一步，即同时移开焊料和烙铁头。

图 3.21　三步操作法

三、易损元器件的焊接技巧

易损元器件是指在焊接过程中，因为受热或接触电烙铁容易造成损坏的元器件，如集成电路、MOS 器件、有机铸塑元器件(如一些开关、接插件、双联电容、继电器等)。集成电路和 MOS 器件的最大弱点是易受到静电的干扰损坏及热损坏，有机铸塑元器件的最大弱点是不能承受高温。

易损元器件的焊接技巧如下。

(1) 焊接前，做好易损元器件的表面清洁、引脚成形和搪锡等准备工作。集成电路的引脚清洁可用无水酒精清洗或用绘图橡皮擦干净，不需用小刀刮或砂纸打磨。

(2) 选择尖形的烙铁头，保证焊接每一个引脚时不会碰到相邻的引脚，不会造成引脚之间的锡焊桥接短路。

(3) 焊接集成电路或 MOS 器件时，最好使用防静电恒温电烙铁，焊接时间要控制好(每个焊点不超过 3 秒)，切忌长时间反复烫焊，防止由于电烙铁的微弱漏电而损坏集成电路(MOS 器件)或温度过高烫坏集成电路(MOS 器件)。

(4) 焊接集成电路最好先焊接地端、输出端、电源端，然后再焊输入端。对于那些对温度特别敏感的元器件，可以用镊子夹上蘸有无水乙醇(酒精)的棉球保护元器件根部，使热量尽量少传导到元器件上。

(5) 焊接有机铸塑元器件时少用焊剂，避免焊剂浸入有机铸塑元器件的内部而造成元器件的损坏。

(6) 焊接有机铸塑元器件时，不要对其引脚施加压力，焊接时间越短越好，否则极易造成元器件塑性变形，导致元器件性能下降或损坏。如图 3.22 所示。

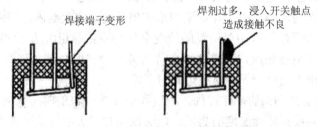

图 3.22　有机铸塑元器件的不当焊接

四、手工焊接的工艺要求

(1) 保持烙铁头的清洁。焊接时，烙铁头长期处于高温状态，其表面很容易氧化，这就使烙铁头的导热性能下降，影响了焊接质量，因此要随时清洁烙铁头。通常的做法是用一块湿布或一块湿海绵擦拭烙铁头，以保证烙铁头的清洁。

(2) 采用正确的加热方式。加热时，应该让焊接部位均匀地受热。正确的加热方式是根据焊接部位的形状选择不同的烙铁头，让烙铁头与焊接部位形成面的接触而不是点的接触，这样就可以使焊接部位均匀受热，以保证焊料与焊接部位形成良好的合金层。

(3) 焊料、焊剂的用量要适中。焊料适中则焊点美观、牢固；焊料过多则浪费焊料，延长了焊接时间，并容易造成短路故障；焊料太少则焊点的机械强度降低，容易脱落。

适当的焊剂有助于焊接，焊剂过多则易出现焊点的"夹渣"现象，造成虚焊故障。若采用松香芯焊锡丝，因其自身含有松香助焊剂，所以无须再用其他的助焊剂。

(4) 烙铁撤离方法的选择。烙铁头撤离的时间和方法直接影响焊点的质量。当焊点上的焊料充分润湿焊接部位时，才能撤离烙铁头，且撤离的方法应根据焊接情况选择。烙铁头撤离的方法及特点，可参考前面"手工焊接的操作要领"中的"电烙铁的撤离方法"及图 3.19 电烙铁的撤离方向与焊料的留存量。

(5) 焊点的凝固过程。焊料和电烙铁撤离焊点后，被焊件应保持相对稳定，并让焊点自然冷却，严禁用嘴用力吹或采取其他强制性的冷却方式。应避免被焊件在凝固之前因相对移动或强制冷却而造成的虚焊现象。

(6) 焊点的清洗。为确保焊接质量的持久性，待焊点完全冷却后，应对残留在焊点周围的焊剂、油污及灰尘进行清洗，避免污物长时间慢慢地侵蚀焊点造成后患。

任务四　焊点的质量分析

焊点的质量分析

一、焊点的质量要求

(1) 电气接触良好。良好的焊点应该具有可靠的电气连接性能，不允许出现虚焊、桥接等现象。

(2) 机械强度可靠。焊接不仅起到电气连接的作用，同时也要固定元器件和保证机械连接，这就是机械强度的问题。电子产品完成装配后，由于搬运、使用或自身信号传播等原因，会或多或少地产生振动。因此要求焊点具有可靠的机械强度，以保证使用过程中，不会因正常的振动而导致焊点脱落。焊料多则机械强度大，焊料少则机械强度小。但不能因为增大机械强度而在焊点上堆积大量的焊料，这样容易造成虚焊、桥接短路的故障。

通常焊点的连接形式有插焊、弯焊、绕焊、搭焊等 4 种，如图 3.23 所示。弯焊和绕焊的机械强度高、连接可靠性好，但拆焊困难；插焊和搭焊连接最方便，但机械强度和连接可靠性稍差。在印制电路板上进行焊接时，由于所使用的元器件重量轻，使用过程中振动不大，所以常采用插焊形式。在调试或维修中，通常采用搭焊作为临时焊接的形式使装拆方便，也不易损坏元器件和印制电路板。

(3) 焊量合适、焊点光滑圆润。从焊点的外观来看，一个良好的焊点应该是明亮、清洁、光滑圆润、焊锡量适中并呈裙状拉开，焊锡与被焊件之间没有明显的分界，这样的焊点才是合格、美观的，如图 3.24 所示。

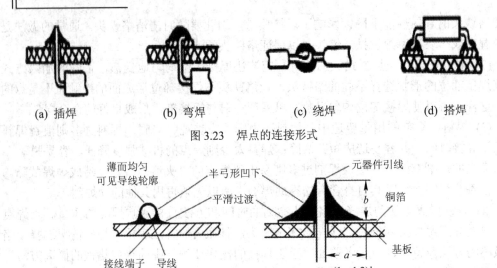

(a) 插焊　　　　　(b) 弯焊　　　　　(c) 绕焊　　　　　(d) 搭焊

图 3.23　焊点的连接形式

图 3.24　良好焊点的外观

二、焊点的检查方法

焊接是电子产品制作中的一个重要环节，为保证产品的质量，在焊接结束后，要对焊点的质量进行检查。焊点的检查通常采用目视检查、手触检查和通电检查的方法。

1. 目视检查

目视检查是指通过肉眼从焊点的外观上检查焊接质量是否合格，焊点是否有缺陷。目视检查可借助于 3～10 倍放大镜、显微镜进行观察检查。目视检查的主要内容如下所述。

(1) 是否有错焊、漏焊、虚焊和连焊。

(2) 焊点的光泽好不好，焊料足不足。

(3) 是否有桥接现象。

(4) 焊点有没有裂纹。

(5) 焊点是否有拉尖现象。

(6) 焊盘是否有起翘或脱落情况。

(7) 焊点周围是否有残留的焊剂。

(8) 导线是否有部分或全部断线、外皮烧焦、露出芯线的现象。

(9) 焊接部位有无热损伤和机械损伤现象。

2. 手触检查

在外观检查中发现有可疑现象时，可用手触进行检查，即用手触摸、轻摇焊接的元器件，看元器件的焊点有无松动、焊接不牢的现象。也可用镊子夹住元器件引线轻轻拉动，看有无松动现象。手触检查可检查导线、元器件引线与焊盘是否结合良好，有无虚焊现象；元器件引线和导线根部是否有机械损伤。

3. 通电检查

通电检查必须在目视检查和手触检查无错误的情况之后进行，这是检验电路性能的关键步骤。通电检查可以发现许多微小的缺陷，例如用目测观测不到的电路桥接，印制线路的断裂等。通电检查焊接质量的结果和原因分析如表 3-3 所示。

表 3-3　通电检查焊接质量的结果和原因分析

通电检查结果		原因分析
元器件损坏	失效	元器件失效、成形时元器件受损、焊接过热损坏
	性能变坏	元器件早期老化、焊接过热损坏
导电不良	短路	桥接、错焊、金属渣(焊料、剪下的元器件引脚或导线引线等)引起的短接等
	断路	焊锡开裂、松香夹渣、虚焊、漏焊、焊盘脱落、印制导线断裂、插座接触不良等
	接触不良、时通时断	虚焊、松香焊、多股导线断丝、焊盘松脱等

三、焊点的常见缺陷及原因分析

由于焊接方法不对或使用的焊料、焊剂不当或被焊件表面氧化、有污物时，极易造成焊点缺陷，影响电子产品的质量。

焊点的常见缺陷有虚焊、拉尖、桥接、球焊(堆焊)、印制电路板铜箔起翘、焊盘脱落、导线焊接不当等。

1. 虚焊

虚焊又称假焊，是指焊接时焊点内部没有真正形成连接作用的现象，如图 3.25(a)、(b)所示。虚焊点是焊接中最常见的缺陷，也是最难发现的焊接质量问题。在电子产品的故障中，有将近一半是由于虚焊造成的。虚焊是电路可靠性的一大隐患，必须严格避免。

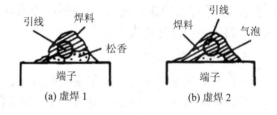

图 3.25　虚焊现象
(a) 虚焊 1　　(b) 虚焊 2

造成虚焊的主要原因是未做好清洁，元器件引线或焊接面氧化或有杂质，助焊剂(松香)用量过多，焊锡质量差，焊接温度掌握不当(温度过低或加热时间不足)，焊接结束但焊锡尚未凝固时移动被焊接元器件等。

虚焊造成电路的电气连接不良，信号时有时无，噪声增加，电路工作不正常，导致产品会出现一些难以判断的"软故障"。

有些虚焊点的内部开始时有少量连接部分，在电路开始工作时没有暴露出其危害，随着时间的推移，外界温度、湿度的变化以及电子产品使用时的振动等，虚焊点内部的氧化逐渐加强，连接点越来越小，最后脱落成浮置状态。这时产品出现一些难以判断的"软故障"，导致电路工作时好时坏，最终完全不能工作。

2. 桥接

桥接是指焊锡将电路之间不应连接的地方误焊接起来的现象，如图 3.26 所示。

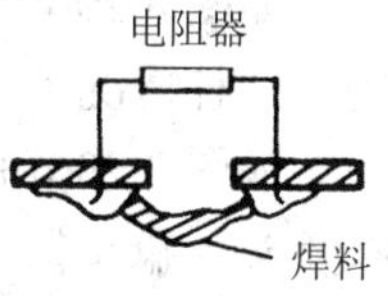

图 3.26　桥接现象

造成桥接的主要原因是焊锡用量过多、电烙铁使用不当(如烙铁撤离焊点时角度过小);导线端头处理不好(芯线散开)、残留的元器件引脚或导线、散落的焊锡珠等金属杂物也会造成不易觉察的细微桥接;在自动焊接过程中,焊料槽的温度过高或过低也会造成桥接。

桥接造成元器件的焊点之间短路,电子产品出现电气短路时有可能使相关电路的元器件损坏,这在对超小元器件及细小印制电路板进行焊接时尤其需要注意。

3. 拉尖

拉尖是指焊点表面有尖角、毛刺的现象,如图 3.27 所示。

造成拉尖的主要原因是烙铁头离开焊点的方向(角度)不对、电烙铁离开焊点太慢、焊料质量不好、焊料中杂质太多、焊接时的温度过低等。

拉尖造成的后果是外观不佳、易造成桥接,对于高压电路,有时会出现尖端放电。

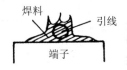

图 3.27 拉尖现象

4. 球焊(堆焊)

球焊(堆焊)是指焊锡用量过多,但焊点与印制板只有少量连接、焊点的形状像球形的锡堆积现象,如图 3.28 所示。

造成球焊的主要原因是印制板面有氧化物或杂质且焊料过多。

球焊造成的后果是由于被焊部件只有少量连接,因而其机械强度差,略微震动就会使连接点脱落,造成虚焊或断路故障。由于焊料过多,还易造成桥接。

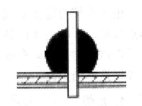

图 3.28 球焊(堆焊)现象

5. 印制板焊接缺陷

印制板焊接缺陷主要包括印制板铜箔起翘、焊盘脱落,表现为印制板上的铜箔部分脱离印制板的绝缘基板,或铜箔脱离基板并完全断裂。

印制板焊接缺陷的主要原因是焊接时间过长、温度过高、反复焊接或在拆焊时焊料没有完全熔化就拔取元器件。

印制板焊接缺陷的后果是印制板铜箔起翘、焊盘脱落,会使印制电路出现断路或元器件无法安装,甚至整个印制板损坏。

6. 导线焊接不当

导线焊接不当有多种现象,会引起电路的诸多故障,常见的故障现象有以下几种。

如图 3.29(a)所示,导线的芯线过长,容易使芯线碰到附近的元器件造成短路故障。

如图 3.29(b)所示,导线的芯线太短,焊接时焊料浸过导线外皮,容易造成焊点处出现空洞虚焊的现象。

如图 3.29(c)所示,导线的外皮烧焦、露出芯线的现象是由于烙铁头碰到导线外皮造成的。这种情况下,露出的芯线易碰到附近的元器件造成短路故障且外观难看。

如图 3.29(d)所示的摔线现象和如图 3.29(e)所示的芯线散开现象,这是因为导线端头没有捻头、捻头散开或烙铁头压迫芯线造成的。这种情况容易使芯线碰到附近的元器件造成短路故障,或出现焊点处接触电阻增大、焊点发热、电路性能下降等不良现象。

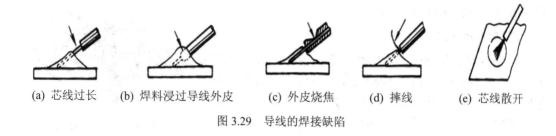

(a) 芯线过长　(b) 焊料浸过导线外皮　(c) 外皮烧焦　(d) 捭线　(e) 芯线散开

图 3.29　导线的焊接缺陷

任务五　手工拆焊

拆焊又称解焊，它是指把元器件从印制电路板原来已经焊接的安装位置上拆卸下来。当焊接出现错误、元器件损坏或进行调试、维修电子产品时，就要进行拆焊过程。

拆焊的过程与焊接的步骤相反。拆焊时，不能因为拆焊而破坏了整个电路或元器件，一定要注意找对应拆卸的元器件，不要出现错拆的情况。拆卸时，不损坏拆除的元器件及导线。拆焊时，不损坏印制电路板(包括焊盘与印制导线)。在拆焊过程中，应该尽量避免伤及附近的其他元器件或变动其他元器件的位置。若确实需要，则要做好复原工作。

手工拆焊的方法与技巧有以下几种。

1. 分点拆焊法

分点拆焊法是指对需要拆卸的元器件一个引脚、一个引脚逐个进行拆卸的方法。当需要拆焊的元器件引脚不多，且需拆焊的焊点距其他焊点较远时，可采用电烙铁进行分点拆焊。

1) 操作步骤

分点拆焊时，将印制板立起来，用镊子夹住被拆焊元器件的引脚，用电烙铁加热被拆元器件的一个引脚焊点，当焊点的焊锡完全熔化并与印制电路板没有黏连时，用镊子夹住元器件引脚，轻轻地把元器件的引脚拉出来；用同样的方法，将元器件的其他引脚逐个的拆卸，如图 3.30 所示。

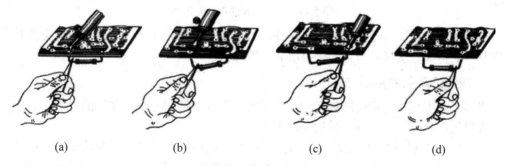

(a)　　　　　　(b)　　　　　　(c)　　　　　　(d)

图 3.30　分点拆焊法

2) 分点拆焊法的使用注意事项

分点拆焊法不宜在一个焊点多次使用，因为印制板线路和焊盘经反复加热后很容易脱落，造成印制板损坏。若待拆卸的元器件与印制板还有黏连时，不能硬拽下元器件，以免损伤拆卸元器件和印制电路板。

2. 集中拆焊法

图 3.31 集中拆焊法

集中拆焊法是指一次性拆卸一个元器件的所有引脚的方法。当需要拆焊的元件引脚不多，且拆焊点之间的距离很近时，可使用集中拆焊法，如图 3.31 所示。如拆焊立式安装的电阻、电容、二极管或小功率三极管等。

1) 操作步骤

集中拆焊时，使用电烙铁同时、快速、交替地加热被拆元器件的所有引脚焊点，待这几个焊点同时熔化后，一次拔出拆焊元器件。

2) 集中拆焊法的使用注意事项

要求操作者对电烙铁的操作熟练，加热焊点要迅速。一般在学会分点拆焊后，再练习集中拆焊法更好。

无论是采用分点拆焊法还是集中拆焊法，在拆下元器件后，应将焊盘上的残留焊锡清理干净。清理残留焊锡的方法是用电烙铁加热并熔化残留的焊锡，用吸锡器将焊盘上残留的焊锡吸干净。在焊锡为熔融状态时，用锥子或尖嘴镊子从铜箔面将焊孔扎通，为更换新元器件做好准备。

3. 断线拆焊法

断线拆焊法是指不用电烙铁加热，直接剪断被拆卸元器件引脚的拆卸方法，如图 3.32 所示。当被拆焊的元器件可能需要多次更换或已经拆焊过时，可采用断线拆焊法。断线拆焊法操作时，不需要对被拆焊的元器件进行加热，而是直接用斜口钳剪下元器件，但需留出被拆卸元器件的部分引脚，以便更换新元器件时连接用。

图 3.32 断线拆焊法更换元器件

断线拆焊法是一种过渡的拆卸元器件的方法。当更换的元器件确定不用再更换时，还需用其他的拆焊方法最后固定、更换新的元器件。

4. 吸锡工具(材料)拆焊法

吸锡工具拆焊法是指使用吸锡工具完成对元器件拆卸的方法。常用的吸锡工具包括吸锡器和吸锡电烙铁，它们是拆焊的专用工具。

(1) 吸锡工具拆焊的使用场合。当需要拆焊的元器件引脚多、引线较硬时，或焊点之间的距离很近且引脚较多时，如多引脚的集成电路拆焊，使用吸锡工具进行拆焊特别方便。

(2) 用吸锡材料拆焊。借助于吸锡材料(如屏蔽线编织层、细铜网等)拆卸印制电路板上元器件焊点。拆焊时，将吸锡材料加松香助焊剂后，贴到待拆焊的焊点上，用电烙铁加热吸锡材料，通过吸锡材料将融化的焊锡吸附，然后拆卸吸锡材料，焊点即被拆开。该方法常用于拆卸大面积、多焊点的电路。

任务六　自动焊接技术

自动焊接技术

在成批生产制作电子产品时,需要采用自动焊接技术完成对电子产品的焊接,以提高焊接的速度和效率。目前常用的自动焊接技术有浸焊、波峰焊、再流焊等几种。

一、浸焊技术

浸焊是最早期的批量焊接技术,它是将插装好元器件的印制电路板浸入有熔融状焊料的锡锅内,一次性完成印制电路板上所有焊点的自动焊接过程。

1. 浸锡设备

浸锡设备是一种适用于批量生产电子产品的焊接装置,用于对元器件引线、导线端头、焊片及接点、印制电路板的热浸锡。目前使用较多的有普通浸锡设备和超声波浸锡设备两种类型。

(1) 普通浸锡设备。普通浸锡设备是在一般锡锅的基础上加滚动装置及温度调整装置构成的,如图 3.33 所示。操作时,将待浸锡元器件先浸蘸助焊剂,再浸入锡锅。由于锡锅内的焊料不停地滚动,增强了浸锡效果。浸锡后要及时将多余的锡甩掉或用棉纱擦掉。

有些浸锡设备配有传动装置,使排列好的元器件匀速通过锡锅实现自动浸锡,这既可提高浸锡的效率,又可保证浸锡的质量。

(2) 超声波浸锡设备。超声波浸锡设备又称为超声波搪锡机,该设备由超声波发生器、换能器、水箱、焊料槽、加温控制设备等几部分组成。

超声波浸锡设备是通过向锡锅发射超声波来增强浸锡效果的,适于用一般锡锅浸锡较困难的元器件浸锡之用,其外形如图 3.34 所示。

图 3.33　普通浸锡设备

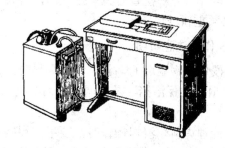

图 3.34　超声波浸锡设备

2. 浸焊的工艺流程

浸焊的工作过程示意图如图 3.35 所示。浸焊的工艺流程是插装元器件、喷涂焊剂、浸焊、冷却剪脚、检查修补等若干工艺,如图 3.36 所示。

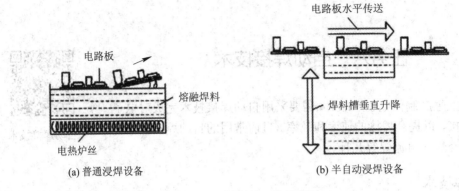

图 3.35　浸焊的工作示意图

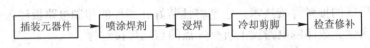

图 3.36　机器浸焊的工艺流程图

(1) 插装元器件。除不耐高温和不易清洗的元器件外，将所有需要焊接的元器件插装在印制电路板后，安装在具有振动头的专用设备上。进行浸焊的印制电路板只有焊盘可以焊接，印制导线部分被(绿色)阻焊层隔开。

(2) 喷涂焊剂。经过泡沫助焊槽，将安装好元器件的印制板喷上助焊剂，然后经红外加热器或热风机烘干助焊剂。

(3) 浸焊。由传动设备将喷涂好助焊剂的印制电路板运行至锡炉上方时，锡炉做上下运动或 PCB 做上下运动，使 PCB 浸入锡炉焊料内，浸入深度为 PCB 厚度的 1/2～2/3，浸锡时间为 3～5 秒，然后 PCB 以 15° 倾角离开浸锡位，移出浸锡机，完成焊接。锡锅槽内的温度控制在 250℃ 左右。

(4) 冷却剪脚。焊接完毕后，进行冷却处理，一般采用风冷方式冷却。待焊点的焊锡完全凝固后，送到切头机上，按标准剪去过长的引脚。一般引脚露出锡面的长度不超过2 mm。

(5) 检查修补。外观检查有无焊接缺陷，若有少量缺陷则用电烙铁进行手工修复；若缺陷较多则必须重新浸焊。

3. 浸焊操作的注意事项

(1) 注意浸焊锡锅温度的调整。熔化焊料时，锡锅应使用加温挡；当锅内焊料已充分熔化后，需及时转向保温挡。及时调整锡锅温度，可防止因温度过高造成焊料氧化，并节省电能消耗。

(2) 及时清理焊料。浸焊操作时，要根据锡锅内熔融状焊料表面杂质含量的多少，确定何时捞出锅内的杂质。在捞出杂质的同时，适当加入一些松香，以保持锡锅槽内的焊料纯度，提高浸焊质量。

(3) 注意操作安全。浸焊操作人员在工作时，要穿戴好安全防护服，避免高温烫伤。

4. 浸焊的特点

浸焊的生产效率较高、操作简单，适应批量生产，可消除漏焊现象。但是由于其浸焊槽内的焊锡表面是静止的，多次浸焊后，浸焊槽内焊锡表面会积累大量的氧化物等杂质，因而影响焊接质量，造成虚焊、桥接、拉尖等焊接缺陷，需要补焊修正。

焊槽温度掌握不当时，会导致印制板起翘、变形和元器件损坏，故浸焊操作时要注意温度的调整。

二、波峰焊技术

波峰焊接是指将插装好元器件的印制电路板与融化焊料的波峰接触，一次完成印制板上所有焊点焊接的过程。

波峰焊接机是利用焊料波峰接触被焊件，形成浸润焊点，从而完成焊接过程的焊接设备。波峰焊接机以自动化的机械焊接代替了手工焊接，其焊接效率高、焊接质量好。这种设备适用于印制线路板的焊接。

1. 波峰焊及其工艺流程

波峰焊接是利用焊锡槽内的机械泵，源源不断地泵出熔融焊锡，形成一股平稳的焊料波峰与插装好元器件的印制电路板接触，完成焊接过程，如图 3.37 所示。

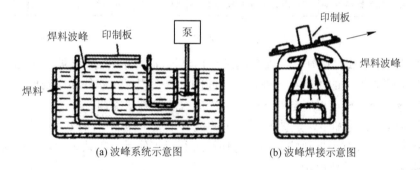

(a) 波峰系统示意图　　　(b) 波峰焊接示意图

图 3.37　波峰焊接工作过程图

波峰焊接的工艺流程如图 3.38 所示。它包括焊前准备、元器件插装、喷涂焊剂、预热、波峰焊接、冷却、检验修复及清洗等过程。

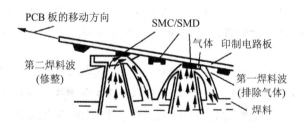

图 3.38　波峰焊接的工艺流程图

(1) 焊前准备。焊前准备包括元器件引脚搪锡、成形和印制电路板的准备及清洁等。

(2) 元器件插装。根据电路要求，将已成形的有关元器件插装在印制电路板上。一般采用半自动插装或全自动插装结合手工插装的流水作业方式。插装完毕后，将印制电路板装入波峰焊接机的夹具上。

(3) 喷涂焊剂。为了去除被焊件表面的氧化物，提高被焊件表面的润湿性，需要在波峰焊之前对被焊件表面喷涂一层助焊剂。其操作过程为，将已装插好元器件的印制板通过能控制速度的运输带送入喷涂焊剂装置，把焊剂均匀地喷涂在印制电路板及元器件引脚上。

焊剂的喷涂形式有发泡式、喷雾式、喷流式和浸渍式等，其中以发泡式最为常用。

(4) 预热。预热是对已喷涂焊剂的印制板进行预加热。其目的是去除印制电路板上的水分并激活焊剂，减小波峰焊接时给印制电路板带来的热冲击，提高焊接质量。一般预热温度为 70℃～90℃，预热时间为 40 s。可采用热风加热或用红外线加热。

目前波峰焊机基本上采用热辐射方式进行预热，最常用的有强制热风对流、电热板对流、电热棒加热及红外加热等。

(5) 波峰焊接。波峰焊接槽中的机械泵根据焊接要求，源源不断地泵出熔融焊锡，形成一股平稳的焊料波峰，经喷涂焊剂和预热后的印制电路板，由传送装置送入焊料槽与焊料波峰接触，完成焊接过程。

波峰焊接的方式有单波(λ 波)焊接和双波(扰流波和 λ 波)焊接。通孔插装的元器件常采用单波焊接的方式，混合技术组装件的印制电路板一般采用双波焊接的方式进行，双波峰焊接流程如图 3.39 所示。

焊前准备 → 元器件插装 → 喷涂焊剂 → 预热 → 波峰焊接 → 冷却 → 检验修复 → 清洗

图 3.39 双波峰焊接流程

(6) 冷却。印制板焊接好后，板面的温度仍然很高，焊点处于半凝固状态。这时，轻微的震动都会影响焊点的质量；另外，长时间的高温会损坏元器件和印制板。所以，焊接后必须进行冷却处理，可采用自然冷却、风冷或气冷等方式冷却。

(7) 检验修复。冷却后，从波峰焊接机的夹具上取下印制电路板，人工检验印制板电路有无焊接缺陷。若有少量缺陷，则用电烙铁进行手工修复；若缺陷较多，则必须查找焊接缺陷的原因，然后重新焊接。

(8) 清洗。冷却后，应对印制板面残留的焊剂、废渣和污物进行清洗，以免日后残留物侵蚀焊点而影响焊点的质量。目前，常用的清洗法有液相清洗法和气相清洗法。

① 液相清洗法。使用无水乙醇、汽油或去离子水等作清洗剂。清洗时，用刷子蘸清洗剂去清洗印制板；或利用加压设备对清洗剂加压，使之形成冲击流去冲洗印制板，达到清洗的目的。液相清洗法清洗速度快，质量好，有利于实现清洗工序自动化，但清洗设备结构复杂。

② 气相清洗法。使用三氯三氟乙烷或三氯三氟乙烷和乙醇的混合物作为气相清洗剂。清洗方法是将清洗剂加热到沸腾，把清洗件置于清洗剂蒸气中，清洗剂蒸气在清洗件的表面冷凝并形成液流，液流冲洗掉清洗件表面的污物，使污物随着液流流走，达到清洗的目的。

气相清洗法中，清洗件始终接触的是干净的清洗剂蒸气，所以气相清洗法有很高的清洗质量，对元器件无不良影响，废液的回收方便，并可以循环使用，减少了溶剂的消耗和对环境的污染，但清洗液的价格昂贵。

2. 波峰焊的特点

波峰焊锡槽内的焊锡表面是非静止的，熔融焊锡在机械泵的作用下，连续不断地泵出并形成波峰，使波峰上的焊料(直接用于焊接的焊料)表面无氧化物，避免了因氧化物的存在而产生的"夹渣"虚焊现象。又由于印制板与波峰之间始终处在相对运动状态，所以焊剂蒸气易于挥发，焊接点上不会出现气泡，提高了焊点的质量。

波峰焊的生产效率高，最适合单面印制电路板的大批量焊接，焊接的温度、时间、焊料及焊剂的用量在波峰焊接中均能得到较完善的控制。但波峰焊容易造成焊点桥接的现象，需要使用电烙铁进行手工补焊、修正。

三、再流焊技术

再流焊又称回流焊，是伴随微型化电子产品的出现而发展起来的焊接技术，主要应用于贴片元器件的焊接。

再流焊技术使用具有一定流动性的糊状焊膏，预先在电路板的焊盘上涂上适量和适当形式的焊锡膏，再把贴片元器件黏在印制电路板预定位置上，然后通过加热使焊膏中的粉末状固体焊料熔化，达到将元器件焊接到印制电路板上的目的。

由于焊膏在贴装元器件过程中使用的是流动性的糊状焊膏，这是焊接中的第一次流动，焊接时加热焊膏使粉末状固体焊料变成液体(即第二次流动)完成焊接，所以该焊接技术称为再流焊技术。

1. 再流焊设备

再流焊技术是贴片元器件的主要焊接方法。目前，使用最广泛的再流焊接机可分为红外式、热风式、红外热风式、气相式、激光式等再流焊接机。

2. 再流焊及其工艺流程

图 3.40 所示为再流焊技术的工艺流程。

图 3.40　再流焊技术的工艺流程图

(1) 焊前准备。焊接前，准备好需焊接的印制电路板、贴片元器件等材料以及焊接工具，并将粉末状焊料、焊剂、黏合剂制作成糊状焊膏。

(2) 点膏并贴装元器件。使用手工、半自动或自动丝网印刷机，如同油印一样将焊膏印到印制板上。同样，也可以用手工或自动化装置将 SMT 元器件黏贴到印制电路板上，使它们的电极准确地定位于各自的焊盘。这是焊膏的第一次流动。

(3) 加热、再流。根据焊膏的熔化温度，加热焊膏，使丝印的焊料(如焊膏)熔化并在被焊工件的焊接面再次流动，达到将元器件焊接到印制电路板上的目的，焊接时的这次熔化流动是第二次流动，称为再流焊。再流焊区的最高温度应控制在使焊膏熔化，且使焊膏中的焊剂和黏合剂气化并排掉的合适温度。

再流焊的加热方式通常有红外线辐射加热、激光加热、热风循环加热、热板加热及红外光束加热等方式。

(4) 冷却。焊接完毕后，应及时将焊接板冷却，避免长时间的高温损坏元器件和印制板，并保证焊点的稳定连接。一般用冷风进行冷却处理。

(5) 测试。用肉眼查看焊接后的印制电路板有无明显的焊接缺陷，若没有就再用检测仪器检测焊接情况，从而判断焊点连接的可靠性及有无焊接缺陷。

目前常用的在线测试仪就可以对已装配完成的印制电路板进行电气功能和性能综合的快速测试，该测试仪如图3.41 所示。其可以检测印制电路板有无开、短路以及电阻、电容、电感、二极管、三极管、电晶体、IC 等元器件的好坏等。

(6) 修复、整形。若焊接点出现缺陷或焊接位置有错位现象时，用电烙铁进行手工修复。

(7) 清洗、烘干。修复、整形后，对印制板面残留的焊剂、废渣和污物进行清洗，然后进行烘干处理，去除板面水分并涂覆防潮剂。

图 3.41   在线测试仪的外形

3. 再流焊的特点

(1) 焊接的可靠性高、一致性好、节省焊料。仅在被焊接的元器件的引脚上铺一层薄薄的焊料，就可逐个焊点完成焊接。

(2) 再流焊是先把元器件黏合固定在印制电路板上再焊接的过程，所以元器件不容易移位。

(3) 再流焊技术进行焊接时，采用对元器件引脚局部加热的方式完成焊接，因而被焊接的元器件及电路板受到的热冲击小，印制电路板和元器件受热均匀，不会因过热造成元器件和印制电路板的损坏。

(4) 再流焊技术仅需要在焊接部位施放焊料，并在局部加热就可完成焊接，避免了桥接等焊接缺陷。

(5) 再流焊技术中，焊料只是一次性使用，不存在反复利用的情况，焊料很纯净、没有杂质，避免了虚焊缺陷，保证了焊点的质量。

任务七   表面安装技术(SMT)

表面安装技术 SMT

表面安装技术 SMT (Surface Mounting Technology)也称为表面贴装技术、表面组装技术，它是把无引线或短引线的表面安装元件(SMC)和表面安装器件(SMD)直接贴装、焊接到印制电路板或其他基板表面上的装配焊接技术。

表面安装技术是一种包括 PCB 基板、电子元器件、线路设计、装联工艺、装配设备、焊接方法和装配辅助材料等诸多内容的系统性综合技术，它从电子元器件到安装方式，从 PCB 设计到连接方式，都以全新的面貌出现，是电子产品实现多功能、高质量、微型化、低成本的手段之一，是今后电子产品装配的主要潮流。目前，全球的电子产品制作中广泛应用表面安装技术。

一、表面安装元器件

表面安装元器件(SMT 元器件)又称为贴片元器件或称片状元器件，是一种无引线或极短引线的小型标准化元器件。它包括表面安装元件 SMC (Surface Mount Component)和表面安装器件 SMD(Surface Mount Device)。如图 3.42 所示为部分常用表面安装元器件的外形结构。

图 3.42 部分常用表面安装元器件的外形结构

1. 表面安装元器件的特点

(1) 体积小(表面安装元器件 SMT 是传统插装元器件 THC 体积的 20%～30%)、重量轻(比 THC 重量减轻 60%～80%)、集成度高、装配密度大。

(2) 成本低、价格便宜。其成本仅为传统元器件的 30%～50%。

(3) 无引线或短引线,减少了分布电容和分布电感的影响,高频特性好,有利于提高使用频率和电路速度,贴装后几乎不需要调整。

(4) 表面安装元器件的尺寸小、形状简单、结构牢固、紧贴电路板安装,因而其抗振性能很好、工作可靠性高。

(5) 表面安装元器件的尺寸和形状标准化,易于实现自动化和大批量生产且生产成本低。

2. 表面安装元器件的分类

(1) 按贴片元件的形状可分为圆柱形、薄片矩形和扁平异形等。

(2) 按元器件的品种可分为片状电阻器、片状电容器、片状电感器、片状敏感元件、小型封装半导体器件和基片封装的集成电路等。

(3) 按元器件的性质可分为表面安装元件 SMC 也称为无源元件(包括电阻、电容、电感、滤波器、谐振器等)、表面安装器件 SMD 也称为有源器件(包括半导体分立元器件、晶体振荡器和集成电路等)、机电元件(包括开关、继电器、连接器和微电机等)等几类。

(4) 按使用环境可分为非气密性封装器件和气密性封装器件。非气密性封装器件对工作温度的要求一般为 0℃～70℃,气密性封装器件的工作温度范围可达到 −55℃～+125℃。

气密性器件价格昂贵，一般使用在高可靠性产品中。

3. 表面安装元器件的应用场合

表面安装元器件主要用于计算机、移动通信设备、程控交换机、电子测量仪器、数码相机、彩色电视机、录像机、VCD、DVD、航空航天等电子产品中。目前，世界发达国家电子产品的贴片元器件 SMC 和 SMD 的使用率已达到 70%，全球平均使用率达到 40%左右。

4. 表面安装元器件的规格

(1) 矩形表面安装元器件的规格。矩形表面安装元器件的结构和外形尺寸如图 3.43 所示，其大小尺寸规格由 4 个数字和一些符号表示，表示的方法主要有两种：英制系列(欧美产品常用) 和公制产品(日本产品常用)，我国这两种表示方法都采用。在表面安装元器件的规格表示中，前 2 位数字表示表面安装元器件的长度，后 2 位数字表示其宽度，符号表示元器件的种类，公制单位(mm)与英制单位(in，mil)之间的转换关系为

$$1 \text{ in} = 1000 \text{ mil} = 25.4 \text{ mm}，1 \text{ mm} \approx 40 \text{ mil}$$

典型的矩形表面安装元器件 SMC 系列的外形尺寸意义如表 3-4 所示。矩形表面安装电阻一般采用数码法标注电阻的主要参数。

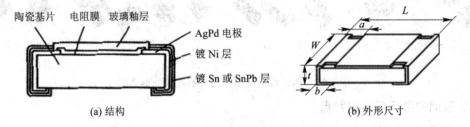

(a) 结构   (b) 外形尺寸

图 3.43 矩形表面安装元器件的结构和外形尺寸

表 3-4 典型的矩形表面安装元器件 SMC 系列的外形尺寸意义

公制/英制型号	外形长 L / (mm/in)	外形宽 W / (mm/in)	额定功率 P/W	最大工作电压 U/V
3225/1210	3.2/0.12	2.5/0.10	1/4	200
3216/1206	3.2/0.12	1.6/0.06	1/8	200
2012/0805	2.0/0.08	1.25/0.05	1/10	150
1608/0603	1.6/0.06	0.8/0.03	1/16	50
1005/0402	1.0/0.04	0.5/0.02	1/20	50

注：片状电阻的厚度为 0.4 mm～0.6 mm。片状电阻的数值采用数码表示法直接标在元件表面，阻值小于 10 Ω 的用 R 代替小数点。如 5R6 表示 5.6 Ω；OR 是指跨接片，其通过的电流不能超过 2 A。

(2) 圆柱形表面安装元器件的规格。圆柱形表面安装元器件的外形及结构如图 3.44 所示，外形与普通电阻差不多，只是尺寸小且无引脚。圆柱形表面安装电阻一般采用色环法标注电阻的主要参数。常用圆柱形表面安装元器件的规格如表 3-5 所示。

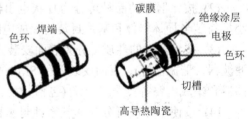

图 3.44 圆柱形表面安装元器件的外形和结构

表 3-5   常用圆柱形表面安装元器件的外形尺寸表

圆柱直径 ϕ/mm	外形长 L/mm	额定功率 P/W
1.1	2.0	1/10
1.5	3.5	1/8
2.2	5.9	1/4

(3) 矩形表面安装电阻与圆柱形表面安装电阻的性能比较。矩形表面安装电阻大多采用陶瓷制成，其机械轻度高、高频特性好、性能稳定；圆柱形表面安装电阻常采用金属膜或碳膜制成，其价格低廉、噪声和谐波失真较小，但高频特性较差。矩形表面安装电阻多用于移动通信、调谐等较高频率的电路中；圆柱形表面安装电阻多用于常规的音响设备中。

5. 表面安装元器件的存放

表面安装元器件一般有塑料封装、金属封装、陶瓷封装等形式。金属封装、陶瓷封装的表面安装元器件的密封性好，常态下能保存较长的时间。塑料封装的表面安装元器件密封性较差，容易吸湿使元器件失效。表面安装元器件的存放主要是针对塑料封装的表面安装元器件而言的。

塑料封装的表面安装元器件的存放条件是存放的温度低于 40℃、湿度小于 60%，注意防静电处理。不使用时，包装袋不拆封，开封时先观察湿度指示卡，当湿度标记为黑蓝色时表示干燥，湿度上升会使黑蓝色逐渐变为粉红色。如果拆封后不能用完，应存放在 RH20% 的干燥箱内，已受潮的表面安装元器件要按规定进行去潮烘干处理后才能使用。

二、SMT 的安装方式

SMT 从元器件的结构、PCB 设计到连接方式都是一种新的形式，所以 SMT 的安装方式亦有所不同。在应用 SMT 的电子产品中，大体分为完全表面安装、单面混合安装和双面混合安装等安装方式。

1. 完全表面安装

完全表面安装是指所需安装的元器件全部采用表面安装元器件(SMC 和 SMD)，印制电路板上没有通孔插装元器件 THC。各种 SMC 和 SMD 均被贴装在印制板的表面，如图 3.45 所示。完全表面安装采用再流焊技术进行焊接。

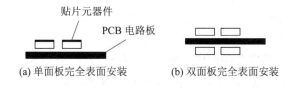

(a) 单面板完全表面安装   (b) 双面板完全表面安装

图 3.45   完全表面安装

完全表面安装方式的特点是工艺简单、组装密度高、电路轻薄，但不适应大功率电路的安装。

2. 单面混合安装

单面混合安装是指在同一块印制电路板上,贴片元器件 SMC 和 SMD 安装、焊接在焊接面上,通孔插装的传统元器件 THC 放置在 PCB 的一面,焊接在 PCB 的另一面完成。由此单面混合安装可以分为两种方式,即通孔插装的 THC 元器件和 SMD 贴片元器件安装在 PCB 的同一面的方式和通孔插装的 THC 元器件和贴片元器件分别安装在 PCB 的两面的方式,如图 3.46 所示。

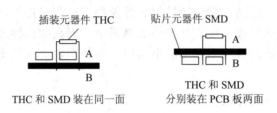

图 3.46　单面混合安装方式

3. 双面混合安装

双面混合安装是指在同一块印制电路板的两面,既装有贴片元器件 SMD,又装有通孔插装的传统元器件 THC 的安装方式。由此双面混合安装可以分为两种方式,即通孔插装的 THC 元器件安装在 PCB 的一面、贴片元器件装在 PCB 的两面的方式及 PCB 的两面同时装有通孔插装的 THC 元器件和贴片元器件的方式,如图 3.47 所示。

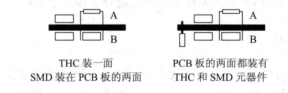

图 3.47　双面混合安装方式

混合安装方式的特点是 PCB 的成本低、组装密度更高(双面安装元器件)、适应各种电路(大功率、小功率电路均可)的安装,但焊接工艺上略显复杂。目前,使用较多的安装方式还是混合安装法。

混合安装方式的焊接方式采用"先贴后插"的方式,即先用再流焊技术焊接贴片元器件 SMD,后用波峰焊技术焊接传统的插装元器件 THC。

三、SMT 的工艺流程

SMT 的工艺流程包括安装印制电路板、点胶(或涂膏)、贴装 SMT 元器件、烘干、焊接、清洗、检测和维修等 8 个过程。其流程框图如图 3.48 所示。

图 3.48　表面安装技术工艺流程框图

(1) 安装印制电路板。将按电路要求制作好的印制电路板，固定在带有真空吸盘、板面有 X、Y 坐标的台面上。

(2) 点胶。将需要进行安装贴片元器件的位置上点胶(黏合剂)，即将焊膏或贴片胶漏印到印制电路板的焊盘上，为元器件的焊接做准备。

注意：要精确保证黏合剂"点"在元器件安装的中心，避免黏合剂污染元器件的焊盘。

(3) 贴装 SMT 元器件。把 SMT 元器件贴装在印制板上，使它们的电极准确地定位于各自的焊盘。通常使用 SMT 元器件贴片机完成贴装 SMT 元器件的任务。

(4) 烘干。用加热或紫外线照射的方法烘干粘合剂，使 SMT 元器件牢固地固定在印制板上。若采用混合安装法，这时还要完成传统元器件的插装工作。

(5) 焊接。采用波峰焊或再流焊的方式对印制电路板上的元器件进行焊接。对于贴片元器件采用再流焊技术将焊膏熔化，将贴片元器件与印制电路板焊接在一起；对于通孔安装元器件，采用波峰焊技术进行焊接。

(6) 清洗。对经过焊接的印制板进行清洗，去除残留在板面的杂质，避免腐蚀印制电路板。

(7) 检测。将焊接清洗完毕的印制电路板进行装配质量和焊接质量的检测。可使用放大镜、在线测试仪、X-RAY 检查仪、飞针测试仪等设备完成检测。

(8) 维修。对检测有故障的印制电路板进行维修，一般使用电烙铁人工完成。

四、SMT 的设备简介

完成表面安装技术 SMT 的设备包括自动 SMT 表面贴装设备和小型手工 SMT 表面贴装设备。

1. 自动 SMT 表面贴装设备

自动 SMT 表面贴装设备主要有自动上料机、自动丝印机(焊膏印刷机)、自动点胶机、自动贴片机(贴装机)、再流焊接机、下料机、测试设备等，如图 3.49 所示。

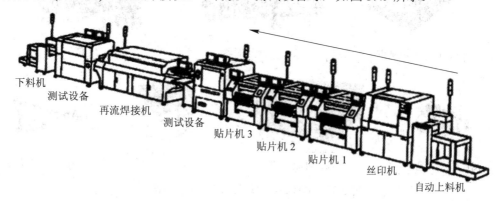

图 3.49 成套 SMT 表面贴装设备

(1) 自动上料机和下料机。分别完成预装电路板的输入和已焊电路板的输出工作。

(2) 自动丝印机(焊膏印刷机)。将焊膏或贴片胶丝印(漏印)到 PCB 的焊盘上，为元器件的焊接做好准备。新型自动丝印机采用电脑图像识别系统来实现高精度印刷，刮刀由步进电机无声驱动，容易控制刮刀压力和印层厚度。

(3) 自动点胶机。用于在被焊电路板的贴片元器件安装处点滴胶合剂(红胶)。这种胶的作用是固定贴片元器件，它在烘烤后才会固化。

(4) 自动贴片机(贴装机)。将表面贴装元件准确贴装在电子整机印制电路板上的专用设备的总称。通常由微处理机根据预先编好的程序，控制机械手(真空吸头)将规定的贴片(SMT)元器件贴装到印制板上预制位置(已滴红胶)，并经烘烤使红胶固化，将贴片元器件固定。自动贴片机的贴装速度快，精度高。

(5) 焊接设备。再流焊机是通过提供一种加热环境，使焊锡膏受热融化从而让表面贴装元器件和 PCB 焊盘通过焊锡膏合金可靠地结合在一起的设备。

(6) 检测设备。对组装好的 PCB 进行焊接质量和装配质量的检测。主要的检测设备包括放大镜、显微镜、在线测试仪 ICT、X-RAY 检测系统、飞针测试仪、自动光学检测 AOI、功能测试仪等。

2. 小型手工 SMT 表面贴装设备

小批量生产或试制阶段时，为了降低成本、提高效率、并满足学校实践教学及科研的需要，可使用小型手工 SMT 表面贴装设备。如图 3.50 所示为 SMT-2 小型表面贴装系统所配备的设备。其主要包括以下设备。

(1) 印焊膏设备，如手动印刷机、模板、焊膏分配器、气泵等。

(2) 贴片设备，如真空吸笔、托盘等。

(3) 焊接设备，如再(回)流焊机、电热风枪(电热风拔放台)等。

(4) 检验维修工具，如电热风枪拔放台、台灯放大镜等。

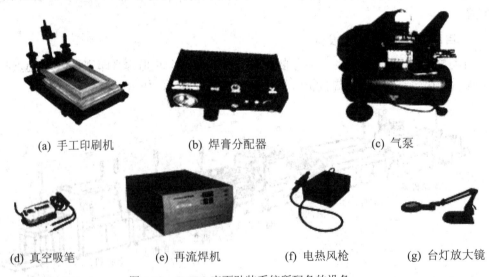

(a) 手工印刷机   (b) 焊膏分配器   (c) 气泵

(d) 真空吸笔   (e) 再流焊机   (f) 电热风枪   (g) 台灯放大镜

图 3.50   SMT-2 表面贴装系统所配备的设备

五、SMT 的焊接质量分析

SMT 的焊接质量要求与传统的焊接技术要求基本相同，即要求焊点表面有光泽且平滑，焊料与焊件交接处平滑，无裂纹、针孔、夹渣现象，如图 3.51 所示。

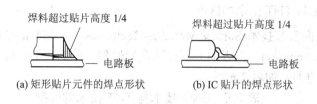

(a) 矩形贴片元件的焊点形状　　　(b) IC 贴片的焊点形状

图 3.51　合格的 SMT 焊接情况

在 SMT 生产过程中，由于各种原因会引起焊接的缺陷，影响电子产品的工作可靠性和质量。常见的 SMT 焊接缺陷有焊料不足、桥接、焊料过多、漏焊、元器件位置偏移、立碑等现象。如图 3.52 所示为一些常见的 SMT 焊接缺陷。

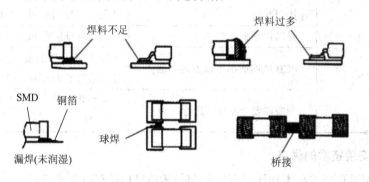

图 3.52　常见的 SMT 焊接缺陷

各种焊接缺陷造成的不良后果分析如下。

(1) 焊料不足。焊料不足会使元器件焊接不牢固、焊点的稳定度下降，在稍微震动后，元器件有可能从电路板上脱落。

(2) 桥接。桥接是指焊料将相邻的两个不该连接的焊点粘连在一起的现象。其后果是造成电路短路，导致电路通电后大量的元器件烧坏、印制导线烧断。

(3) 焊料过多。焊料过多容易造成桥接现象，使电路出现短路故障。

(4) 漏焊。漏焊是指某些元器件没有焊接上，元器件未连接在电路中，造成电路断路的故障。

(5) 元器件位置偏移。元器件位置偏移是指贴片元器件的焊接位置没有完全置于焊盘的位置上或完全偏离焊盘。这种情况会造成连接点的接触电阻大，该焊点的信号损耗大，甚至该点完全断开使信号不能通过，造成电路无法正常工作。

(6) 立碑。立碑现象也称为吊桥、曼哈顿现象，是指贴片元器件的一端焊接在焊盘上，另一端翘起一定高度、甚至完全立起的现象。该现象使电路断开、电路无法工作。

六、SMT 的特点

表面安装技术打破了在印制电路板上"通孔"安装元器件，然后再焊接的传统工艺，而是直接将表面安装元器件平卧在印制电路板表面进行安装，如图 3.53 所示。

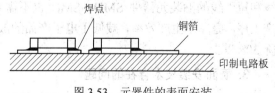

图 3.53　元器件的表面安装

1. SMT 技术与 THT 技术的区别

SMT 是指表面安装技术(Surface Mounting Technology)，THT 是指传统的通孔安装技术(Through Hole Technology)，二者的差别体现在元器件、PCB、组件形态、焊点形态和组装工艺方法等各个方面，如表 3-6 所示。

表 3-6　SMT 技术与 THT 技术的区别

元器件的组装技术	表面安装技术 SMT	通孔安装技术 THT
组装特点	安装 SMC 和 SMD 元器件，其元器件体积小，功率小	安装通孔元器件，元器件体积相对大，大、小功率的元器件均有
	PCB 上没有通孔，其元器件面与焊接面同面	PCB 上有插装元器件的通孔，其元器件面与焊接面在两个不同的面上
	元器件贴装在 PCB 上	元器件插装在 PCB 上
	PCB 的两面都可以安装元器件	只能在 PCB 的某一面安装元器件，元器件放置在元件面，焊接在焊接面完成
	一般需要专业设备进行组装	可使用专业设备进行组装，也可以手工组装

2. 表面安装技术的优点

与传统的通孔插装技术相比，表面安装技术(SMT)具有以下优点。

(1) 微型化程度高。表面安装元器件(SMC 和 SMD)的体积小，只有传统元器件的 20%～30%的大小，最小的仅为传统元器件的 10%，可以贴装在 PCB 板的两面，并且印制板上的连接导线及间隔大大缩小，实现了高密度组装，使电子产品的体积、重量更趋于微型化。一般采用了 SMT 后，可使电子产品的体积缩小 40%～60%，重量减轻 60%～80%。

(2) 稳定性能好。表面安装元器件无引线或短引线，可以牢固地贴焊在印制电路板上，使得电子产品的抗震能力增强，产品可靠性提高。

(3) 高频特性好。由于表面安装的结构紧凑，安装密度高、连线短，因而减小了印制电路板的分布参数，同时表面安装元器件无引线或引线极短，大幅度降低了表面安装元器件的分布参数，大大减小了电磁干扰和射频干扰，改善了高频特性，同时提高了信号的传输速度，使整个产品的性能提高。

(4) 有利于自动化生产。由于片状器件的外形尺寸标准化、系列化及焊接条件的一致性，所以表面安装技术的自动化程度很高，生产效率高，电子产品的可靠性高，有利于生产过程的高度自动化。

(5) 提高了生产效率，减低了成本。表面安装技术不需要在印制电路板上打孔，无引线和短引线的贴装元器件 SMD、SMC 也不需要预成形，因而减少了生产环节，简化了生产工序，提高了生产效率，减低了电子产品的成本。一般采用 SMT 后可使产品的总成本下降 30%以上。

3. 表面安装技术存在的问题

(1) 表面安装元器件(SMC 和 SMD)的品种、规格不够齐全，元器件的价格较传统的通孔插装元器件要高，且元器件只适合于在小功率电路中使用。

(2) 表面安装元器件的体积小、印制电路板布局密集，导致其标识、辨别困难，维修操作不方便，往往需要借助于专门的工具(如显微镜)查看参数、标记，借助于专用工具(如负压吸嘴)夹持片状元器件进行焊接。

(3) 表面安装元器件的保存麻烦，受潮后贴片元器件易损坏。表面安装元器件与印制电路板的热膨胀系数不一致，受热后易引起焊接处开裂。表面安装技术的组装密度大，散热成为一个较复杂的问题。

任务八　无铅焊接技术

无铅焊接技术是指使用无铅焊料、无铅元器件、无铅材料和无铅焊接工具设备制作电子产品的工艺过程。

使用锡铅焊接技术时，其电子产品、电子元器件、PCB 板焊料中的铅易溶于含氧的水中，会污染水源、空气和土壤，破坏生存环境。因此无铅焊接技术必须取代锡铅焊接技术。

2003 年 3 月，中国信息产业部在《电子信息产品生产污染防治管理办法》中规定，自 2006 年 7 月 1 日起，投放市场的国家重点监管目录内的电子信息产品必须达到"无铅化"，即无铅电子产品中，铅、镉、汞、六价铬、聚合溴化联苯或聚合溴化联乙醚等 6 种有毒有害材料的含量必须控制在 0.1%以内，以减少铅及其化合物对人类和环境造成的污染与伤害。

一、无铅化所涉及的范围及措施

电子产品的无铅化涉及的范围包括焊料的无铅化、元器件和印制电路板的无铅化、焊接设备的无铅化。具体涉及的内容包括焊接材料、焊接设备、焊接工艺、阻焊剂、电子元器件和印制电路板的材料等方面。

1. 元器件的无铅化

元器件的无铅化主要是指元器件引线的无铅化。从技术角度考虑，可选择纯锡、银、钯镍、金、镍钯、镍金、银钯、镍金铜等代替锡铅焊料等可焊涂覆层。

2. 印制板的无铅化

对印制线路板上的焊盘和导电层，可用下列可焊涂覆层替代原有锡铅焊料的可焊涂覆层，确保印制电路板的无铅化。

(1) 用有机可焊保护层 OSP(Organic Solder ability Preservative)替代原有锡铅焊料的涂覆层。此保护层在高温下才会分解消逝，是一种比较稳定的氧化防护层。

(2) 以化学镀银、电镀镍银、电镀镍金、铜金层上热风整平镀锡、电镀镍钯、镀纯锡、电镀钯铜等涂覆层替代锡铅焊料的可焊涂覆层。

3. 焊料的无铅化

无铅焊料是指以锡为主体，添加一些非铅类的金属材料制成的焊接材料。所谓"无铅焊料",并非完全没有铅的成分,而是要求无铅焊料中铅的含量必须低于0.1%。

4. 焊接设备的无铅化改造

(1) 焊接设备的改造。无铅化后,焊接温度升高,氧化现象会更加严重,因而对波峰焊机和再流焊机等焊接设备,应该选择耐高温和抗氧化能力强的材料制作,以提高焊接设备自身的耐高温性。

(2) 焊接设备的焊接要求。无铅焊接中,可采用延长预热时间、提高预热温度、延长峰值温度、提高加热控制精度来提高焊接温度完成焊接。具体做法是加长焊接预热区或采取对印制电路板上、下两面同时加热的方式,增强加热能力,提高加热效率。

波峰焊机温度的控制精度需要提高到±2℃,再流焊机温度的控制精度需要提高到±1℃,焊料槽的温控精度最低应达到±2℃。传统波峰焊机采用温度表方式控温,原理为通断模式(ON-OFF),其温控精度低。也可采用 PID+模拟量调压控制方法,可减少温度冲击,达到较高的温控精度。

(3) 焊接中的防氧化措施。无铅焊料的高含锡量及焊接温度的升高,使焊料、焊盘更容易氧化,使焊料润湿性变差,影响焊接质量。控制焊锡氧化的主要措施有三种。

① 采用新型喷口结构和锡渣分离设计,尽量减少锡渣中的含锡量。在正常工作情况下,可使锡的氧化渣量减少到每8小时低于2 kg。

② 焊接设备采取氧化渣自动聚积的流向设计,波峰上无飘浮的氧化锡渣,无须淘渣,减少维护。

③ 焊接过程中,加入惰性气体(例如氮气)进行保护焊技术,以彻底减少氧化渣的形成。

(4) 焊接中的助焊。无铅焊接时,采用专为无铅焊接研制的免清洗助焊剂,该助焊剂固体含量低、不含卤素、挥发完全,也不含任何树脂、松香和其他合成物质,焊后无残留物。

助焊剂最好使用助焊剂喷涂系统,采用喷雾法进行焊剂的喷涂,该喷涂系统是一个喷涂速度、喷涂宽度和喷涂量可调的自动跟踪系统。同时可采用上下抽风、两级不锈钢丝网过滤装置,最大限度地过滤收回多余的助焊剂,提高助焊剂的利用率。

(5) 增加抗腐蚀性措施。无铅焊料在高温下,锡对铁有较强的溶解性,传统的波峰焊机的不锈钢焊料槽及锡泵和喷口会逐渐腐蚀,特别是叶片、喷口等更容易损坏。如果无铅焊料中含有锌(Zn),则更易使其氧化。因此无铅焊接的波峰焊机的这些部位应当采用钛合金制造,才可避免腐蚀损坏。

二、无铅焊接存在的问题

无铅焊接中,使用了新材料代替焊料、元器件和印制板中的铅,因而影响了焊接工艺。对元器件、印制电路板(PCB)、助焊剂、模板及丝印参数、焊接设备等方面,都有了新的要求。

1. 要求元器件耐高温性能好

目前开发的无铅焊料,熔点一般要比锡63/铅37的共晶焊料高30℃~50℃,焊接温度高达260℃,修复温度可达280℃。所以要求元器件耐高温、可焊性好,而且要求元器件也无铅化，即元器件内部连接和引出端(线)也要采用无铅焊料和无铅镀层。

2. PCB 电路板的制作要求高

由于无铅焊接的温度升高，因而 PCB 电路板的绝缘底板、黏合材料、表面镀覆的无铅共晶合金材料等，都需要耐高温、焊接后不变形、不脱落。为了满足表面镀覆的无铅共晶合金材料与组装焊接用无铅焊料兼容等特性，致使 PCB 电路板的制作工艺更加复杂，制作成本增加。

3. 焊接设备和焊接工具的性能要求增加

无铅化后，焊接温度升高，这就要提高焊接设备和工具的加热能力和加热效率，提高焊接设备和焊接工具制作材料的耐温性。同时，为了提高焊接质量和减少焊料的氧化，必须采用行之有效的抑制焊料氧化技术和采用惰性气体(例如氮气)保护无铅焊技术，提高设备高温区的绝缘性能；同时，采用先进的再流焊炉温测控系统也是解决无铅焊工艺窗口较窄带来的工艺问题的重要途径。

4. 无铅焊接材料的可焊性和抗氧化性

目前，无铅合金焊料的可焊性不高，其焊点看起来显得粗糙、暗淡没有光泽、不平整，机械强度下降。无铅焊料中掺入替代的其他金属材料的价格远高于铅，导致无铅焊料的成本上升。无铅焊料的价格是锡铅合金焊料的 2~3 倍，导致电子产品的成本上升，性价比下降。

无铅助焊剂的氧化还原能力不强，润湿性还不是很好，助焊剂与焊接预热温度和焊接温度不够匹配，难以满足无铅焊接的需要。

针对无铅焊接，要开发新型的氧化还原能力强和润湿性更好的助焊剂，以满足无铅焊料的焊接要求。助焊剂要与焊接预热温度和焊接温度相匹配，而且要满足环保的要求。

三、无铅焊接的可靠性分析

1. 高温带来的问题

无铅焊接技术中的高温首先受到影响的，是器件封装的耐热问题。无铅技术中的器件，必须要能承受高达 260℃峰值温度的最低要求。

高温会造成的各种故障有 PCB 变形和变色、PCB 分层、PCB 通孔断裂、器件吸潮破坏(例如爆米花效应)、焊剂残留物清除困难、氧化程度提高以及连带的故障(如气孔、收锡等)、立碑、焊点共面性问题(虚焊或开焊)等。

2. 焊点的剥离(Lifted Pad)

焊点的剥离是指焊点和焊盘之间出现断层而剥离的现象。其主要原因是无铅合金的温度膨胀系数和基板之间出现很大差别，导致在焊点固化的时候在剥离部分有太大的应力而使它们分开。一些焊料合金的非共晶性也是造成这种现象的原因之一。

这类故障现象多出现在通孔波峰焊接工艺中，有时也出现在回流工艺中。

3. 铅污染问题

无铅焊接过程中如果有铅的出现，将会对焊点的特性和质量造成不良的影响，这种现象称之为"铅污染"。

铅污染会造成焊点的熔点温度降低，使焊点的寿命下降。铅对熔点温度的影响相当敏感，例如对常用的锡银焊料来说，1%的铅的出现就能使其熔点从221℃下降到179℃；对于波峰焊接用的锡铜焊料来说，1%的铅也使其熔点从227℃下降到183℃。

4. 金属须(Whisker)问题

锡焊出现小的金属凸起，伸出焊点或焊盘之外的现象称为金属须。金属须没有固定的形状，可能生长得很长，针形的一般可长到数十微米或更长(曾发现近10 mm的)，并且没有明确的生长时间，有数天到数年的巨大变化范围。金属须会使两个焊区的电流过大而出现短路，引起设备故障。采用在线测试可以很容易地发现这一问题，但锡须的生长可能需要一定的时间，这可能是一个长期存在的可靠性问题。

5. 克氏空孔(Kirkendall Voids)

克氏空孔是一种固态金属界面间金属原子移动造成的空洞现象，空洞形成的原因很多，可能是固化期间电镀孔的排气在焊锡中产生空洞，也可能是焊接点润湿不够造成的。

6. 惰性气体的使用

为了提高焊接质量和减少焊料的氧化，有必要采用抑制焊料氧化技术和采用惰性气体(例如氮气)保护焊技术。氮气焊接能够减少熔锡的表面张力，增加其润湿性，也能防止预热期间造成的氧化，提高产品的可靠性，但氮气的使用会增加产品的成本。

四、无铅焊接的质量分析

无铅焊接的高温和可焊性下降等将导致无铅焊接发生焊接缺陷的几率增加。如出现桥接、焊料球、焊料不足、位置偏移、立碑、芯吸现象、未熔融、润湿不良等焊接缺陷。

1. 桥接

桥接是指焊锡将电路之间不应连接的地方误焊接起来的现象。

造成桥接的主要原因是引线之间端接头(焊盘或导线)之间的间隔不够大。再流焊时，桥接可能由于焊膏厚度过大或合金含量过多，或焊膏塌落或焊膏黏度太小造成的。波峰焊时，桥接可能是由于传送速度过慢、焊料波的形状不适当或焊料波中的油量不适当，或焊剂不够造成的。

桥接造成的后果是导致产品出现电气短路，有可能使相关电路的元器件损坏。

2. 焊料球

焊料球是由于焊膏引起的最普通的缺陷形式。

造成焊料球的主要原因是焊料合金被氧化或者焊料合金过小，使焊膏中的溶剂沸腾时引起的焊料飞溅造成焊料球缺陷。另一种原因是存在塌边缺陷，从而造成焊料球。

3. 立碑

立碑又称之为吊桥、曼哈顿现象，是指片状元器件出现的立起现象。它是无铅技术中较为严重的问题。

造成立碑的主要原因是无铅合金的表面张力较强。具体表现为贴片元器件两边的润湿力不平衡，焊盘设计与布局不合理，焊膏与焊膏的印刷、贴片以及温度曲线等有关。

4. 位置偏移

位置偏移是指贴片元器件发生错位连接的现象。

造成位置偏移的主要原因是焊料润湿不良、焊膏黏度不够或受其他外力影响等综合性原因引起的。

5. 芯吸现象

芯吸现象又称吸料现象、抽芯现象，是常见的焊接缺陷之一，多见于再流焊中。这种缺陷是焊料脱离焊盘沿引脚上行到引脚与芯片本体之间，形成严重的虚焊现象。

造成芯吸现象的主要原因是元器件引脚的导热率过大，升温过于迅速，以致焊料优先润湿引脚，焊料与引脚之间的润湿力远大于焊料与焊盘之间的润湿力，引脚的上翘更会加剧芯吸现象的发生。

6. 焊料不足

焊料不足的发生原因主要有两种。一是焊料过少；二是焊膏的印刷性能不好，造成焊料的润湿不良，元器件连接的机械强度不够。

7. 其他缺陷

其他缺陷包括片式元器件开裂、焊点不光亮、残留物多、PCB 扭曲、IC 引脚焊接后开路、虚焊、引脚受损、污染物覆盖了焊盘等。

任务九　直流稳压电源的制作

直流稳压电源是各种电子产品中不可缺少的一部分，它的质量直接关系到仪器的质量，因此掌握直流稳压电源的设计与制作，对以后的实际工作是很有意义的。

直流稳压电源，即电源的输出为稳定的直流电压。因此直流稳压电源是一种将交流电转换为平滑稳定的直流电的能量变换器。过去常采用分立元器件来构成稳压单元，当性能指标要求较高时，电路结构往往比较复杂，给使用和维修带来许多不便。现在，随着集成电路的发展，集成稳压器的种类越来越多，应用也越来越广泛，在许多场合我们都偏爱于用集成稳压器为核心加上一些外围元器件来构成稳压单元。用集成稳压器作稳压单元的电源叫做集成稳压电源，它具有一般集成电路体积小、重量轻、安装和调试方便、可靠性高等优点，因此具有良好的发展前景。

一、直流稳压电源实训电路及器材

1. 电路原理图与元器件清单

电路原理如图 3.54 所示，为了避免安装调试时可能产生的失误，在集成电路 7805 的输入/输出引脚间并联了一只保护用二极管 VD_6，并增加了输出引脚引线端子。

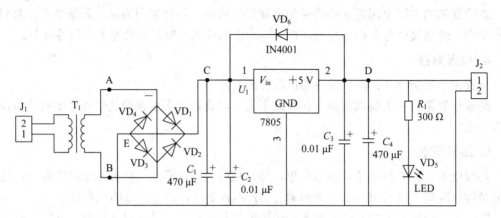

图 3.54　直流稳压电源电路原理图

元器件清单如下表所示。

名称	代号	型号	名称	代号	型号
电阻器	R_1	300 Ω	二极管	VD_1	IN4001
电解电容	C_1	470 μF	二极管	VD_2	IN4001
电解电容	C_2	0.01 μF	二极管	VD_3	IN4001
电解电容	C_3	0.01 μF	二极管	VD_4	IN4001
电解电容	C_4	470 μF	发光二极管	VD_5	红色
集成电路	U_1	7805	二极管	VD_6	IN4001

2. 所需工具及仪表

工具：电脑、尖嘴钳、剥线钳、镊子、电烙铁等。

仪表：万用表、示波器等。

3. 制作步骤及内容

(1) 读图。读懂电路原理图，了解各元器件的作用。

(2) 根据电路原理图用 Protel 设计印刷电路图，并用覆铜板制作印制电路板。

(3) 按元器件清单清点元器件，使用万用表检测元器件的好坏。

(4) 元器件整形、插装并焊接。

(5) 性能检测调试。接通电源，电路的输入电压为 220 V，使用万用表测量输出电压应稳定在 5.0 V，则认为项目制作成功。

二、制作过程注意事项

1. 合理布线

印制电路板上元器件的安置与布线是否合理，对电路性能的影响非常大。安置与布线不合理，可能会引起电路中各处的信号相互耦合(电的、磁的、热的)，使电路工作不稳定，轻则噪声明显增大，严重时会引起振荡，使电路不能正常工作。所以一定要重视元器件的安置与布线工作，其一般原则如下。

(1) 根据电路原理图中所有元器件的形状与电路板的面积，合理布置元器件的密度，相邻元器件原则上应就近安置，并应注意以下几个问题。

① 发热元器件靠边安置在散热条件好的地方，受热源影响较大，电器性能容易改变的器件尽量远离发热的元器件，如电解电容、二极管等。

② 元器件排列不要形成头尾相连的环路，不要将不同级的元器件混置在一起，以避免前、后级之间产生寄生耦合。

③ 能通过磁场相互耦合的元器件，应进行自身的屏蔽，并尽可能相互离得远一点，输入变压器与输出变压器之间应互相垂直安置(指铁芯的方向)。

④ 高频电路中元器件引线要短，电阻器采用卧式安装。

⑤ 体积大、重量重的元器件安放在电路板的下方；各种可调元器件安置在电路工作时便于调整的位置；所有元器件的标志一律向外。

⑥ 如果相邻元器件无法就近安置或需要离得较远时，应利用隔直电容、共射-共基电路、射极输出电路等对前、后影响较小的位置进行分割。

(2) 根据元器件安排的位置合理布线。在布线过程中，可适当转动元器件，使元器件引出脚的落点便于走线，布线原则如下。

① 元器件位置设置应有提前预案。

② 导线之间应有足够的间距，导线要有一定的宽度。一般情况下，建议导线间距等于导线宽度，但不小于 1 mm。同一印制板上的导线宽度(除地线外)最好一样。焊点要留有圆弧形铜箔，一般要求弧形铜箔的外径为线宽的 1.5～3 倍，为安装孔直径的 2～3 倍。

③ 走线尽可能要短，信号线不要迂回，走线复杂的可使用双面印制板布线。

④ 印制导线不应有急剧的弯曲和尖角，所有弯曲与过渡部分均须用圆弧连接，其半径不得小于 2 mm。

⑤ 印制导线应尽可能避免有分支，如必须分支，分支应尽量圆滑。

⑥ 地线可以迂回，所以地线可后定型。地线在走线过程中，还可以把一些输入线与输出线分隔开来，或把一些输入端、高输入阻抗端等对干扰敏感的区域包围起来，作为屏蔽措施(高阻抗端与地之间距离可适当增大)。

⑦ 晶体管、运算放大器等的输入端不要与电源线靠得太近，以防测量过程中不小心短路。

⑧ 信号线之间或信号线与电源线之间不要平行布线，输入线与输出线之间要离得远一点，地线安排要适当(见后面接地问题)。

2. 焊接技术要领

在制作电子仪器时，焊接质量好不好对整机的质量有着非常密切的关系。焊接不良不仅会给调试带来很大的困难，而且会严重影响整机的技术性能与可靠性。虚焊是一种最令人伤脑筋的故障，一定要在焊接时尽可能防止它。

1) 焊接面的清洁处理

焊接前，首先要将焊接面用砂纸或刮刀进行清洁处理，去掉金属氧化层，露出新表面，随后涂上焊剂，立即沾上锡。但引线上已经镀金、镀锌、镀银的，千万不能把镀层刮伤，若引线不清洁，只能用橡皮擦干净，一般也要先沾上锡。凡是预先沾上锡的焊接面，就不易形成虚焊。

对难于沾锡的铁脚，一般都用腐蚀性强的焊油作焊剂，当铁脚沾上锡以后，一定要用溶剂将焊油擦干净。

对更难于沾锡的铝焊接面，一般除用松香作焊剂外，还要加上适当的砂粒(金刚砂或砂纸上的砂)，用烙铁头在焊接面上反复摩擦，一定要在铝焊接面上沾了一薄层锡以后才算处理完毕。

2) 烙铁温度要适当

焊接时，一定要等到烙铁头的温度足够高，即能够很快将锡熔化时，再开始焊接。否则烙铁头接触焊点时，焊锡不能充分熔化，焊剂作用不能充分发挥，焊点不光洁、不牢固，甚至形成虚焊。

3) 焊接时间要适当

焊接时间适当是指烙铁头在焊点处停留时间不要过长，也不要过短。当看到焊接处的锡面全部熔化，即可拿开烙铁头。此时焊锡还没有凝固，焊接件不能抖动，待焊锡凝固后，才可放开所捏元器件。如果在焊锡未凝固前就移动所焊元器件，焊锡就会凝成砂状或附着不牢而形成虚焊。

在焊接过程中，熔化了的铝锡合金对银有较强的熔解能力，俗称"吃银"现象。焊接时间延长和焊接温度提高都会使银熔量明显增加，使一些镀银表面的附着力强度下降，甚至把银层破坏掉，所以一般规定焊接镀银管脚时间不要超过 3 秒钟。对镀金、镀锌的管脚，一般也规定焊接时间不要超过 3 秒钟，时间过长也会损伤元器件，甚至会影响印刷电路板铜箔的附着力。

在焊点铜箔很小，电路板导线宽度很细的密集型电路板的焊接中，应选低熔点的焊锡，以及在印刷电路板上直接镀上铝锡合金，以缩短焊接时间与降低焊接温度。

4) 焊锡量要适当

焊锡量过多，使焊锡堆成一大堆，内部却难于焊透，也难于从外观上判断焊锡与引线是否浸润接触。焊锡量过少，两个被焊接的金属面结合不牢，防震效果差。一般以将元器件引线全部浸没，而其轮廓又隐约可见为宜。

5) 焊接次序

先焊小型元器件和细导线，后焊中型、大型元器件与晶体管、集成电路。有源元器件相对来说比较娇贵，后焊可防止因焊接其他元器件时不小心使之损坏。

6) 焊接的安全问题

在焊接 MOS 器件时，其栅级的绝缘电阻非常高，栅级如感应上电荷就很难泄漏，会产生较高的电压而造成击穿，所以烙铁外壳要接地。

在带有 MOS 器件的电路板上焊接少数几个焊点时，为了安全，一般先将烙铁的电源插头拔下，利用烙铁的余热进行焊接。

焊接时要注意人身安全，工作中要防止触电、烫伤。不要任意乱甩焊锡。工作场所布置要整齐，要备有烙铁架，不要将烙铁放在木板或桌面上。

特别是离开工作场所时一定要拔下烙铁的电源插头，切断烙铁的电源。

3. 接地问题

这里将实验电路板布线中的接地问题单独列出来,是因为公共地线是所有信号共同使用的通路,如果安排得不好,有可能通过地线将输出信号、感应信号、纹波信号等耦合到前级放大电路中,使电路性能变差,甚至产生寄生振荡。因而如何安排地线有一定的讲究。

(1) 在印刷电路板的排线过程中,唯有地线是允许迂回的,所以地线一般很长,往往绕线路板一周,有一定的阻抗,具有信号通过公共阻抗耦合的可能性。所以首先要求地线的线条宽一些,以减小它的阻抗。

(2) 地线能起屏蔽作用,可以用它将后级与前级隔离开,以减小前、后级电路之间的电耦合。

(3) 在高频、高输入阻抗、高放大倍数等电路中,印刷电路板的表面漏电流足以使各种感应信号耦合到输入电路中去,所以在这些地方,印刷电路板上焊点与导线周围的空地方应将铜皮保留下来接地,作屏蔽隔离用,以确保电路工作的稳定性。特别是确保实验过程中测量的可靠性。

(4) 在排线过程中,后级的信号不要通过前级的地线,特别是电源滤波电容器的地线要单独走线,不要与信号地线共用。放大器中各放大级的接地元器件的接地点,排线过程中应考虑一点接地的原则,如加粗地线宽度、另辟地线迂回到最低电位点等措施。高频还要就近接地。

(5) 在数字电路与模拟电路共存的电路中,数字地线与模拟地线要分开使用,脉冲信号线与其他信号线不能平行布线。

项 目 小 结

1. 焊接是使金属连接的一种方法,电子产品中的焊接是指将导线、元器件引脚与印制电路板连接在一起的过程。在电子产品制造过程中,使用最普遍、最广泛的焊接技术是锡焊。

2. 焊接主要满足机械连接和电气连接两个目的,其中,机械连接是起固定的作用,而电气连接是起电气导通的作用。

3. 完成锡焊并保证焊接质量,应同时满足被焊金属具有良好的可焊性、被焊件的清洁、合适的焊料和焊剂、合适的焊接温度。

4. 完成焊接需要的材料包括焊料、焊剂和阻焊剂、清洗剂等其他一些辅助材料。

5. 电子产品制作中常用的手工焊接工具主要有电烙铁、电热风枪等。

电烙铁主要用于各类电子整机产品的手工焊接、补焊、维修及更换元器件。

电热风枪专门用于焊装或拆卸表面贴装元器件的专用焊接工具。

6. 焊接用的辅助工具通常有烙铁架、小刀或细砂纸、尖嘴钳、镊子、斜口钳、吸锡器等。

7. 手工焊接是焊接技术的基础,也是电子产品装配中的一项基本操作技能,适合于产品试制、电子产品的小批量生产、电子产品的调试与维修,以及某些不适合自动焊接的场合。

8. 对焊点的质量要求主要包括有良好的电气连接和机械强度、焊量合适、焊点光滑圆润等。

9. 焊接结束后，应采用目视检查、手触检查和通电检查等方法对焊点进行检查，及时发现焊点的缺陷，保证焊接的质量。

10. 焊点的常见缺陷有虚焊、拉尖、桥接、球焊(堆焊)、印制电路板铜箔起翘、焊盘脱落、导线焊接不当等。

11. 拆焊又称解焊，它是指把元器件从印制电路板原来已经焊接的安装位置上拆卸下来。当焊接出现错误、元器件损坏或进行调试、维修电子产品时，就要进行拆焊过程。

常用的拆焊方法有分点拆焊法、集中拆焊法、断线拆焊法和吸锡工具拆焊法。

12. 自动焊接技术可以大大地提高焊接速度，提高生产效率，降低成本，减少人为因素的影响，满足焊接的质量要求。常用的自动焊接技术有浸焊、波峰焊、再流焊等几种。

13. SMT 是一种包括 PCB 基板、电子元器件、线路设计、装联工艺、装配设备、焊接方法和装配辅助材料等诸多内容的系统性综合技术，是电子产品实现多功能、高质量、微型化、低成本的手段之一。具有微型化程度高、高频特性好、有利于自动化生产、简化了生产工序、减低了成本等优点。

14. SMT 的电子产品中，大体分为完全表面安装和混合安装两种方式。

15. 无铅焊接技术是指使用无铅焊料、无铅元器件、无铅材料和无铅焊接工具设备制作电子产品的工艺过程。电子产品的无铅化涉及到焊料的无铅化、元器件和印制电路板的无铅化、焊接设备的无铅化。

16. 无铅焊接目前存在的主要问题是要求元器件耐高温性能及可焊性好，PCB 电路板的制作要求高，焊接设备和焊接工具的性能要求增加，无铅焊接材料的可焊性和抗氧化性。

17. 由于无铅焊接的高温和可焊性下降等原因，导致无铅焊接发生桥接、焊料球、焊料不足、位置偏移、立碑、芯吸现象、未熔融、润湿不良等焊接缺陷。

习　题　3

一、填空题

1. 常用的辅助材料有(　　)、(　　)、(　　)等。

2. 一般电子产品制作中，多用(　　)的(　　)电烙铁。

3. 为保护在焊接高温条件下不被氧化生锈，常将电烙铁头(　　)。

4. 常见的电烙铁头的形状有(　　)、(　　)、(　　)等。

5. 良好的焊点应该具有可靠的(　　)性能，不允许出现(　　)、(　　)等现象。

6. 常用焊点的连接形式有(　　)、(　　)、(　　)、(　　)等四种。

7. 焊点的检查通常采用(　　)、(　　)和(　　)的方法。

8. 焊点的常见缺陷有(　　)、(　　)、(　　)、(　　)、(　　)等。

9. (　　)是焊接中最常见的缺陷，也是最难发现的焊接质量问题。

10. (　　)又称回流焊，是伴随微型化电子产品的出现而发展起来的焊接技术，主要应用于(　　)的焊接。

11. 表面安装元器件包括(　　)和(　　)。

12. 在应用 SMT 的电子产品中，大部分为(　　)、(　　)和(　　)等安装方式。

13. 对检测有故障的印制电路板进行维修，一般使用(　　)人工完成。

14. 完成表面安装技术 SMT 的设备包括(　　)和(　　)。

15. (　　)是指焊锡将电路之间不应连接的地方误焊接起来的现象。

二、简答题

1. 什么是焊接？

2. 锡焊的基本条件是什么？

3. 焊料的构成及特点？

4. 焊膏的作用是什么？

5. 焊剂的作用是什么？

6. 常用焊剂的种类及特点有哪些？

7. 电烙铁的基本构成及分类？

8. 恒温电烙铁有哪些特点？

9. 电烙铁主要由哪几部分组成？

10. 手工焊接有怎样的工艺要求？

11. 电烙铁的握持方法有哪几种？

12. 手工焊接五步操作法是什么？

13. 焊点有什么质量要求？

14. 造成虚焊的主要原因是什么？

15. 浸焊操作的注意事项有哪些？

16. 波峰焊的特点是什么？

17. 表面安装元器件的特点是什么？

18. 常见的 SMT 焊接缺陷有哪些？

19. 简述各种焊接缺陷造成的不良后果？

20. 无铅焊接对元器件的要求有哪些？

21. 什么是铅污染？

22. 造成桥接的主要原因是什么？

项目 4

超外差收音机的安装与调试

学习目标

(1) 以超外差收音机的制作为项目载体，了解电子整机产品的装配要求；

(2) 掌握电子产品的装配工艺流程；

(3) 掌握电子产品常用的连接装配技术。

知识点

(1) 电子产品装配的分级及技术要求；

(2) 电子产品装配工艺流程；

(3) 电子产品装配的生产流水线；

(4) 电子产品总装，连接装配工艺；

(5) 超外差收音机的整机制作方法。

技能点

(1) 压接、绕接及穿刺连接的工艺技巧；

(2) 螺纹装配及拆卸技巧；

(3) 超外差收音机的制作。

任务一　电子整机产品的装配要求

电子整机产品装配的类别

一、电子整机产品装配的类别

电子产品的总装包括机械和电气两大部分工作，其分类方式如下。

1. 可拆卸装接和不可拆卸装接

根据连接方式的不同，电子产品装配分为可拆卸装接和不可拆卸装接两类。

可拆卸的装接是指电子产品装接再拆散时，不会损伤任何零件，它包括螺钉连接、柱销连接、夹紧连接等。

不可拆卸的装接是指电子产品装接再拆散时，会损坏零件或材料，它包括锡焊连接、胶黏、铆钉连接等。

2. 整机装配和组合件装配

根据整机结构的装配方式，电子产品装配分为整机装配和组合件装配两种。整机装配是把电子产品的所有零件、部件、整件通过各种连接方法安装在一起，组成一个不可分的电子整体，使其具有独立工作的功能。这类电子整机包括收音机、电视机、信号发生器等。

组合件装配是指把构成电子整机的若干个组合件装配组成一个电子产品整机。构成电子整机的各个组合件都具有一定的功能，而且随时可以拆卸。这类电子整机包括大型控制台、插件式仪器、电脑等。

3. 元件级、插件级和系统级组装

根据电子产品装配的内容、程序的不同，电子产品的装配分为元件级、插件级和系统级三级组装级别。

(1) 元件级组装(第一级组装)是指将电子元器件组装在印制电路板上的装配过程，是组装中初级的、最低级别的装配。

(2) 插件级组装(第二级组装)是指将装配好元器件的印制电路板或插件板进行互连和组装的过程。

(3) 系统级组装(第三级组装)是指将插件级组装件通过连接器、电线电缆等组装成具有一定功能的、完整的电子产品设备的过程。

在电子产品装配过程中，先进行元件级组装，再进行插件级组装，最后是系统级组装。在较简单的电子产品装配中，可以把第二级和第三级组装合并完成。

二、电子产品装配的技术要求

电子产品装配既要保证产品的可靠电气连接和机械连接，还要确保其良好的性能技术指标，因而电子产品的装配是电子产品制作过程中一个极其重要的环节。

电子产品装配的技术要求

电子产品装配的技术要求主要有以下几点。

1. 装配要符合设计的电气性能要求

电子产品的电气性能要求主要包括连接部分的良好和导通可靠，其接触电阻小于等于 $0.01\ \Omega$，可用毫欧计法或伏安计法检测；断开部分的绝缘可靠，其绝缘电阻大于等于 $0.5\ M\Omega$，可用兆欧表检测。

2. 保证信号的良好传输

保证信号的良好传输的主要因素是避免信号的相互干扰，注意发热元器件和热敏感元

器件的装配环境。

对于中、高频电路及对电磁信号敏感的电路，必须做好电磁屏蔽。如传输线采用屏蔽线，一些敏感电路采用金属屏蔽盒并做好接地，以避免传输线路和信号处理电路之间的相互干扰。

对于发热元器件，要注意装配中的散热安装，如装好散热片，发热元器件周围留有一定的空间，电子产品的机箱、外壳留有散热孔。

对于热敏感元器件，装配时要注意装配顺序，一般是先装普通元器件，最后装配热敏感元器件。热敏感元器件应尽量远离发热元器件。

3. 具有足够的机械强度

电子产品在运输、使用中，可能会受到一定的机械振动，导致电子产品的工作不稳定。故电子产品装配过程中要考虑元器件和部件装配的机械强度，小型元器件的焊点大小要适中，大型元器件或部件可采用螺钉紧固的办法加强装配的机械强度。

4. 不得损伤电子产品及其零部件

装配过程中要仔细、小心，不能用电烙铁等发热器件烫伤元器件、导线和装配部件；装配工具要使用得当，不得用力过大而划伤或伤害紧固器件、电路板和外壳等，不得损伤元器件引脚和导线的芯线。

5. 注意电子产品的装配、使用安全

一些电子产品必须连接 220 V 交流电工作，在装配过程中要注意安全。如电子产品的金属外壳及使用旋钮应具备可靠的安全绝缘性能，还应做好其接地、绝缘工作；装配有电源保险管的电子产品时，在电源保险管的部位应该有警示标志，严禁带电装配、更换元器件；电源导线要保持完好，不能出现断裂、芯线外露等情况，避免装配、使用中出现意外。

任务二　电子整机产品的装配工艺流程

电子产品装配是一个复杂的工艺过程，了解电子产品的装配内容，合理安排其工艺流程，可以减少装配差错、降低操作者的劳动强度、提高工作效率、降低电子产品的成本。

一、电子产品装配工艺流程

电子产品装配的工艺流程因电子产品的复杂程度和特点的不同，装配设备的种类、规模不同，其工艺流程的构成也有所不同，但基本工序大致一样，主要包括装配准备、整机装配、产品调试、检验、装箱出厂等几个阶段，如图 4.1 所示为电子整机装配流程图。

电子产品装配工艺流程

1. 装配准备

电子产品在装配之前，先要将整机装配所需的各种工艺、技术文件收集整理好，再准备好装配过程中所需的各种装配件(如具有一定功能的印制电路板等)、紧固件、材料及装配工具并做好分类，同时清洁、整理好装配场地。

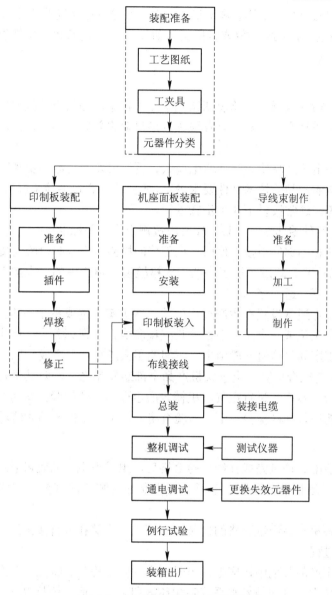

图 4.1 电子整机装配工艺流程图

2. 整机装配

整机装配的内容包括印制板装配、机座面板装配、导线的加工及连接、产品的总装等几个部分。

整机装配的流程是先将元器件正确地插装、焊接在印制电路板上，再用加工好的导线，通过螺纹连接、黏接、锡焊连接、插接等手段，将装配好的印制电路板与机座装配连接，最后进行产品总装的过程。

3. 产品调试

电子整机装配完成后，一般都要进行调试，使整机能够达到规定的技术指标要求。整机产品调试的工作包括制定合理的调试方案、准备好调试仪器设备、完成整机调试等。

整机产品调试的内容包括调整和测试两部分，即完成对电气性能的调整(调节电子产品中可调元器件)和机械部分的调整(调整机械传动部分)，并对整机的电性能进行测试，使电路性能达到设计要求。

4. 检验

检验的目的是指在电子产品总装调试完毕后，根据产品的设计技术要求和工艺要求，对每一件电子产品进行通电试验，以发现并剔出早期失效的元器件，提高电子产品的质量和工作可靠性。

装配过程中的电子产品检验包括通电调试、更换失效的元器件及例行试验等过程。

整机检验应按照产品的技术文件要求进行，检验的内容包括检验整机的各种电气性能、机械性能和外观等。通常按以下几个步骤进行。

(1) 对总装的各种零部件的检验。检验应按规定的有关标准进行，查找并剔除废次品，做到不合格的材料和零部件不投入使用。这部分的检验是由专职检验人员完成的。

(2) 工序间的检验。即后一道工序的工人检验前一道工序的工人加工的产品质量，不合格的产品不流入下一道工序。

工序间的检验点通常设置在生产过程中的一些关键工位或易波动的工位上。在整机装配生产中，每一个工位或几个工位后都要设置检验点，以保证各个工序生产出来的产品均为合格的产品。工序间的检验一般由生产车间的工人进行互检完成。

(3) 电子产品的综合检验。电子整机产品全部装配完之后，对其进行全面的检验。一般是先由车间检验员对产品进行电气、机械方面全面综合的检验，认为合格的产品，再由专职检验员按比例进行抽样检验，全部检验合格后，电子整机产品才能进行包装、入库。

5. 装箱出厂

电子产品的装配、调试完成并经检验合格后，电子整机产品就可以进行包装，进行入库储存或直接出厂运往销售场所。电子总装产品的包装通常着重于方便运输和储存两个方面。

合格的电子整机产品经过合格的包装，就可以入库储存或直接出厂运往需求部门，从而完成整个总装过程。

在实际的电子产品装配中，应根据电子产品的复杂程度和特点、装配设备的种类和规模、装配工人的技术力量和技术水平等装配环境和条件，适当调整电子产品装配的工序，编制最有效的工艺流程。

总装工艺流程的先后顺序有时可以作适当变动，但必须符合以下两个条件。

(1) 使上、下道工序装配顺序合理且加工方便。

(2) 使总装过程中的元器件损耗最小。

二、电子产品生产流水线

1. 生产流水线与流水节拍

电子产品的生产流水线是指把整机产品的装联、调试等工作内容划分成若干个简单的操作，每一个技术工人完成指定简单操作的过程。

在流水操作的工序划分时，每位操作者完成指定操作的时间应相等，这个相等的操作时间称为流水节拍。

流水操作具有一定的强制性，但由于每一位操作人员的工作内容固定、简单、便于记忆，故能减少差错、提高工效、保证产品质量，因而在成批制作电子产品时，基本都采用了流水线的生产方式。

2. 流水线的工作方式

目前，许多电子产品的生产大多采用印制线路板插件流水线生产的方式。插件流水线生产的形式分为自由节拍形式和强制节拍形式两种。

(1) 自由节拍形式。自由节拍形式是指由生产流水线上的工人自由控制所在工位的装配时间，上道工序完成后再移到下道工序操作，操作时没有固定的流水节拍，生产装配时间由各道工序的工人自由控制。

自由节拍流水线方式的特点是生产装配的时间安排比较灵活，操作工人的劳动强度小，但装配时间长，易造成装配中某些工位的产品积压或某些工位空闲的状况，导致生产效率低。

(2) 强制节拍形式。强制节拍形式是指每个操作工人必须在规定的时间内把所要求插装的元器件、零件准确无误地插装到印制电路板上。这种方式带有一定的强制性，在选择分配每个工位的工作量时应留有适当的余地，以便既保证一定的劳动生产率，又保证产品质量。

强制节拍形式这种流水线方式的特点是工作内容简单、动作单纯、记忆方便、差错率低以及工效高。

目前有一种回转式环形强制节拍插件焊接生产线，是将印制板放在环形连续运转的传送线上，由变速器控制链条拖动，工装板与操作工人呈 15°～27° 的角度，其角度可调，工位间距也可按需要自由调节。生产时，操作工人环坐在流水线周围进行操作，每人装插组件的数量可调整，一般取 4～6 只，而后再进行焊接。

国外已有不用装插工艺，而是使用一种导电胶将组件直接胶合在印制板上的新方法，其效率高达每分钟安装 200 只组件。

三、电子产品的总装顺序和基本要求

1. 总装的顺序

电子产品的总装有多道工序，这些工序的完成顺序是否合理，直接影响到产品的装配质量、生产效率和操作者的劳动强度。

无论是机械装配，还是电气装配，电子产品总装的顺序都必须符合以下原则，先轻后重、先小后大、先铆后装、先装后焊、先里后外、先平后高，总装时上道工序不得影响下道工序。

2. 总装的基本要求

电子产品的总装是电子产品制作过程中一个重要的工艺过程环节，是把半成品装配成合格产品的过程。对电子产品的总装提出如下基本要求。

(1) 总装前组成整机的有关零部件或组件必须经过调试、检验，不合格的零部件或组件不允许投入总装线，检验合格的装配件必须保持清洁。

(2) 总装过程要根据整机的结构情况，制订合理、经济、高效、先进的装配技术工艺，用经济、高效、先进的装配技术，使产品总装达到预期的效果，满足产品在功能、技术指标和经济指标等方面的要求。

(3) 严格遵守总装的顺序要求，注意前后工序的衔接。

(4) 总装过程中，不损伤元器件和零部件，避免碰伤机壳、元器件和零部件的表面涂覆层，不破坏整机的绝缘性；保证安装件的方向、位置、极性的正确，保证产品的电性能稳定，并有足够的机械强度和稳定度。

(5) 小型机大批量生产的产品，其总装在流水线上安排的各工位进行。每个工位除按工艺要求操作外，要求工位的操作人员熟悉安装要求和熟练掌握安装技术，保证产品的安装质量。严格执行自检、互检与专职调试检验的"三检"原则。总装中每一个阶段的工作完成后都应进行检验，分段把好质量关，提高产品的一次直通率。

四、总装的质量检查

电子产品的质量检查，是保证产品质量的重要手段。电子整机总装完成后，按电子整机配套的工艺文件和技术文件的要求进行质量检查。检查的内容包括外观检查、装联的正确性检查和安全性检查。

总装的质量检查应始终坚持自检、互检、专职检验的"三检"原则，其程序是先自检，再互检，最后由专职检验人员检验。

1. 外观检查

装配好的整机，应该有可靠的总体结构和牢固的机箱外壳。外观检查包括电子产品的外观是否清洁，电子整机表面有无损伤、划痕或脱落现象，连接导线和元器件有无损伤或虚焊现象，金属结构有无开裂、脱焊现象，电子产品机箱内有无焊料渣、零件、线头、金属屑等残留物，整机的机械部分是否牢固可靠，调节部分是否活动自如。

2. 装联的正确性检查

装联的正确性检查包括对整机电气性能和机械性能两方面的检查。

电气性能方面的检查包括根据有关技术文件(如电路原理图和接线图等)，检查各元器件是否安装到位，装配件(印制板、电气连接线)是否安装正确，连接线是否符合电路原理图和接线图的连接要求，导电性能是否良好，主要性能指标是否符合设计文件的要求等。

机械性能方面的检查包括构成电子整机的各个部分是否按设计要求安装到位、整机是否牢固、调节是否灵活、安装是否符合产品设计文件的规定等。

3. 安全性检查

电子产品是给用户使用的，因而对电子产品的要求不仅是性能良好、使用方便、造型美观、结构轻巧、便于维修，还有安全可靠是最重要的。一般来说，对电子产品的安全性检查有两个主要方面，即绝缘电阻和绝缘强度。

(1) 绝缘电阻的检查。整机的绝缘电阻是指电路的导电部分与整机外壳之间的电阻值。一般使用兆欧表测量整机的绝缘电阻。整机的额定工作电压大于 100 V 时，选用 500 V 的兆欧表；整机的额定工作电压小于 100 V 时，选用 100 V 的兆欧表。

绝缘电阻的大小与外界条件有关。在相对湿度不大于 80%、温度为 25℃±5℃的条件下，绝缘电阻应不小于 10 MΩ；在相对湿度大于 80%、温度为 25℃±5℃的条件下，绝缘电阻应不小于 2MΩ。

(2) 绝缘强度的检查。整机的绝缘强度是指电路的导电部分与外壳之间所能承受的外加电压的大小。

检查的方法是在被检测的电子产品上外加试验电压，观察电子产品能够承受多大的耐压。一般要求电子产品的耐压应大于电子设备最高工作电压的两倍以上。

注意： 绝缘强度的检查点和外加试验电压的具体数值由电子产品的技术文件提供，应严格按照要求进行检查，避免损坏电子产品或出现人身事故。

除上述检查项目外，根据具体产品的具体情况，还可以选择其他项目的检查，如抗干扰检查、温度测试检查、湿度测试检查、震动测试检查等。

任务三　电子产品常用的连接装配技术

连接装配技术是指使用电子装配的专用工具，对连接件施加冲击、强压或扭曲等力量，使连接件表面发热，界面分子相互渗透，形成界面化合物结晶体，从而将连接件连接在一起的连接装配技术过程。

通过连接装配工艺，可以完成不同的金属之间、电路板之间的连接以及将电路板与接插件进行连接。

连接工艺不需要焊料和焊剂，不需要加热过程，就可获得可靠的连接，因此连接装配时不会产生有害气体污染环境，避免了焊料和焊剂对连接点的腐蚀，无须清洗，节省了材料，降低了成本。

在电子产品的生产中常用的连接装配工艺有压接、绕接、穿刺、螺纹连接等。

一、压接技术

压接是指使用专用工具(压接钳)，在常温下对导线和接线端子施加足够的压力，使两个金属导体(导线和接线端子)产生塑性变形，达到可靠电气连接的方法。压接适用于导线的连接。

1. 压接工具的种类

压接工具分为手动压接工具、气动压接工具、电动压接工具、液压压接工具及自动压接工具，常见的压接工具外形图如图 4.2 所示。

(1) 手动压接工具如压接钳。其特点是压力小，压接的程度因人而异。

(2) 气动式压接工具分为气压手动式压接工具、气压脚踏式压接工具两种。其特点是压力较大，压接的程度可以通过气压来控制。

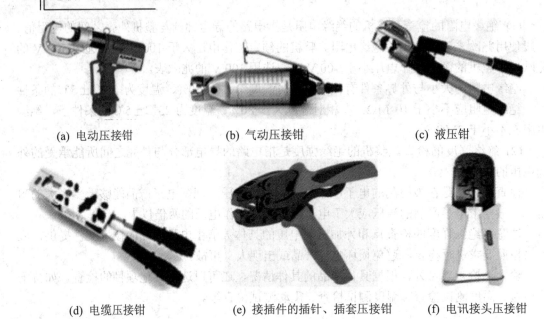

(a) 电动压接钳　　　　　(b) 气动压接钳　　　　　(c) 液压钳

(d) 电缆压接钳　　　(e) 接插件的插针、插套压接钳　　　(f) 电讯接头压接钳

图 4.2　压接钳的外形结构

(3) 电动压接工具的特点是压接面积大，最大可达 325 mm²。

(4) 自动压接工具分为半自动压接机和全自动压接机。半自动压接机只能用来进行压接；全自动压接机是一种可进行切断电线、剥去绝缘皮、压接等过程的全自动装置。

2. 压接操作

压接是用于导线之间连接的工艺技术。压接时一般需要压接端子配合完成压接过程，常用的压接端子如图 4.3 所示。

铲式　　　　挂钩式　　　　环圈式　　　　对接式

图 4.3　常用的压接端子

压接操作分为材料准备(导线和接线端子的准备)、导线剥线、对接、压接等几个过程。图 4.4 所示为手工压接钳完成压接过程的示意图。

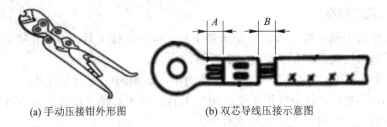

(a) 手动压接钳外形图　　　　(b) 双芯导线压接示意图

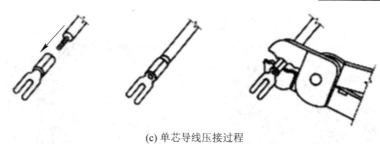

(c) 单芯导线压接过程

图 4.4 手工压接钳及压接示意图

2．压接的特点

压接的优点：

(1) 工艺简单，操作方便，不受场合、人员的限制。

(2) 连接点的接触面积大，机械强度高，使用寿命长。

(3) 耐高温和低温，适合各种场合，且维修方便。

(4) 成本低，无污染，无公害。

压接的缺点：

压接点的接触电阻大，因而压接处的电气损耗大。

二、绕接技术

绕接技术是先进的电气连接技术，它使用专用工具——绕接器，将单股实芯导线按规定的圈数紧密地缠绕在带有棱边的接线柱上，使导线和接线端子之间形成牢固的电气和机械连接。

绕接技术广泛应用于计算机、通信、电气仪表、数控、航空航天等领域安装密度大、可靠性要求高的电子产品上。

1．绕接的机理

绕接属于压力连接。绕接时，导线以一定的压力同接线柱的棱边相互摩擦挤压，使两个金属(导线和棱形接线端子)接触面的金属层升温并局部熔化，形成连接的合金层，从而使金属导线和接线端子之间紧密结合，达到可靠的电气连接。

绕接通常用于接线端子和导线的连接。绕接用的导线包括软铜单股线、无氧铜导线、铬铜单股导线和电镀绞合线等，导线的直径通常为 0.4 mm～1.3 mm，绕接的圈数取决于线径的大小。接线端子通常由铜或铜合金制成，其截面形状为正方形、矩形、U 形、V 形和梯形，便于导线紧紧地绕在其上。

绕接的质量好坏，与绕接时的压力、绕接圈数有关。有时为了增加绕接的可靠性，将有绝缘层的导线再绕一、二圈，并在绕接导线的头、尾各锡焊一点。绕接点要求导线紧密排列，不得有重绕、断绕的现象。

2．绕接工具与绕接操作

绕接使用绕接器完成，目前常用的绕接器有手动及电动两种，如图 4.5 所示。

(a) 电动绕线器　　　　　　　　　(b) 手动绕线器

图 4.5　绕接工具

(1) 电动绕接器。电动绕接器内装有 27 V/36 V 直流电机，并附有交流降压和整流电路。使用 220 V 交流电压，可绕 0.25 mm～0.8 mm 的各种导线，并可换装各种绕接线头，其操作简单、使用方便，适于大批量生产使用。

(2) 手动绕接器。手动绕接器重量轻，使用简便，但使用时要加一定的压力，适用于小批量的绕接。

台式手动拉脱力测试器及手动退绕器是绕接器的配套件，台式手动拉脱力测试器是用来测试绕接点是否合格的仪器，可测范围为 0～15 kg，可卡住 0.5 mm～1.0 mm 厚的接线柱。

使用绕接器时，首先应根据绕接导线的线径、接线柱的对角线尺寸及绕接要求选择适当规格的绕线头；然后将去掉绝缘层的单股实芯导线端头或裸导线插入绕接器中，套入带有棱角的接线柱上。此时启动绕接器，导线即受到一定的拉力，使导线按规定的圈数紧密地绕在接线柱上形成具有可靠电气性能和机械性能的连接。

绕接操作的步骤如下。

(1) 前期准备。准备好绕接的导线和接线端子，根据导线的规格、接线端子的截面积和绕接的圈数，确定导线的剥皮长度，并剥去导线端口的绝缘层。

(2) 绕接准备。将去掉绝缘皮的导线端头全部插入绕接器的导线孔内，把绕接工具的接线柱孔套在被绕接的接线柱上。

(3) 绕接。对准接线端子，扣动绕接器的扳机，即可将导线紧密地绕接在接线柱上。绕接时每个接点的实际绕接时间大约为 0.1～0.2 s。绕接操作时应注意绕接的导线匝数不得少于 5 圈；绕接的导线不能重叠；导线间应紧密缠绕，不能有间隙。

3. 绕接的特点

绕接的优点：

(1) 接触电阻小。绕接电阻大约只有 10^{-3} Ω；而锡焊点的接触电阻为 10^{-2} Ω 左右。

(2) 抗震性能好，可靠性高，工作寿命长，达 40 年之久。

(3) 绕接操作简单，无须加温和加辅助材料，因而操作方便，且不会产生热损伤。其操作无污染、生产效率高、成本低。

(4) 绕接的质量可靠性高，不存在虚焊及焊剂腐蚀的问题，质量容易控制，检验直观简单。

绕接的缺点：

对接线柱和绕接线有特殊要求，即接线柱必须有棱角，绕接线必须是单芯线(多股芯线不能绕接)，且绕接的走线必须是按规定的方向。

三、穿刺技术

穿刺技术是使用专用工具(穿刺机)将扁平线缆(或带状电缆)和接插件进行连接的工艺过程。

1. 穿刺连接工艺

穿刺的连接过程是先将需要连接的扁平线缆和接插件置于穿刺机的上、下工装模块之中，再将芯线的中心对准插座每个簧片的中心缺口，然后将上模压下，施行穿刺，此时插座的簧片穿过绝缘层，在下工装模的凹槽作用下将芯线夹紧，如图 4.6 所示，即完成穿刺连接的过程。

图 4.6　穿刺连接

2. 穿刺连接的技术要求

穿刺连接工艺适用于以聚氯乙烯为绝缘层的扁平线缆(或带状电缆)和接插件之间的连接。

(1) 穿刺时，扁平线缆(或带状电缆)的切割线必须和扁平线缆(或带状电缆)的长度方向垂直。

(2) 接插件的长度方向和扁平线(或带状电缆)的长度方向必须垂直，且扁平线缆(或带状电缆)的宽度与接插件的长度一致，或超出接插件 0.5 mm 左右。

(3) 穿刺时，扁平线缆(或带状电缆)的芯线中心应该对准接插件簧片中心的线槽缺口处，不能错位。

(4) 穿刺的位置、尺寸和极性应符合设计图纸要求。

3. 穿刺的检测

先外观目测，主要是查看扁平线缆(或带状电缆)是否与接插件准确连接，连接有无错位，导线外皮有无损伤，连接位置、机械强度等是否符合设计图纸要求。

目测检查无问题后，可进一步使用万用表检测穿刺连接是否满足电气连接的要求。用万用表的电阻挡测量接插件的金属接头与所连接的导线芯线的接触电阻，若接触电阻值小于等于 $0.01\ \Omega$，说明连接良好；用万用表的电阻挡测量扁平线缆(或带状电缆)各芯线之间的电阻，正常时，各芯线之间应该是绝缘的，芯线之间的绝缘电阻值应大于等于 $500\ \mathrm{M\Omega}$。

4. 穿刺连接的特点

(1) 不需要焊料、焊剂和其他辅助材料，可大大节省材料。

(2) 不需加热焊接，因而无污染，不会产生热损伤。

(3) 操作简单，质量可靠。

(4) 工作效率高，约为锡焊的 3～5 倍。

四、螺纹连接

螺纹连接也称为紧固件连接，它是指用螺栓、螺钉、螺母等紧固件，把电子设备中的各种零部件或元器件按设计要求连接起来的工艺技术，是一种广泛使用的可拆卸的固定连接，常用在大型元器件的安装、电路板的固定、电子产品的总装中。

螺纹连接具有结构简单、连接可靠、装拆及调节方便等优点，但在振动或冲击严重的情况下，螺纹易松动，在安装薄板或易损件时容易产生形变或压裂。

1. 螺纹连接中的常用紧固件

用于锁紧和固定部件的零件称为紧固件。在电子设备中，常用的螺纹连接紧固件有螺钉、螺母、螺栓、垫圈等，如图 4.7 所示。

(a) 一字槽圆柱螺钉　　(b) 十字槽平圆头螺钉　　(c) 一字槽沉头螺钉　　(d) 锥端紧固螺钉

图 4.7　部分常用紧固件示意图

(1) 螺钉及其连接。螺钉连接是指将螺钉穿过一被连接件的孔，旋入另一被连接件的螺纹孔中，完成被连接件之间的连接。螺钉连接时必须先在被连接件上制出螺纹孔，然后再进行连接。

螺钉连接主要用于被连接件较厚且有可能装拆的场合，但经常拆装会使螺纹孔磨损，导致被连接件过早失效，所以不适用于经常拆装的场合。

常用螺钉按头部结构不同可分为一字槽螺钉、十字槽螺钉、平圆头螺钉、圆柱头螺钉、沉头螺钉等。一般情况下，选择平圆头螺钉和圆柱头螺钉作为紧固件。当需要连接的面平整时，选用沉头螺钉。十字槽螺钉具有对中性好、紧固拆卸时螺丝刀不易滑出等优点，因而较一字槽螺钉的使用范围更广。

球面圆柱螺钉和沉头螺钉常用于面板的装配固定。

自攻螺钉用于薄铁板或塑料件的固定连接，其特点是装配孔不必攻丝，螺钉可直接拧入；常用于一些轻、薄的零部件或经常拆卸的面板和盖板中，但是不能用于紧固(如变压器、铁壳大的电容器等)相对重量较大的零部件。

(2) 螺栓、螺母及其连接。螺栓、螺母的结构如图 4.8 所示，螺栓和螺母通常配合使用，常用于两个或两个以上连接件的连接。这种连接方式，不需要内螺纹就能安装。

螺栓、螺母连接常用的两种形式是普通螺栓连接和双头螺栓连接。

普通螺栓连接中，螺杆一头带有六角柱形的固定钉头，另一头与螺母连接；连接时，连接通孔不带螺纹，螺杆穿过通孔与螺母配合完成连接，如图 4.9 所示。其常用于被连接件不是太厚，需要多次拆卸的场合。

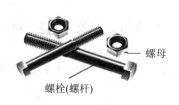

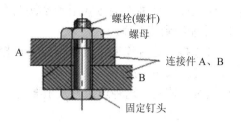

图 4.8　普通螺栓、螺母的结构　　　　图 4.9　普通螺栓连接图

双头螺栓连接中，螺杆的两头都没有固定的钉头且均有螺纹，必须使用螺母来完成固定连接。双头螺栓连接时，连接通孔不带螺纹，螺杆穿过通孔将两头用螺母旋紧即完成连接。这种连接主要用于厚板零部件的连接，或用于需要经常拆卸、螺纹孔易损坏的连接场合。螺栓、螺母连接的特点是连接件的结构简单，不需要内螺纹就能安装，被连接件的材料不受限制，装拆方便，不易损坏连接件。

(3) 垫圈(垫片)。垫圈(垫片)的作用是：防止螺纹连接的松动。常用的垫圈有平垫圈、弹簧垫圈、止动垫圈、齿形垫圈等，如图 4.10 所示。各种垫片的作用如下。

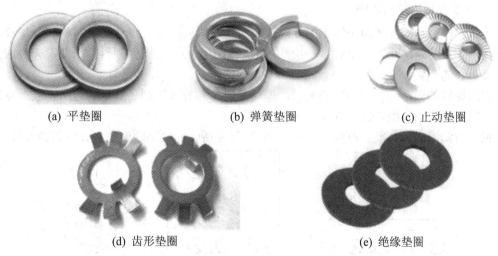

图 4.10　垫片外形图

① 平垫圈。其作用是保护被接插件的表面，增大螺母与被接插件之间的接触面积，但不能起到防松的作用。

② 弹簧垫圈。其作用是有效地防止螺纹连接在振动情况下自动松动。它的防松动效果好、使用最为普遍；但这种垫圈多次拆卸后，防松动效果会变差。

③ 止动垫圈。其防震作用是靠耳片固定六齿螺母来实现的，适用于靠近接插件的边缘，但不需要拆卸的部位。

④ 齿形垫圈。它是一种所需压力较小，但其齿能咬住接插件的表面、防止松动的垫圈，在电位器类的元器件中使用较多。

⑤ 绝缘垫圈。它一般用于不需要导电的零部件中，或用于连接塑压件、陶瓷件、胶木件等易碎裂的零部件。

2. 螺纹连接方式

(1) 螺栓连接。这种连接方式用于连接两个或两个以上的被接插件，需要螺栓与螺母配合使用，才能起到连接作用。

(2) 螺钉连接。这种连接方式必须先在被接插件之一上制出螺纹孔，然后再行连接。一般用于无法放置螺母的场合。

(3) 双头螺栓连接。这种连接方式主要用于厚板零部件的连接，或用于需要经常拆卸、螺纹孔易损坏的连接场合。

(4) 紧定螺钉连接。这种连接方式主要用于各种旋钮和轴柄的固定。

五、螺纹连接工具及拆装技巧

1. 螺纹连接工具

螺纹连接工具及拆装技巧

螺纹连接的主要工具包括不同型号、不同大小的螺丝刀和扳手及钳子等。螺纹连接工具应根据螺钉的大小尺寸来选择，以保证每个螺钉都以最佳的力矩紧固，从而不易损坏螺钉。

2. 螺纹连接的紧固顺序

当零部件的紧固需要两个以上的螺纹连接时，其紧固顺序应遵守交叉对称和分步拧紧的原则。其目的是防止逐个螺钉被一次性拧紧，而造成的被紧固件倾斜、扭曲、碎裂或紧固效果不好的现象。

拆卸螺钉的顺序与紧固的原则类似，即交叉对称和分步拆卸。其目的是防止被拆零部件的偏斜，而影响其他螺钉的拆卸。

螺钉的紧固或拆卸顺序范例如图 4.11 所示。按图所示的数字顺序依次分步紧固或拆卸。

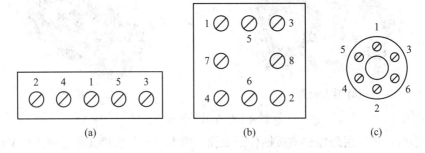

图 4.11　螺钉的紧固或拆卸顺序

任务四　超外差收音机的制作与调试

一、所需电路及器材

1. 收音机电路

(1) 超外差式晶体管收音机的方框图如图 4.12 所示。

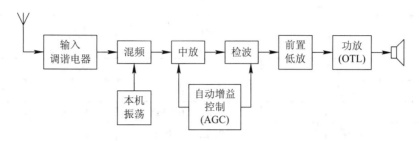

图 4.12　超外差式收音机的电路方框图

(2) 超外差式晶体管收音机的电路原理图如图 4.13 所示。

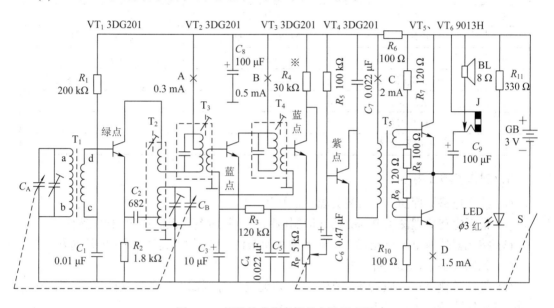

图 4.13　超外差式收音机的电路原理图

2. 所需器材

所需元器件清单如表 4-1 所示。

表 4-1　元器件清单

序号	名称	型号规格	位号	数量
1	三极管	3DG201(绿，黄)	VT$_1$	1 支
2	三极管	3DG201(蓝，紫)	VT$_2$　VT$_3$	2 支
3	三极管	3DG201(紫，灰)	VT$_4$	1 支
4	三极管	9013H	VT$_5$　VT$_6$	2 支
5	发光二极管	3 红	LED	1 支
6	磁棒线圈	5 mm × 13 mm × 55 mm	T$_1$	1 套
7	中周	红，白，黑，	T$_2$　T$_3$　T$_4$	3 个
8	输入变压器	E 型六个引脚	T$_5$	1 个
9	扬声器	58 mm	BL	1 个

续表

序号	名称	型号规格	位号	数量
10	电阻器	100 Ω	R_6 R_8 R_{10}	3 支
11	电阻器	120 Ω	R_7 R_9	2 支
12	电阻器	330 Ω 1800 Ω	R_{11} R_2	各 1 支
13	电阻器	30 kΩ 100 kΩ	R_4 R_5	各 1 支
14	电阻器	120 kΩ 200 kΩ	R_3 R_1	各 1 支
15	电位器	5 kΩ(带开关插脚式)	R_P	1 支
16	电解电容	0.47 µF 10 µF	C_6 C_3	各 1 支
17	电解电容	100 µF	C_8 C_9	2 支
18	瓷片电容	0.0068µF 0.01 µF	C_2 C_1	各 1 支
19	瓷片电容	0.022 µF	C_4 C_5 C_7	3 支
20	收音机前后盖			各 1 个
21	刻度尺和音窗			各 1 块
22	双联拨盘			1 个
23	电位器拨盘			1 个

3．制作步骤及内容

(1) 读懂电路原理图，了解各元器件的作用。

(2) 根据电路原理图用 Protel 设计印刷电路图，并用覆铜板制作印制电路板。

(3) 按元器件清单清点元器件，熟悉各种元器件，使用万用表检测元器件的好坏。

(4) 元器件整形、插装并焊接。

(5) 性能检测调试。收音机装配完毕后，通电进行测试，若各项功能正常，则进行下一步；若存在缺陷，则用万用表进行检查并纠正。

二、制作过程注意事项

1．安装注意事项

安装前要认真学习实验指导书，仔细阅读安装说明书，先熟悉各个元器件的型号、参数、管脚分布及性能，检查各个元器件，了解焊接注意事项，将所有元器件排列整齐，注意排除因裸线相碰造成的短路。具体事项如下。

1) 电阻的检查

通过电阻的色环读出各电阻的电阻值并用万用表进行验证，检查其数量与参数是否与清单一致。

2) 天线线圈及中周的检查

注意磁性天线线圈的导线较细，刮去漆皮时不要弄断导线。其中匝数多的为原边，与双联电容相接，匝数少的为副边，与混频管相接。检查中周时主要应注意分清振荡线圈和中周，千万不要弄错。

3) 电容的检查

因 10 pF 以下的固定电容器容量太小，用万用表进行测量只能定性的检查其是否有漏电、内部短路或击穿现象。测量时，可选用万用表 R × 10 k 挡，用两表笔分别任意接电容的两个引脚，阻值应为无穷大。若测出阻值(指针向右摆动)为零，则说明电容漏电损坏或内部击穿。检测 10 pF～0.01 μF 固定电容器可选用万用表 R × 1 k 挡。对于 0.01 μF 以上的固定电容，可用万用表的 R×10k 挡直接测试电容器有无充电过程以及有无内部短路或漏电，并可根据指针向右摆动的幅度大小估计出电容器的容量。电解电容的容量较一般固定电容大得多，所以测量时，应针对不同容量选用合适的量程。一般情况下，1 μF～47 μF 间的电容可用 R × 1 k 挡测量，大于 47 μF 的电容可用 R × 100 k 挡位测量。

4) 二极管的检查

选择万用表 R × 1 k 的欧姆挡，其中黑表笔作为电源正极，红表笔作为电源负极，根据二极管正向导通、反向阻断的单向导电性将表笔对调一次即可测出其极性及好坏。

5) 三极管的检查

(1) 三极管的基极和管型的辨识：先将万用表置于 R × 1 k 欧姆挡，将红表笔接假定的基极 b，黑表笔分别与另两个极相接触，观测到指针偏转很小(或很大)，再将红黑两表笔对换，观测指针偏转都很大(或很小)，则假定的基极是正确的，且三极管的管型为 PNP 型(或 NPN 型)。用同样的方法可检测出 NPN 型三极管的基极和管型。

(2) 三极管集电极、发射极的辨识：若被测管为 NPN 三极管，将黑表笔接假定的集电极 c，红表笔接假定的发射极 e。两手分别捏住 b、c 两极充当基极电阻 R_B，注意不要让两手相接触，同时注意观察万用表指针的偏转大小。然后再将两检测极反过来假定，仍然注意观察电表指针偏转的大小，指针偏转较大则假定极是正确的。但是如果两次测得的电阻值相差不大，则说明管子的性能较差。

6) 其他事项的检查

对照原理图检查印刷电路板布线图及各元器件位置图，看元器件摆放的位置是否正确。要求组装之前能够清楚地将原理图和印刷电路的连线及元器件对应起来。焊接完毕后仔细检查电路是否有虚焊、假焊和短路的地方。查看电阻阻值是否合适，电容、发光二极管的正负极是否接反，三极管的 e、b、c 脚是否接对，中周的型号是否有误等。逐步分析、发现错误并及时纠正，以免通电后烧坏元器件。

2. 焊接注意事项

安装时请先装低矮或耐热的元器件(如电阻)，然后再装大一点的元器件(如中周、变压器)，最后装怕热的元器件(如三极管)。焊接时两手各持烙铁和焊锡，从两侧先后依次各以 45°角接近所焊元器件管脚与焊盘铜箔交点处。待融化的焊锡均匀覆盖焊盘和元器件管脚后，撤出焊锡并将烙铁头沿管脚向上撤出。待焊点冷却凝固后，剪掉多余的管脚引线。

1) 焊接时的注意事项

(1) 元器件视情况立式焊装或卧式焊装均可。

(2) 有字元器件的有字面要尽量在同一方向。

(3) 连接导线要先镀锡再焊接，剥线裸露部位不要大于 1 mm。

(4) 焊接所用时间尽量短，焊好后不要拨弄元器件，以免焊盘脱落。

(5) 焊点要大小均匀、表面光亮、无毛刺、无虚焊。

(6) 元器件管脚应留出焊点外 0.2 mm～1 mm。

(7) 焊接过程中，一定要注意焊接面的清洁。

总之，装配焊接过程中我们应当特别细心，不可有虚焊、错焊、漏焊等现象发生。

2) 初学者易发生的错误

(1) 电阻色环认错。色环中红、棕、橙容易混淆，在不能确定时，请用万用表检测其阻值。

(2) 将电解电容器和发光二极管等有极性的元器件焊反。电解电容器长脚为正极，短脚为负极，其外壳圆周上也标有"－"号，说明靠近"－"号的那根引线是负极。发光二极管的长脚为正极，短脚为负极，将管体透过光线来看，电极小那根引线是正极，另一个引线是负极。

(3) 中周、振荡线圈混淆。振荡线圈 T_2 的磁帽是红色，T_3 是第一中周磁帽是白色，T_4 是第二中周磁帽是黑色，它们之间千万不要混淆。

(4) 磁性线圈的线头未上锡就焊接。

项 目 小 结

1. 电子产品装配包括机械装配和电气装配两大部分，其装配要符合设计的电气性能要求，保证信号的良好传输，装配应具有足够的机械强度，装配过程中不得损伤电子产品及其零部件，注意电子产品的装配、使用安全。

2. 电子产品装配的工艺流程包括装配准备、整机装配、产品调试、检验、装箱出厂等几个阶段。

3. 电子产品的总装是指将构成电子产品整机的各零部件、接插件以及单元功能整件(如各机电元器件、印制电路板、底座、面板、机箱外壳)等，按照设计要求，进行装配、连接，组成一个具有一定功能的、完整的电子整机产品的过程。

4. 电子产品总装的顺序必须符合以下原则，即先轻后重、先小后大、先铆后装、先装后焊、先里后外、先平后高，上道工序不得影响下道工序。

5. 总装的质量检查应始终坚持自检、互检、专职检验的"三检"原则，对产品的外观、装联正确性及安全性等方面进行检查。其检查程序是先自检，再互检，最后由专职检验人员检验。

6. 在电子产品的生产中，常用的连接装配工艺有压接、绕接、穿刺、螺纹连接等。

习 题 4

一、填空题

1. 电子产品装配的工艺流程因电子产品的复杂程度和特点的不同，装配设备的种类、规模不同，其工艺流程的构成也有所不同，但基本工序大致一样，主要包括(　　　)、(　　　)、

(　　)、(　　)、(　　)等几个阶段。

2. 整机产品调试的工作包括(　　)、(　　)、(　　)、(　　)。

3. 在电子产品的生产中，常用的连接装配工艺有(　　)、(　　)、(　　)、(　　)等。

4. 绕接使用绕接器完成，目前常用的绕接器有(　　)、(　　)两种。

5. 常用螺钉按头部结构不同，可分为(　　)、(　　)、(　　)、(　　)、(　　)等。

二、简答题

1. 什么是电子产品的总装？电子产品总装分为哪两大类？

2. 可拆卸装接和不可拆卸装接有什么区别？

3. 什么叫整机装配？什么叫组合件装配？

4. 按什么顺序完成元件级、插件级和系统级组装？

5. 电子产品装配应满足哪些技术要求？

6. 电子产品的工艺流程中包括哪几个主要环节？

7. 生产流水线有什么特征？什么是流水节拍？设置流水节拍有何意义？

8. 简述电子产品总装的顺序。

9. 总装的质量检查应坚持哪"三检"原则？"三检"的顺序有何规定？

10. 应从哪几方面检查总装的质量？

11. 什么是连接装配技术？连接装配技术有何特点？

12. 压接、绕接、穿刺各适用于什么场合？

13. 什么是螺纹连接？螺纹连接有何特点？

14. 自攻螺钉的连接有何特点，主要使用在什么场合？

15. 螺栓、螺母的连接有何特点，主要使用在什么场合？

16. 螺钉的紧固或拆卸有何规定？

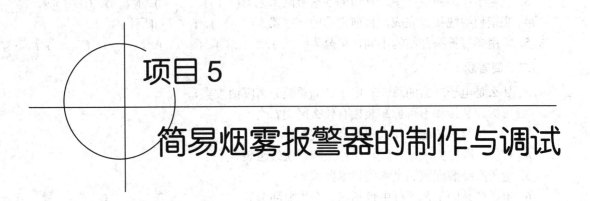

项目 5

简易烟雾报警器的制作与调试

 学习目标

(1) 以简易烟雾报警器的制作为项目载体，掌握电子整机拆卸过程的流程与技巧；
(2) 掌握电子产品调试的基本知识。

 知识点

(1) 电子整机产品拆卸的规则与要求；
(2) 电子产品调试的原因、内容及步骤；
(3) 调试的工艺流程，调试的操作安全措施；
(4) 简易烟雾报警器的制作及调试方法。

 技能点

(1) 电子整机产品的拆卸方法与技巧；
(2) 电子产品调试操作技巧；
(3) 简易烟雾报警器的制作。

任务一　电子整机产品的拆卸

在电子产品的检验、维修或调试中，有时需要对电子整机产品进行拆卸及重装。

拆卸的内容主要包括电子整机的外包装拆卸、电子整机外壳的拆卸、印制电路板的拆卸、元器件的拆卸、连接导线及接插件的拆卸。

一、电子整机产品拆卸的工具及使用方法

电子产品常用的拆卸工具有螺丝刀、电烙铁、吸锡器、镊子、斜口钳、剪刀、扳手等。

1. 螺丝刀

螺丝刀主要用于拆卸螺钉,拆卸紧固印制电路板的螺丝,拆卸固定大型器件(如变压器、双联电容、继电器、机械调谐电位器等)的螺丝和散热片的螺钉等。

2. 电烙铁和吸锡器

电烙铁和吸锡器是用于拆卸印制电路板上元器件的最常用的工具。

拆焊时,利用电烙铁对需要拆卸的元器件引脚焊点进行加热,使焊点融化,并借助于吸锡器吸掉熔融状的焊料,使拆焊的元器件与印制电路板分离,达到拆卸元器件的目的。

当然,也可以使用吸锡电烙铁直接完成拆焊元器件的任务。

3. 镊子

拆焊时,利用镊子夹持元器件引脚可以帮助元器件在拆焊过程中散热,避免焊接温度过高损坏元器件或烫伤捏持被拆焊的元器件的手,如图 5.1 所示。有时可借助于镊子捅开拆焊后的焊盘孔,为再次安装、更换元器件做准备。

图 5.1　用镊子帮助拆焊

4. 斜口钳和剪刀

当被拆卸的元器件需要经过多次更换才能确定更换的元器件时,常使用斜口钳或剪刀先剪断元器件的引脚(需在原来的元器件上留出部分引脚),将元器件进行剪切拆除,如图5.2 所示。

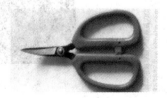

(a) 斜口钳　　　　　　　　(b) 剪刀　　　　　　　(c) 元器件引脚的拆卸

图 5.2　剪切元器件引脚的拆卸法

5. 扳手

扳手是紧固或拆卸螺栓、螺母的常用工具，在电子制作中，常用于装配或拆卸大型开关或调节旋钮(如指针式万用表的功能转换开关)。

常用的扳手类型有固定扳手、套筒扳手、活动扳手三类。

1) 固定扳手(呆扳子)

固定扳手适用于紧固或拆卸与扳手开口口径配套的方形或六角形螺栓、螺母。如图 5.3 所示为不同类型的固定扳手的外形结构。

图 5.3　固定扳手

2) 套筒扳手

套筒扳手特别适用于在装配位置很狭小、凹下很深的部位及不容许手柄有较大转动角度的场合下紧固、拆卸六角螺栓或螺母，其外形如图 5.4 所示。

套筒扳手配套有不同规格的套筒头和不同品种及规格的手柄及手柄连杆，用以满足装配和拆卸不同尺寸规格和放置于不同位置、深度的螺栓、螺母的需要。

图 5.4　套筒扳手及手柄、手柄连杆

3) 活动扳手

活动扳手的开口宽度可以调节，故能装配或拆卸一定尺寸范围的六角头或方头螺栓、螺母。活动扳手使用时应注意，其开口宽度应与被紧固件(螺栓、螺母)吻合，切勿在很松动的情况下扳动，以防损坏被紧固件；同时要注意扳手的扳动方向，以免损坏扳手的调节螺丝或使扳手滑动。活动扳手的外形及扳动方向如图 5.5 所示。

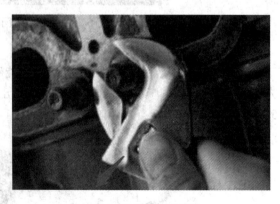

(a) 活动扳手结构　　　　　　　　　　　　(b) 活动扳手扳动方向

图 5.5　活动扳手的外形及扳动方向

二、拆卸方法与技巧

完整的电子整机的拆卸主要包括电子整机的外包装拆卸、电子整机外壳的拆卸、印制电路板的拆卸、元器件的拆卸、连接件(包括连接导线或接插件)的拆卸。不同类型的电子产品包装不同，其拆卸方法和步骤也会有所区别，常规的拆卸步骤如图 5.6 所示。

图 5.6　电子整机的拆卸步骤

1. 拆卸的一般规则及要求

(1) 拆卸前必须熟悉构成电子产品的各部分结构及工作原理。可以通过查阅有关说明书、技术文件等资料以及运用专业知识来了解电子产品的结构、原理、性能和特点。

(2) 了解应拆卸的位置及零部件，了解拆卸的顺序。一般拆卸的顺序是先外后内，先电路板后元器件。拆卸时应记住各部件原来装配的位置(顺序和方位)及固定的零部件(螺钉、螺帽、卡子、接插件、导线等)，便于电子整机的重装及保证重装的正确性。

(3) 拆卸时应切断电源进行。拆卸的顺序和装配的顺序相反，先装的后拆，先拆的后装。

(4) 必须正确选择和使用拆卸工具，选择型号、大小合适的拆卸工具。拆卸时，严禁猛敲狠打，应保护好电子产品的外形结构和被拆卸的元器件。

(5) 拆卸下来的元器件通过检测，可以判断其好坏，并确定能否继续使用。

2. 拆卸的方法与技巧

1) 外包装拆卸

电子产品合格的包装内容包括电子整机产品、附件、合格证、使用说明书、装箱单、装箱明细表、产品保修单等，包装箱体上标注了包装产品的名称、型号、数量及颜色、注册商标图案、防伪标志及条形码、包装件的尺寸和重量、出厂日期、生产厂家名称、地址和联系电话以及储运标记(放置的方向及层数，怕潮，小心轻放等)。

在拆卸之前，必须仔细阅读外包装箱体上的内容和要求，查看包装类型及特点(纸箱还是木箱包装，胶带封装还是编织绳捆绑)，将包装外箱体置于顺序向上的状态，再使用工具完成拆装外包装。

对于大型的电子整机，一般在包装纸箱的外面还有木结构的包装箱，这种情况下，可借助于带撬钉子的榔头、一字螺丝刀等工具，先拆除木箱，再用剪刀或斜口钳剪切编织绳，划开封装胶带，然后拿出固定电子产品的泡沫，小心取出电子整机，拆除包装袋，即完成电子整机的外包装拆卸。

2) 电子整机外壳的拆卸

电子整机外壳一般采用螺钉固定、卡式固定或螺钉加卡式固定的方法。拆除电子整机外壳时，可借助于螺丝刀完成电子整机外壳的拆卸。操作时，先拆卸所有的螺钉，再用一字螺丝刀从外壳的四周、多方位地轻轻撬动外壳结合处，直至外壳完全打开。

3) 印制电路板的拆卸

印制电路板是电子整机的内部核心部件，常采用螺钉或卡式固定的方式，选择螺丝刀拆卸印制电路板。拆卸印制电路板时需注意的是，印制电路板往往与一些装配在印制电路板外的大型器件(如喇叭、电池、电磁表头等)连接，所以拆卸印制电路板不能破坏这些大型器件的连接；在某些需要的场合，也可先拆除这些大型器件与印制板的连接，再拆除印制电路板。

4) 元器件的拆卸

元器件的拆卸应在印制电路板拆下后进行。

(1) 对于印制电路板上的元器件，可使用电烙铁、吸锡器进行拆卸。值得注意的是，拆卸时不能长时间加热元器件的引脚焊点，避免损坏被拆焊的元器件及印制电路板。操作时可借助于镊子帮助元器件引脚散热。

(2) 对于用螺钉固定在印制板上的大型元器件，先使用电烙铁、吸锡器去除焊盘上的焊锡，再使用螺丝刀拆卸固定大型器件的螺钉。

(3) 对于需要多次调整、更换的元器件，可采用斜口钳剪切引脚，断开元器件的方法进行拆卸。其操作步骤为先剪切被拆除的元器件(需留下一部分元器件引脚)，再搭焊调试的元器件进行调试、调整，待完全确定合适的元器件后，再用电烙铁拆卸需更换的元器件，并换上新的元器件。

(4) 对于固定在机箱外壳上的大型元器件的拆卸，应先断开连接导线或接插件，再拆卸元器件。

(5) 对于有座架的集成电路，可使用集成电路起拔器拆卸。

5) 连接件的拆卸

(1) 对于焊接的导线，使用电烙铁完成拆卸。

(2) 对于绕接、压接或穿刺的导线，使用斜口钳或剪刀直接剪切拆除导线。

(3) 对于用螺丝固定的导线，使用螺丝刀完成拆卸。

(4) 对于可插、拔的接插件，可直接用手均衡地拔下接插件；对于较多插孔并且安装脚紧密的接插件，可借助于一字螺丝刀轻轻地、多角度地撬动接插件，然后用手拔下接插件。

(5) 对于焊接在电路板上的插座，可使用电烙铁、吸锡器加热熔化插座引脚并吸干净熔融状焊料，待插座的各引脚完全与焊盘脱离后，再取下插座。

(6) 对于用螺丝连接的插头、插座，使用螺丝刀旋开螺丝，拆卸插头、插座。

任务二　调试的基本知识

一、调试的概念

调试由调整和测试(检验)两个部分构成。通过调试可以发现电子产品设计和装配工艺的缺陷和错误，并及时改进与纠正，确保电子产品的各项功能和性能指标均达到设计要求。

调试分为电路和机械两部分进行，电子整机调试中，机械部分调试相对简单，而电路部分调试较为复杂。本任务所述的调试主要是针对电路调试进行介绍。

1. 调整

调整是指对电路参数的调整，一般是对电路中可调元器件(如可调电阻、可调电容、可调电感等)进行调整以及对机械部分进行调整，使电路达到预定的功能、技术指标和性能要求。

2. 测试

测试是指对电路的各项技术指标和功能进行测量与试验，并同设计的性能指标进行比较，以确定电路是否合格。

电子产品的调整和测试是相互依赖、相互补充、同时进行的。实际操作中，调整和测试必须多次、反复进行。

二、整机调试的工艺流程

1. 调试前的准备工作

1) 技术文件的准备

整机调试的工艺流程

技术文件是产品调试的依据。调试前应准备好调试用的文件、图纸(电路原理图、印制板装配图、接线图等)、技术说明书、调试工艺文件、测试卡、记录本等相关的技术文件。

调试人员在调试前，要仔细阅读调试的技术文件，熟悉电子产品的构成特点、工作原理和功能技术指标，了解调试的参数、部位和技术要求。

2) 调试仪器设备的准备

按照技术文件的规定要求，准备好所需的测试仪器仪表及设备，检查测试仪器仪表和设备是否符合测试要求、工作是否正常，测试人员需熟练掌握这些测试仪器仪表和设备的性能和使用方法。

3) 被调试电子产品的准备

准备好需要调试的单元电路板、电路部件和电子整机产品，查看被测试件是否符合装配要求，是否有错焊、漏焊及短路问题。

4) 调试场地的布置

调试场地整齐、干净，调试电源及控制开关设置合理、方便，根据需要设置合理的抗高频、高压、电磁场干扰的屏蔽场所，调试场所地面铺设绝缘胶垫，摆放好调试用的文件、图纸、工具及调试用的仪器设备。

5) 制定合理的调试方案

电子产品的品种繁多，组装完毕的产品电路中既有直流信号又有交流信号，既有有用信号又有噪声干扰信号。需根据电子产品的结构特点、复杂程度、性能指标以及调试的技术要求，制定合理的调试方案。

对于简单的小型电子产品，可以直接进行整机调试；对于较复杂的电子产品，通常先进行单元电路和功能电路的调试，达到技术指标后，总装成整机，再进行整机调试。

2. 调试工艺流程的工作原则

为了缩短调试时间，减少调试中出现的差错，避免造成浪费，在调试过程中应遵循"先静后动，分块调试"的原则，具体如下。

(1) 先调试电源，后调试电路的其他部分。电源调试为先空载调试，再加载调试。

(2) 先静后动。对测试的电路，先静态观察，再静态测试，没有问题后，再加信号进行动态测试。

(3) 分块调试。根据不同的功能将完整电路分成若干个独立的模块电路，每个模块电路单独调试，最后才是完整电路调试。

(4) 先电路调试，后机械部分调试。

3. 调试的工艺流程

调试的工艺流程根据电子整机的不同性质可分为样机调试和整机产品调试两种不同的形式。不同的产品其调试流程亦不相同。

1) 样机产品的调试流程

样机产品是指电子产品试制阶段的电子整机、各种试验电路、电子工装及其他在"电子制作"中的各种电子线路等，也就是指没有定型的或可能存在一定缺陷的电子整机产品。

样机产品调试包括样机测试、调整、故障排除以及产品的技术改进等。样机产品调试中，故障存在的范围和概率较大，功能指标偏离技术参数会较大，所以对样机调试人员的理论基础、技术要求及经验要求较高。

样机产品的调试内容及工艺流程如图 5.7 所示，其中故障检测是每个调试阶段不可缺少的过程，在调试中占了很大比例。样机产品调试是电子产品设计、制作、完善和定型的必要环节。

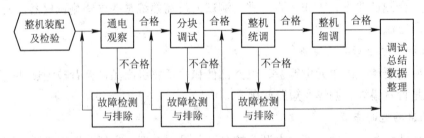

图 5.7 样机调试的工艺流程

2) 整机电子产品调试

整机产品是指已定型、可批量投入正规生产的电子产品，通常经过了样机调试、修改、完善后，获得的成熟的产品。

整机调试是整机产品生产过程的一个工艺过程，它分多次、多个位置分配在电子产品生产流水线的工艺过程中进行不同技术参数的调试。整机调试的内容及工艺流程如图 5.8 所示。在各调试工序过程中检测出的不合格品，应立即交其他工序(如故障检修工序或其他装配工序)进行处理。

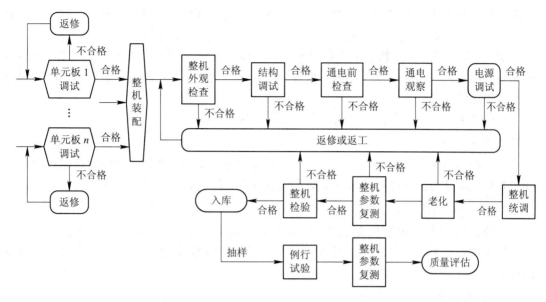

图 5.8　整机产品调试的工艺流程

4. 调试工艺的步骤

整机调试是在单元部件调试的基础上进行的。调试的步骤为外观检查、静态调试、动态调试及性能指标综合调试。

1) 外观检查

检查项目按工艺文件而定，例如，收音机一般检查天线、紧固螺钉、电池弹簧、电源开关、调谐指示、旋钮按键、插座、有无机内异物、四周外观等项，检查顺序是先外后内。

2) 结构调试

结构调试的主要目的是检查整机装配的牢固可靠性及机械传动部分的调节灵活和到位性。

3) 通电前检查

通电前应先检查电源极性是否连接正确，电源电压数值是否合适。通电调试前，还必须检查被调试的单元、部件或整机有无短路，观察有无元器件相碰，印制电路板上有无错连，可用万用表测量(用×1 Ω 挡)电源正负极间是否短路的方法来检查，并应检查各连接线、控制开关位置是否正确，整机是否接好负载或假负载等。一切正常后方可通电。

4) 通电后检查

通电后，应观察被测试件有无打火、放电、冒烟和异味；电源及其他仪表指示是否正常。若有异常应立即按照程序断电，再设法排除故障，并注意如有高压大容量电容器，应先进行放电。

5) 电源调试

电源调试的一般步骤为先空载初调，后加载细调。

(1) 电源空载初调。为了避免电源电路未经调试就加载而引起某些电子元器件的损坏，通常先在空载状态下对电源电路进行调试，即切断电源的所有负载。测量通电后电源有无稳定的数值和波形是否符合指标要求，或经调整后能达到指标要求的直流电压输出。但要注意，有些开关型电源不允许完全空载工作，必须接假负载进行调试。

(2) 电源加载细调。初调正常后加额定负载或假负载，测量并调整电源的各项性能指标如输出电压值、波纹因数、稳压系数等，使其符合指标要求，当达到最佳状态时，锁定有关调整元件。

有些简单电子产品直接由电池供电，则不需调试电源。

6) 整机统调

调试好的单元部件装配成整机之后，其性能参数会受到一些影响，因此装配好整机后应对其单元部件再进行必要的调试，使其功能符合整机要求。

7) 整机技术指标测试

按照整机技术指标要求及相应的测试方法，对已调整好的整机进行技术指标测试，判断它是否达到质量要求的技术水平。必要时应记录测试数据，分析测试结果，写出调试报告。

8) 老化试验

老化是模拟整机的实际工作条件，使整机连续长时间(由设计要求确定，如4、8、12、24、48 小时等)工作后，使部分产品存在的故障隐患暴露出来，避免带有故障隐患的产品流入市场。

9) 整机技术指标复测

经老化后的产品，由于部分元器件参数可能发生变化，甚至出现失效现象，而造成产品的某些技术指标发生偏差，达不到设计要求，甚至使整机出现故障，不能正常工作，所以老化后的产品必须进行整机技术指标的复测，以便找出经老化试验后的不合格产品。

10) 例行试验

例行试验是生产企业按惯例必须进行的试验，包括环境试验和寿命试验。电子整机一般要进行环境试验，以判断产品的可靠性。但由于例行试验对产品是有破坏作用的，可能直接影响产品的使用寿命，故例行试验不采用全验方式，只按要求从合格的产品中抽取一小部分样品进行试验，且试验后的样品不能再作为合格产品出售。即使试验后，其各项性能指标均达到合格标准，也只能另行处理，绝不能按合格品进入正常市场。

例行试验是让整机在模拟的极限条件(如高温、低温、湿热等环境或在震动、冲击、跌落等情况)下工作或储存一定时间后，看其技术指标的合格情况。也就是考验产品在恶劣的条件下，工作的可靠性。

例行试验属产品质量检验的范畴，测试只是为判明产品质量水平提供依据。

三、调试的安全措施

调试过程中，需要接触到各种电路和仪器设备，特别是各种电源及高压电路、高压大电容器等。为了保护调试人员的人身安全，防止测量仪器设备和被测电路及产品的损坏，除应严格遵守一般安全规程外，还必须注意调试工作中制定的安全措施。调试工作中的安全措施主要有供电安全和操作安全等。

1. 供电安全

通常在调试过程中，电子产品和调试仪器都必须通电工作，所使用的电源电压较高，有时还会有各种高压电路、高压大电容器等，因而操作人员的供电安全显得尤为重要，通常供电的安全措施如下。

1) 装配供电保护装置

在调试检测场所应安装总电源开关、漏电保护开关和过载保护装置，总电源开关应安装在明显且易于操作的位置，并设置有相应的指示灯。电源开关、电源线及插头插座必须符合安全用电要求，任何带电导体不得裸露。

2) 采用隔离变压器供电

调试检测场所最好先装备 1∶1 的隔离变压器，再接入调压器供电，将电网的较高电压与操作人员、设备隔离开，如图 5.9 所示。使用隔离变压器供电，既可以保证调试检测人员的人身安全，又可以防止测试仪器与电网之间产生相互影响。

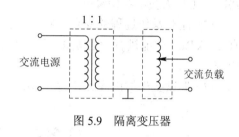

图 5.9 隔离变压器

3) 采用自耦调压器供电

在无隔离变压器而使用普通交流自耦调压器供电时，必须特别注意供电安全，因为自耦调压器没有与电网隔离，其输入与输出端有电气连接，稍有不慎就会将输入的高电压引到输出端，造成变压器及其后电路烧坏，严重时造成人员触电事故，使用时必须特别小心！

采用自耦调压器供电时，必须使用三线电源插头座，采用正确的相线(火线)L 与零线 N 的接法，即变压器输出端的固定端作为零线，变压器输出端的调节端作为火线，这样的连接方法才能保证供电安全，如图 5.10 所示。但是由于这种接法没有与电网隔离，仍然不够安全。

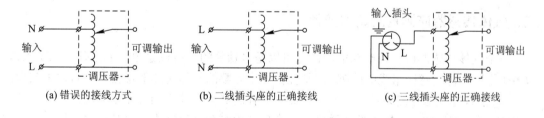

(a) 错误的接线方式   (b) 二线插头座的正确接线   (c) 三线插头座的正确接线

图 5.10 自耦调压器供电的接线方法

2. 操作安全

调试时，调试人员要了解操作安全事项，注意操作安全(包括操作环境的安全和操作过程的安全)和人身安全。

1) 操作安全注意事项

调试操作时应注意以下操作安全事项。

(1) 断开电源开关不等于断开了电源。有的电路虽然断开电源开关，但电源电路仍然有部分带电，只有拔下电源插头才可认为真正断开了电源。

(2) 不通电不等于不带电。对于大容量电容或超高压电容来说(如显像管的高压嘴上的高压电容),充电后即使断电数十天,其两端仍然会带有很高的电压。因而对已经充电的大容量电容或高压电容来说,只有进行短路放电操作后,才可以认为不带电。

(3) 电气设备和材料的安全工作寿命是有限的。也就是说,工作寿命终结的产品,其安全性无法保证。原来绝缘的部位,也可能因使用年限过长,绝缘材料老化变质而自带(漏)电了。所以,电气设备和绝缘材料应按规定的使用年限使用,及时停用、报废旧仪器设备。

2) 操作安全内容

(1) 注重操作环境的安全。操作工作台及工作场地应铺设绝缘胶垫。调试检测高压电路时,工作人员应穿绝缘鞋。

(2) 注意操作过程的安全。在进行高压电路或大型电路或电子产品通电检测时,必须有 2 人以上才能进行。若发现冒烟、打火、放电、异常响声等异常现象时,应立即断电检查。

(3) 调试工作结束或离开时,应关闭调试用电电源的开关。

任务三　气体传感器介绍

一、气体传感器的分类

气体传感器种类繁多,从检测原理上可以分为三大类。

(1) 利用理化性质的气体传感器,如半导体气体传感器、接触燃烧气体传感器等。

(2) 利用物理性质的气体传感器,如热导体气体传感器、光干涉气体传感器、红外传感器等。

(3) 利用电化学性质的气体传感器,如电流型气体传感器、电势型气体传感器等。

二、气体传感器应满足的基本条件

一个气体传感器可以是单功能的,也可以是多功能的;可以是单一的实体,也可以是由多个不同功能传感器组成的阵列。但是任何一个完整的气体传感器都必须具备以下条件。

(1) 能选择性地检测某种单一气体,而对共存的其他气体不响应或低响应。

(2) 对被测气体具有较高的灵敏度,能有效地检测允许范围内的气体浓度。

(3) 对检测信号响应速度快,重复性好。

(4) 长期工作稳定性好。

(5) 使用寿命长。

(6) 制造成本低,使用与维护方便。

三、烟雾传感器的选定

烟雾报警器主要应用在石油、化工、冶金、油库、液化气站、喷漆作业等易发生可燃烟雾泄漏的场所，根据报警器检测烟雾种类的要求，一般选用接触燃烧式烟雾传感器和半导体烟雾传感器。

采用接触燃烧式传感器，其探头的阻缓及中毒是不可避免的问题。阻缓是当在烟雾与空气的混合物中含有硫化氢等含硫物质的情况下，则有可能在无焰燃烧的同时，有些固态物质附着在催化元件表面，阻塞载体的微孔，从而引起响应缓慢反应滞缓，灵敏度降低。虽然将阻缓的传感器再放回新鲜空气环境中有得到某种程度的恢复的可能，但是如果长期暴露在这样的环境中，其灵敏度会不断下降，导致传感器最终丧失检测烟雾的能力。因此定期对探头进行标定，是必须且有效的办法。一般连续使用两个月后应对传感器进行量程校准，这种经常性对传感器的维护，无形中加大了工作人员的工作量，同时增加了报警器的维护成本。

半导体烟雾传感器包括用氧化物半导体陶瓷材料作为敏感体制作的烟雾传感器，以及用单晶半导体器件制作的烟雾传感器。它具有灵敏度高、响应快、体积小、结构简单、使用方便、价格便宜等优点，因而得到广泛应用。半导体烟雾传感器的性能主要看其灵敏度、选择性(抗干扰性)和稳定性(使用寿命)。

经过对比上述两种烟雾传感器的应用特性，发现半导体烟雾传感器的优点更加突出，且不会发生探头阻缓及中毒现象，维护成本较低等。

四、半导体烟雾传感器介绍

本设计中采用的 QM-N5 型烟雾传感器属于二氧化锡半导体气敏材料，属于表面离子式 N 型半导体。当其处于 200℃～300℃时，二氧化锡吸附空气中的氧，形成氧的负离子吸附，使半导体中的电子密度减少，从而使其电阻值增加。当与烟雾接触时，如果晶粒间界处的势垒大小受到该烟雾的浓度的变化而发生变化，相应地就会引起电导率的变化。利用这一点就可以获得这种烟雾存在的信息。

遇到可燃烟雾(如 CH$_4$ 等)时，原来吸附的氧脱附，而可燃烟雾以正离子状态吸附在二氧化锡半导体表面；氧脱附放出电子，烟雾以正离子状态吸附也要放出电子，从而使二氧化锡半导体导带电子密度增加，电阻值下降。而当空气中没有烟雾时，二氧化锡半导体又会自动恢复氧的负离子吸附，使电阻值升高到初始状态。这就是 QM-N5 型燃性烟雾传感器检测可燃烟雾的基本原理。QM-N5 型传感器的结构如图5.11。

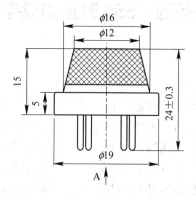

图 5.11 QM-N5 型传感器结构图

五、QM-N5 型传感器

1. QM-N5 型传感器特性

1) QM-N5 型传感器的一般特点

(1) QM-N5 型传感器对天然气、液化石油气等烟雾有很高的灵敏度,尤其对烷类烟雾更为敏感。

(2) QM-N5 型传感器具有良好的重复性和长期的稳定性。其初始稳定、响应时间短、长时间工作性能好。

(3) QM-N5 型传感器具有良好的抗干扰性,可准确排除有刺激性非可燃性烟雾的干扰信息,例如酒精、粉尘等。

(4) 电路设计电压范围宽,18 V 以下均可;加热电压 5 ± 0.2 V。

2) QM-N5 型传感器的特性参数

(1) 回路电压:(V_c)5 V~18 V。

(2) 取样电阻:(R_L)0.1 kΩ~20 kΩ。

(3) 加热电压:(V_H)5 ± 0.2 V。

(4) 加热功率:(P)约 750 mW。

(5) 灵敏度:以甲烷为例 $R_0(air)/RS(0.1\%CH_4)>5$。

(6) 响应时间:$T_{res}<10$ s。

(7) 恢复时间:$T_{rec}<30$ s。

2. QM-N5 型传感器的使用方法及注意事项

(1) 元器件开始通电工作时,没有接触可燃性气体,其电导率也会急剧增加,通电 1 分钟后达到稳定,这时方可正常使用,这段变化在设计电路时可采用延时处理解决。

(2) 加热电压的改变会直接影响元器件的性能,所以在规定的电压范围内使用为佳。

(3) 元器件在接触标定气体 1000 ppm C_4H_{10} 后 10 秒以内负载电阻两端的电压可达到 $(V_{dg}-V_a)$ 差值的 80%(即响应时间);脱离标定气体 1000 ppm C_4H_{10}30 秒钟以内负载电阻两端的电压下降到 $(V_{dg}-V_a)$ 差值的 80%(即恢复时间)。

任务四　555 时基集成电路

一、555 时基电路简介

555 集成时基电路称为集成定时器,是一种数字与模拟混合型的中规模集成电路,其应用十分广泛。该电路使用灵活、方便,只需要外接少量的阻容元器件就可以构成单稳态触发器、施密特触发器和多谐振荡器,因而广泛应用于信号的产生、变换、控制与检测。它的内部电路标准的使用了三个 5 kΩ 的电阻,故取名 555 电路。其电路类型有双极型和 CMOS 型两大类,两者的工作原理和结构相似。几乎所有的双极型产品型号最后的三位数码都是 555 或 556;所有的 CMOS 产品型号最后四位数码都是 7555 或 7556,两者的逻辑功能和引脚排列完全相同，易于互换。555 和 7555 是单定时器，556 和 7556 是双定时器。双极型的电源电压是 +5 V～+15 V，输出的最大电流可达 200 mA，CMOS 型的电源电压是 +3 V～+18 V。555 集成电路内部结构如图 5.12 所示。

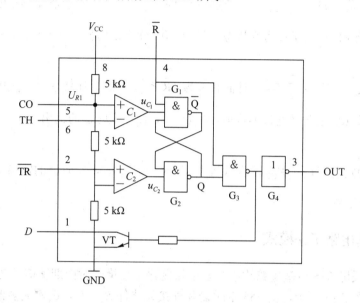

图 5.12　555 集成电路内部结构

555 集成电路是双列直插型 8 引脚封装，引脚排列方式如图 5.13 所示。在本设计中选用型号为 NE555 的集成电路芯片，各引脚功能为 1 脚是地端(GND)；2 脚称触发端($\overline{TR}$)，是下比较器的输入；3 脚是输出端(OUT)，它有 0 和 1 两种状态，由输入端所加的电平决定；4 脚是复位端($\overline{R}$)，加上低电平时可使输出为低电平；5 脚是控制电压端(CO)，可用它改变上下触发电平值；6 脚称阈值端(TH)，是上比较器的输入；7 脚是放电端(D)，它是内部放电管的输出，有悬空和接地两种状态，也是由输入端的状态决定；8 脚是电源端(V_{CC})。

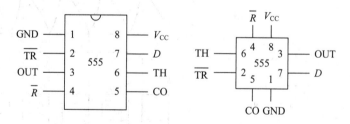

图 5.13　555 集成电路外引脚排列图

二、555 时基电路的工作原理

555 电路的内部电路含有两个电压比较器，一个基本 RS 触发器，一个放电开关 VT，比较器的参考电压由三只 5 kΩ 的电阻器构成分压，它们分别使高电平比较器 C_1 同相比较端和低电平比较器 C_2 的反相输入端的参考电平为 $\frac{2}{3}V_{CC}$ 和 $\frac{1}{3}V_{CC}$。C_1 和 C_2 的输出端控制 RS

触发器状态和放电管开关状态。

$\overline{R}$ 为复位端，当 $\overline{R} = 0$ 时，定时器输出 OUT 为 0。当 $\overline{R} = 1$ 时，定时器有以下几种功能。

(1) 当高触发端 $TH > \frac{2}{3}V_{CC}$，且低触发端 $\overline{TR} > \frac{1}{3}V_{CC}$ 时，比较器 C_1 输出为低电平；C_1 输出的低电平将 RS 触发器置为 0 状态，即 $Q = 0$，使得定时器输出 OUT 为 0，同时放电管 VT 导通。

(2) 当高触发端 $TH < \frac{2}{3}V_{CC}$，且低触发端 $\overline{TR} < \frac{1}{3}V_{CC}$ 时，比较器 C_2 输出为低电平，C_2 输出的低电平将 RS 触发器置为 1 状态，即 $Q = 1$，使得定时器的输出 OUT 为 1，同时放电管 VT 截止。

(3) 当高触发端 $TH < \frac{2}{3}V_{CC}$，且低触发端 $\overline{TR} > \frac{1}{3}V_{CC}$ 时，定时器的输出 OUT 和放电管 VT 的状态保持不变。

三、555 时基电路工作模式

在本机中采用 555 时基电路构成的多谐振荡器工作模式对由烟雾信号转化成的电信号进行处理，如图 5.14 所示，由 555 定时器和外接元器件 R_1、R_2、C 构成多谐振荡器，脚 2 与脚 6 直接相连。电路没有稳态，仅存在两个暂稳态，电路亦不需要外接触发信号，利用电源通过 R_1、R_2 向 C 充电，以及 C 通过 R_2 向放电端 D_c 放电，使电路产生振荡。电容 C 在 $\frac{2}{3}V_{CC}$ 和 $\frac{1}{3}V_{CC}$ 之间充电和放电，从而在输出端得到一系列的矩形波，对应的波形如图 5.15 所示。

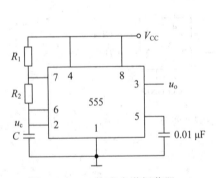

图 5.14　555 构成多谐振荡器

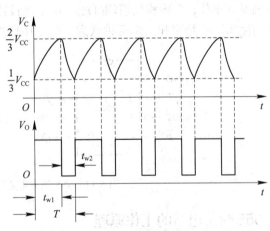

图 5.15　多谐振荡器的波形图

输出信号的振荡周期 T 是

$$T = t_{w1} + t_{w2}$$
$$t_{w1} = 0.7(R_1 + R_2)C$$
$$t_{w2} = 0.7R_2C$$

根据电路的参数要求，计算出输出信号的振荡周期是 $T = 8.33$ ms，频率为 $f = 1.2$ Hz。其中，t_{w1} 为 V_c 由 $\frac{1}{3} V_{CC}$ 上升到 $\frac{2}{3} V_{CC}$ 所需的时间，t_{w2} 为电容 C 放电所需的时间。555 电路要求 R_1 与 R_2 均应不小于 1 kΩ，但两者之和应不大于 3.3 MΩ。

外部元件的稳定性决定了多谐振荡器的稳定性，555 定时器配以少量的元件即可获得较高精度的振荡频率和较强的功率输出能力。因此，这种形式的多谐振荡器应用很广。

任务五　简易烟雾报警器的制作

一、气体烟雾报警装置的设计方案

报警器采用半导体气敏元器件作为传感器，实现"气—电"转换，555 时基电路组成触发电路和报警音响电路。由于气敏元器件工作时要求其加热电压相当稳定，所以利用 7805 三端集成稳压器对气敏元器件加热灯丝进行稳压，使报警器能稳定地工作在 180 V～260 V 的电压范围内。以 IC555 集成电路为核心构成的报警电路，整个电路分为电源、检测、定时报警输出三部分。电源部分是由变压器、电桥、CW7805 集成电路几部分构成的；电路检测部分是由烟雾传感器和一个电位器组成；报警电路是由 IC555 集成块、三极管及扬声器组成。在此方案中烟感元器件在电路加电的瞬间，气敏管可能会导通一下，但如果长时间搁置后再使用时，没有遇到烟雾时电阻也可能会变小，所以需要预热 10 分钟的初始稳定时间后才能正常工作。因此，此电路的稳定性不是很高，灵敏度不是很高，很容易出现错误报警动作。其原理框图如图 5.16 所示。

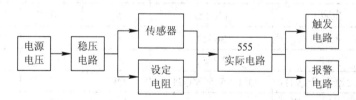

图 5.16　气体烟雾报警装置系统设计框图

二、电路及器材

气体烟雾报警器采用半导体气敏元器件作为传感器，实现"气—电"转换，555 时基电路组成触发电路和报警音响电路；由于气敏元器件工作时要求其加热电压相当稳定，所以利用 7805 三端集成稳压器对气敏元器件加热灯丝进行稳压，使报警器能稳定地工作在 180 V～260 V 的电压范围内。本电路省电且可靠性高。

1. 电路及工作原理

烟雾报警电路如图 5.17 所示。

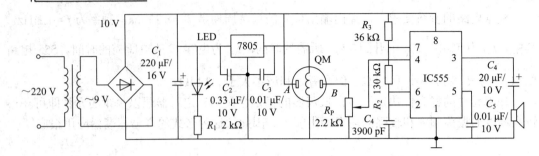

图 5.17　烟雾报警电路

元器件清单如表 5-1 所示。

表 5-1　元器件清单

序号	器材名称	规格型号	代号	数量	备注
1	电源变压器	220 V/9 V，>5 W	T	1	电源变压器
2	二极管	IN4001		4	整流二极管
3	电解电容	220 μF/16 V	C_1	1	
4	电解电容	0.33 μF/10 V	C_2	1	
5	电解电容	0.01 μF/10 V	C_3	1	
6	电解电容	3900 pF	C_4	1	
7	电解电容	0.01 μF/10 V	C_5	1	
8	电解电容	20 μF/10 V	C_6	1	
9	发光二极管	d = 3 mm	LED	1	
10	电阻	2 kΩ	R_1	1	1/8 W 碳膜电阻
11	电阻	130 kΩ	R_2	1	1/8 W 碳膜电阻
12	电阻	36 kΩ	R_3	1	1/8 W 碳膜电阻
13	电位器	2.2 kΩ	R_p	1	
14	气敏元器件(传感器)	QM-N5 或 MQ211	QM	1	
5	三端集成稳压器		7805	1	
16	555 时基电路		IC555	1	
17	喇叭			1	

2. 所需工具及仪表

工具：尖嘴钳、剥线钳、镊子、电烙铁等。

仪表：万用表、示波器等。

3. 制作步骤及内容

(1) 读懂电路原理图，了解各元器件的作用。

(2) 根据电路原理图用 Protel 设计印刷电路图，并用覆铜板制作印制电路板。

(3) 按元器件清单清点元器件，使用万用表检测元器件的好坏。

(4) 元器件整形、插装并焊接。

(5) 性能检测调试。接通电源，预热 3 分钟左右，调节 R_p 使报警器进入报警临界状态，把上述气体接近气敏元件，此时应发出报警声。

三、烟雾检测电路的装配焊接与调试

烟雾检测电路的具体装配过程如下。

(1) 做好装配前的准备工作，包括工具、仪器、材料等。

(2) 清理和检测元器件的好坏。

(3) 元器件的焊接，按照先小后大，先轻后重，先里后外的规则。并确定是卧装还是立装，按照工艺要求，个别元器件要进行引脚的整形，再进行焊接。

(4) 剪引脚，元器件焊接完成后，剪掉元器件较长的引脚。

(5) 清洗与检查，用工业酒精对残留有助焊剂的焊盘进行清洗，按照原理图，对照焊接的电路，观察有无错焊的元器件，也可以借助仪表进行检测。

装配完成以后，进行整机电路的调试，其过程是按照电路先静态，后动态，先局部，后整体调试的基本原则进行。同时借助仪表进行测试点的检测，如果测得的数据与电路的技术指标相符，确定无误后，再进行通电测试。若不能正常工作，则必须对电路进一步检测，观察有无元器件错焊、漏焊等，有错误立即纠正。调试直到整机能够正常工作为止。

项 目 小 结

1. 电子产品是由许多的元器件组成的，因各元器件性能参数的离散性、电路设计的近似性以及生产过程中的随机因素的影响，使得装配完成之后的电子产品通常达不到设计规定的功能和性能指标，所以电子整机装配完毕后必须进行调试。

2. 调试包括调整和测试(检验)两个部分。通过调整和测试，电子产品的功能、技术指标和性能才能达到预期的目标。

3. 在电子产品调试之前，应做好技术文件的收集、测试仪器仪表的准备、调试场地的布置、调试方案的制定等准备工作。

4. 为了保护调试人员的人身安全，防止测量仪器设备和被测电路及产品的损坏，在调试过程中，应严格遵守操作安全规程，注意调试工作中制定的安全措施。调试工作中的安全措施主要有供电安全和操作安全等。

5. 在电子产品制作中，有时需要对电子整机进行拆卸，以完成对电子产品的检验、维修或调试。电子整机的拆卸主要包括电子整机的外包装拆卸、电子整机外壳的拆卸、印制电路板的拆卸、元器件的拆卸、连接件(包括连接导线或接插件)的拆卸。

习 题 5

一、填空题

1. 电子产品常用的拆卸工具有(　　　)、(　　　)、(　　　)、(　　　)、(　　　)、(　　　)等。

2. 完整的电子整机的拆卸主要包括(　　)、(　　)、(　　)、(　　)、(　　)的拆卸。

3. 调试由(　　)、(　　)两个部分构成。

4. 气体传感器种类繁多,从检测原理上可以分为(　　)、(　　)、(　　)三大类。

二、简答题

1. 电子整机组装完成后,为什么还要进行必要的调试?

2. 调试可以达到什么目的?

3. 电子整机和样机有什么区别?

4. 调试工作中应特别注意的安全措施有哪些?

5. 为什么说"断开电源开关不等于断电""不通电不等于不带电"?

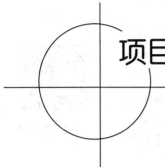

项目 6

简易数字钟的制作与调试

学习目标

(1) 以数字钟的制作为项目载体，熟悉电子产品调试常用调试仪器的品种、特点和使用方法；

(2) 了解调试的工艺流程和操作安全措施；

(3) 掌握电子电路调试常用仪器的使用方法与技巧；

(4) 掌握故障的查找方法和故障处理步骤。

知识点

(1) 调试仪器及其使用；

(2) 电子产品整机电路调试的过程；

(3) 调试过程中故障的查找与处理方法；

(4) 数字钟的制作与调试方法。

技能点

(1) 调试仪器及其使用；

(2) 电子产品的静态与动态调试；

(3) 电子产品的故障查找方法及检修；

(4) 数字钟的制作与调试。

任务一　调试仪器及其使用

不同的电子产品，所使用的调试仪器不同。电子产品的通用调试仪器包括示波器、信号发生器、双踪直流稳压电源、万用表等。万用表在前文中已经论述，下面仅对示波器、信号发生器和双踪直流稳压电源的功能、特点和使用方法作以介绍。

一、示波器及其使用

示波器是一种特殊的电压表，是一种用途十分广泛的电子测量仪器，它能把电信号变换成看得见的图像，便于人们研究各种电现象的变化过程。

示波器及其使用

利用示波器可以把被测信号的波形直观地显示出来，由此观测到被测信号随时间变化的波形曲线，以及观测到电信号的幅度、周期、频率、相位、相位差、调幅度以及是否失真等情况，因此示波器在科研、教学及应用技术等很多领域用途极为广泛。

根据测量原理，示波器一般分为模拟示波器和数字示波器两种类型。

二、模拟示波器

模拟示波器是采用阴极射线示波管(CRT)作为显示器的一种测量仪器，可以直接测量信号电压，并显示出其波形和参数。

1．模拟示波器的特点及使用场合

(1) 波形显示快速、真实，实时显示。

(2) 模拟示波器有对聚焦和亮度的控制，可调节出锐利和清晰的显示结果，在信号出现越多的地方，轨迹就越亮。通过亮度级的对比，仅观察轨迹的亮度就能区别信号的细节。

(3) 捕获率高，每秒钟可捕捉几十万个波形。

(4) 频率显示范围不够宽。由于使用阴极射线管的余辉时间很短，限制了模拟示波器显示的频率范围，模拟示波器的频率显示范围为小于等于 100 MHz。

(5) 无存储功能，不能观察非重复性信号和瞬变信号。

(6) 无自动参数测量功能，只能进行手动测量，所以准确度不够高。

模拟示波器因其具有的特点，主要用于观测一般教学实验中常见的重复性信号，模拟示波器在价格和实际观测效果上都较低档数字示波器好。因而观测电工、模拟电路、数字电路、信号与系统等方面的信号，选用模拟示波器较好。

2．COS5020 型双踪模拟示波器的前置面板名称及功能介绍

现在以常用的 COS5020 型双踪模拟示波器为例，介绍其功能结构及使用方法。如图6.1 所示为 COS5020 型双踪模拟示波器的面板结构图，它有两个输入通道，可以同时测量两路信号，并进行信号的比较。

COS5020 型双踪模拟示波器的按键及旋钮的名称和功能简介如下。

(1) 校准信号端口：此端口输出幅度为 2V，频率为 1kHz 的标准方波信号，用于测量前校准示波器。

(2) 电源开关按键(POWER)：按下此开关，指示灯亮，表示电源接通。

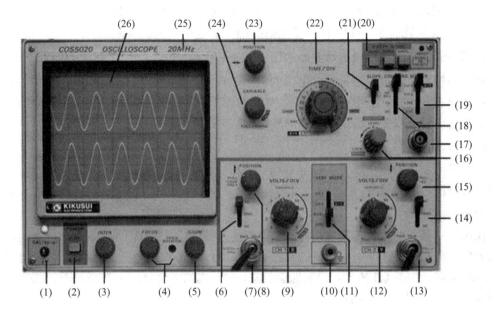

图 6.1　模拟示波器面板结构图

(3) 辉度电位器旋钮(INTEN)：用于调节波形或光点的亮度。

(4) 聚焦电位器旋钮(FOCUS)：用以调节示波管电子束的焦点。

(5) 亮度旋钮(ILLUM)：用于调节屏幕刻度的亮度。

(6)(14) 输入耦合开关"AC-⊥-DC"：DC—直流耦合，AC—交流耦合，⊥—接地。

(7)(13) 输入通道插座 CH1、CH2：被测信号通过这两个端口输入示波器进行测量。

(8)(15) 垂直位移旋钮(POSITION)：用以调节 CH1、CH2 光迹在垂直方向的位置。

(9)(12) 灵敏度选择开关(VOLTS/DIV)：用于选择垂直轴的偏转系数，从 5 mV/div 到 5 V/div 分 10 个挡级调整。

(10) "⊥"插座：作为仪器的测量接地装置。

(11) 工作模式选择开关(VERT MODE)：分为 CH1、CH2、DUAL(合成电压或脉冲电压的测量)、ADD(代数和测量)四种模式。

(16) 扫描调节旋钮(LEVEL)：用于选择输入信号波形的触发点，使之在需要的电平上触发扫描。当顺时针方向旋至"LOCK"锁定位置，触发点将自动处于被测波形的中心电平附近。

(17) 触发输入端：用于外部触发信号的输入。

(18) 触发方式选择开关：有 AC、HFREJ、TV、DC 四种触发方式。

(19) 触发极性选择开关(SOURCE)：用于选择 CH1、CH2 或外部触发。

(20) 扫描方式选择按钮(SWEEP MODE)：有自动(Auto)、常态(Norm)和单次(Single)三种扫描方式。

(21) 触发斜率选择键 SLOPE：有正、负斜率触发方式。

(22) 水平扫描速度开关(TIME/DIV)：扫描速度可以分 20 挡，从 0.2 μs/div 到 0.5s/div。

(23) 水平位移旋钮(POSITION)：用以调节光迹在水平方向的位置。

(24) 扫描微调旋钮(VARIABLE)：可微调扫描速度和"PULL×10MAG"水平扩展开关。

(25) 示波器显示屏：可显示 0～20 MHz 频带宽度的信号。

3. COS5020 型双踪模拟示波器的使用方法和步骤

双踪模拟示波器可以测量信号电压的大小、周期、频率、相位以及是否失真等技术参数。示波器在使用前，先要检查其工作状态(包括开机检查和测试探头的检查)，然后进行技术参数的测量，以保证测量、调试的准确性。

1) 开机检查

接通电源，电源指示灯亮。稍等预热，屏幕中出现光迹，分别调节亮度和聚焦旋钮，使光迹的亮度适中、清晰。

2) 探头的检查

探头分别接入两个输入接口，将灵敏度选择开关(VOLIS/DIV)调至 10 mV/div，探头衰减置×10 挡。探头正常时，屏幕中应显示图 6.2 所示的方波波形；如显示屏上显示的波形有过冲现象时，如图 6.3 所示，说明探头过补偿了；如显示屏上显示的波形有下塌现象时，如图 6.4 所示，说明探头欠补偿了。

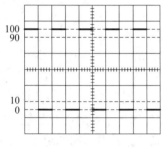 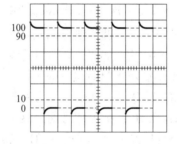 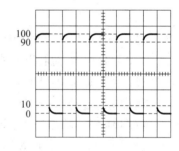

图 6.2　补偿适中　　　图 6.3　波形过冲——过补偿　　　图 6.4　波形下塌——欠补偿

对于过补偿和欠补偿的现象，可用高频旋具(无感起子)调节探头补偿调整元器件，如图 6.5 所示，使显示屏上显示的波形达到图 6.2 所示的最佳补偿状态。

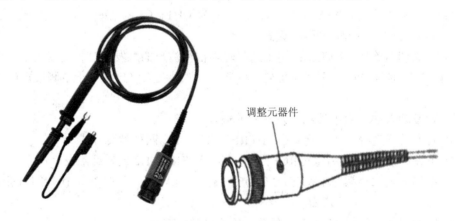

图 6.5　示波器探头结构示意图

3) 电压测量方法

电压测量时，一般把"VOCIS/DIV"开关旋至满度的校准位置，这样可以按

"VOLTS/DIV"的指示值直接计算被测信号的电压幅值。

示波器可以测量交流电压，也可以测量直流电压。

(1) 交流电压的测量。当被测信号仅为交流信号时，将 Y 轴输入耦合方式开关置"AC"位置，调节"VOLTS/DIV"开关，使波形在屏幕中的显示幅度适中；调节"LEVEL"旋钮使波形稳定；分别调节 Y 轴和 X 轴位移，使波形显示值方便读取，如图 6.6 所示。

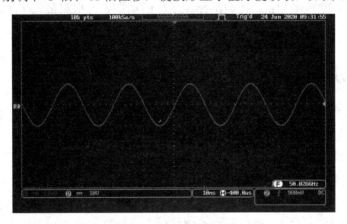

图 6.6　交流电压的测量

根据"VOLTS/DIV"的指示值和波形在垂直方向显示的坐标(DIV)，得出被测波形的峰值 V_{p_p} 为

$$V_{p\_p} = V/DIV\ 值 \times H$$

其中，"V/DIV"是开关旋钮"VOLTS/DIV"对应的电压数值指示；"H"是指波形在垂直方向显示的坐标格的数值。如果使用的探头置 10∶1 位置，实际的被测量电压数值为 $10 \times V_{p\_p}$。

(2) 含直流成分的电压测量。当被测信号为直流信号或含有直流成分时，应将耦合方式开关转换到"DC"位置，调节"LEVEL"旋钮使波形同步，如图 6.7 所示，这时读取被测波形的大小数值与交流电压的读取方式相同。

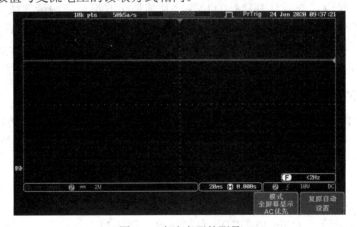

图 6.7　直流电压的测量

4) 周期测量

按测量电压的操作方法，使波形获得稳定同步后，根据该信号一个完整周期在水平方

向的距离乘以"SEC/DIV"开关的指示值，就可获得被测信号的周期 $T(s)$。

$$周期\,T(\mathrm{s}) = \frac{两点间的水平距离（格）\times 扫描时间系数（时间/格）}{水平扩展系数}$$

5) 频率测量

对于重复信号的频率测量，可先测出该信号的周期，再根据公式 $f(\mathrm{Hz}) = \dfrac{1}{T(\mathrm{s})}$ 计算出频率。

三、数字示波器

数字示波器

数字示波器是一种可以显示被测波形，还能同时以数字和字符形式显示被测信号各种参数的测试仪器。该仪器一般支持多级菜单，能提供给用户多种选择，执行多种分析功能。

1. 数字示波器的特点和使用场合

(1) 具有菜单选择、通道状态和测量结果的全屏幕注释功能且读数准确。

(2) 带有存储器，具有数据信息的存储功能，能实现对波形的保存和处理。被测信号波形可存于内存、硬盘、软磁盘，也能够与绘图仪和打印机相连进行硬拷贝等。

(3) 具有波形处理功能，其内部的微处理器能够在所获得的波形上完成各种类型的处理。

(4) 具有 TV、漏失、预触发等先进的触发功能。

(5) 具有快速测量功能。

(6) 具有信号处理功能。

(7) 测试信号波形有一个时间延迟。

(8) 因采集数据不足，造成信号在显示时有时会产生混叠。

数字示波器对于各类简单信号、复杂信号、单次信号和周期信号的波形在测量、记录、存储、分析以及复现等方面具有良好的功效，尤其是在波形精密测量领域里，各种动态过程及瞬态响应特性的记录和测试，编码通信信号等无线电通信领域的测量分析，特别是间歇性信号、随机信号、快漂移信号和超低频信号的测量中优势明显。故在通信原理、移动通信、高频电子线路、EDA、PLC 等技术中，选用数字示波器测试较好。

2. TDS1002 型数字示波器面板名称及功能介绍

下面以 TDS1002 型数字示波器为例，介绍其面板结构、功能及使用方法。

根据图 6.8 所示的 TDS1002 示波器面板图，对其各按键、旋钮的名称、功能作如下介绍。

(1) 液晶显示屏。

(2) 垂直控制旋钮：可垂直定位波形。

(3) 灵敏度选择开关(VOLTS/DIV)：选择垂直刻度系数。

(4) 输入通道端口 CH1、CH2：被测信号输入端。

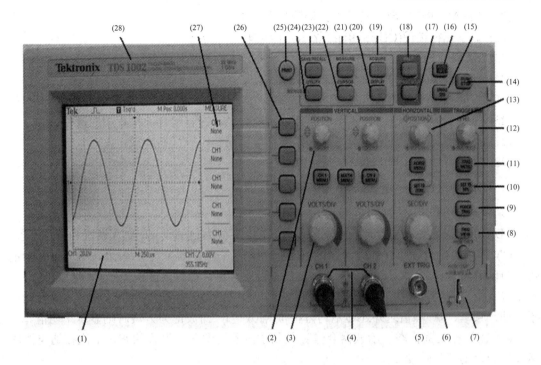

图 6.8　数字示波器面板

(5) 外部触发端口：可接入外部触发信号。

(6) 水平扫描调节旋钮(SEC/DIV)：为主时基或视窗时基选择水平的时间/格。

(7) 探头补偿：探头补偿输出及底座基准。

(8) 触发观察按键(TRIG VIEW)：使用这一按键检查触发情况。操作时，按下该按键，显示的是触发信号波形，而不是当前通道的信号波形。

(9) 强制触发按键(FORCE TRIG)：在触发条件不能满足测量要求时，使用这一按键完成一次强制触发。

(10) 设置中点按键(SET TO 50%)：选择垂直中点作为触发电平。

(11) 触发菜单按键(TRIG MENU)：按下该按键，显示触发菜单及其选项，包括触发类型、触发源、触发模式等。

(12) 触发电平旋钮：使用边沿触发或脉冲触发时，该旋钮用于设置采集波形时信号的幅值电平。

(13) 水平控制旋钮：可以调整所有通道信号波形的水平位置。

(14) 运行/停止按键：连续采集波形或停止采集。

(15) 单次序列按键(SINGLE SEQ)：用于采集单个波形，然后停止。

(16) 自动设置按键：自动设置示波器控制状态，以产生适用于输出信号的显示图形。

(17) 默认设置按键(DEFAULT SETUP)：厂家设置的默认状态。

(18) 帮助按键(HELP)：显示帮助菜单。

(19) 采集菜单按键(ACQUIRE)：选择采集菜单。

(20) DISPLAY 按键：显示菜单。

(21) MEASURE 按键：显示"自动测量"菜单。

(22) 显示光标按键(CURSOR)：显示光标菜单。

(23) SAVE/RECALL 按钮：显示设置和波形的(保存/调出)菜单。

(24) 辅助按键(UTLITY)：显示辅助功能菜单。

(25) 打印按键(PRINT)：启动打印到 PictBridge 兼容打印机的操作。

(26) 显示器屏幕按钮：与显示器屏幕按钮说明显示内容配合，执行相应操作。

(27) 显示器屏幕按钮说明：与显示器屏幕按钮配合，执行相应操作。

(28) 设备型号：示波器的型号指示。

3. TDS1002 型数字示波器的使用方法和步骤

1) 设置示波器

TDS1002 型数字示波器有三种主要设置功能，其分为自动设置、储存设置和默认设置。

(1) 使用"AUTOSET(自动设置)"按键，可获得稳定的波形显示效果。自动设置功能可以自动调整垂直刻度、水平刻度和触发信号设置，也可在刻度区域显示峰-峰值、周期、频率等几个自动测量结果，显示的内容取决于信号的类型，如波形为正弦波时，除自动显示周期、频率、峰-峰值之外还显示均方根位(有效值)，而波形为方波时则显示平均值。

(2) 在储存设置状态，示波器会储存关闭示波器电源前的设置状态，下次接通电源时示波器会自动调出此设置。

(3) 默认设置是示波器在出厂前设置的常规操作。需要调出此设置时，可按下"默认设置按键(DEFAULT SETUP)"，默认设置时两个通道的探头衰减均为×10。

2) 信号采集

按下"采集菜单按键(ACQUIRE)"，选择菜单下的"平均"模式进行采集，在这种模式下，示波器可将采集的几个波形进行平均，然后显示最终波形。这时可以减少随机噪声，使波形清晰。

3) 波形的定位和缩放

通过调整面板中间的两个"垂直位置"旋钮，可分别使 CH1 和 CH2 通道所显示的波形上、下移动。调整面板上"水平位置"旋钮，调节波形左、右移动。波形垂直和水平方向的缩放可分别用"伏/格"和"秒/格"旋钮进行调节。

4) 输入信号的测量

测量输入信号时，通常有刻度测量、自动测量、光标测量等几种方法。

(1) 刻度测量。利用"刻度测量"的方法能快速、直观地进行波形幅值、周期等参数的近似测量。例如，波形的峰-峰值占 5 个格，垂直刻度系数为 100 mV/格，则其峰-峰值电压为 5 格 × 100 mV/格 = 500 mV。

(2) 自动测量。自动测量可利用自动设置按键、测量按键等来完成。

利用"自动设置按键(AUTOSET)"，可直接显示被测信号的周期、频率、峰-峰值和均方根值等波形参数。

利用"测量按键(MEASURE)"，可以测量信号的周期、频率、平均值、峰-峰值、均方根值、最大值、最小值、上升时间、下降时间、正频宽、负频宽等参数。

(3) 光标测量。使用光标可快速测量波形的时间和电压，有"电压光标"和"时间光标"两类测量光标。电压光标以水平线出现，用于测量垂直参数；时间光标以垂直线出现，用于测量水平参数。

四、信号发生器及其使用

信号发生器及其使用

信号发生器是能够提供一定标准和技术要求信号的电子仪器，在电子测量中常作为标准信号源，在电路实验和设备检测中具有十分广泛的用途。按其输出的信号波形特征，信号发生器可分为正弦信号发生器、函数信号发生器和脉冲信号发生器等几种。

下面以常见的 SM-4005 型函数信号发生器为例，介绍其功能及使用方法。SM-4005 型信号发生器能够产生多种波形，如三角波、锯齿波、矩形波(含方波)、正弦波，具有输出函数信号、调频、调幅、FSK、PSK、猝发、频率扫描等信号的功能，以及具有测频和计数的功能。

1. 前面板图及功能介绍

SM-4005 型函数信号发生器的前面板图如图 6.9 所示。

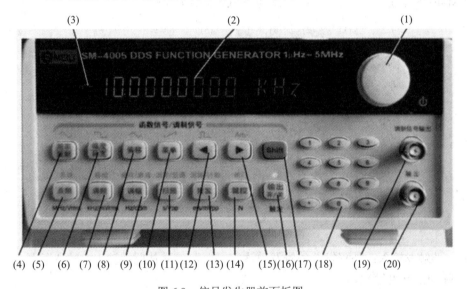

图 6.9　信号发生器前面板图

(1) 调节开关旋钮：该开关旋钮有两个功能，一是改变当前闪烁显示的数字；二是作为仪器电源的软开关，按住调节开关旋钮 2 秒种，可使信号发生器在"开"和"关"之间转换。

(2) 主字符显示区。

(3) 波形显示区：有正弦波、方波或脉冲波、三角波、锯齿波和点频波等其他波形。

(4) 频率/周期按键：进行频率显示或周期显示转换。

(5) 点频按键：点频选择 MHz/V_{rms}。

(6) 幅度/脉宽按键：进行幅度选择或方波选择。

(7) 调频按键：调频功能选择。

(8) 偏移按键：直流偏移选择。

(9) 调幅按键：调幅功能选择、存储功能选择及衰减选择。

(10) 菜单按键：菜单选择。

(11) 扫描按键：扫描功能选择、调用功能选择和低通选择。

(12) ◄按键：闪烁数字左移、选择脉冲/计数功能；计数停止。

(13) 猝发按键：猝发功能选择、测频/计数选择。

(14) 键控按键：键控功能、频率/计数选择。

(15) ►按键：闪烁数字右移、选择任意波/计数功能；计数清零。

(16) 输出开/关按键：信号输出与关闭切换、扫描功能和猝发功能的单次触发。

(17) Shift 按键：(5)、(7)、(9)、(11)、(13)、(14)等 6 个按键有上、下两组功能，同时按下"Shit 键"及上述按键的某个键，就可以和上述键配合，一起实现第二功能。

(18) 数字输入键：有阿拉伯数字(0~9)、小数点及"负号"等 12 个输入键。

(19) TTL 输出端口：TTL 电平的脉冲信号输出端，输出阻抗为 50 Ω。

(20) 输出端口：波形信号输出端，阻抗为 50 Ω，最大输出幅度为 $20V_{P-P}$。

2. 后面板图功能介绍

SM-4005 型函数信号发生器的后面板图如图 6.10 所示。

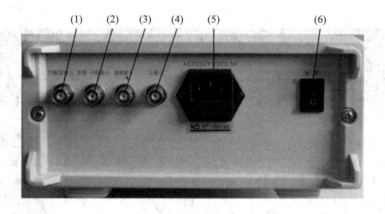

图 6.10　信号发生器后面板图

(1) 外触发输入：外猝发、外触发单次扫描时，信号从此端输入，输入信号为 TTL 脉冲波，脉冲上升沿触发。

(2) 测频/计数输入：外测/计数频率时，信号从此端输入。

(3) 调制信号输入：外调频或外调幅时的调制信号输入端，输入信号幅度为 $3V_{P-P}$。

(4) 调制输出信号：调制信号输出端，输出信号幅度为 $5V_{P-P}$，输出阻抗为 600 Ω。

(5) 电源插座：为交流电 220 V 输入插座。其内部常有保险丝，保险丝容量为 0.5 A。

(6) 主电源开关。

3. 使用方法介绍

(1) 使用前的准备工作。DDS 信号发生器在接通电源之前，应先检查电源电压是否正常，电源线及电源插头是否完好无损，确认无误后方可将电源线插入本仪器后面板的电源插座内。

(2) 函数信号输出使用说明。

① 数据输入：数据输入有两种方式，一是用数字键输入，二是用调节旋钮输入。

② 功能选择：仪器开机后为"点频"功能模式，输出单一频率的波形，按"调频""调幅""扫描""猝发""点频""FSK"和"PSK"可以分别实现 7 种功能模式。

③ 频率设定：按"频率"键，显示出当前频率值，可用数字键或调节旋钮输入频率值，这时仪器输出端口即有该频率的信号输出。频率设置范围为 100 Hz～5 MHz。

④ 周期设定：如果当前显示为频率，再按"频率/周期"键，显示出当前周期值，可用数据键或调节旋钮输入周期值。

⑤ 幅度设定：按"幅度"键，显示出当前幅度值，可以用数据键或调节旋钮输入幅度值，这时仪器输出端口即有该幅度的信号输出。

⑥ 直流偏移设定：按"偏移"键，显示出当前直流偏移值，如果当前输出波形的直流偏移不为 0，此时状态显示区显示直流偏移标志为"Offset"。可用数据键或调节旋钮输入偏移值。

⑦ 输出波形选择。

常用波形选择：按下"Shift"键后再按下"波形"键，可以选择正弦波、方波、三角波、锯齿波、脉冲波五种常用波形，同时波形显示区显示相应的波形符号。

一般波形选择：先按下"Shift"键再按下"Arb"键，显示区显示当前波形的编号和波形名称。

五、双踪直流稳压电源

双踪直流稳压电源是一种能输出两路稳定直流电压的仪器。其原理是将 220 V、50 Hz 的交流电通过变压、整流、滤波、稳压后，输出稳定直流电压的过程。

双踪直流稳压电源

1. 面板图及功能介绍

双踪直流稳压电源的面板结构图如图 6.11 所示，其面板上有独立的两套调压旋钮，均含有粗调和细调旋钮。其中，粗调旋钮用于调节输出电压的挡位或范围，细调旋钮用于调节具体的输出电压大小。面板上的输出端旋钮有电源的正、负极输出端和接地端子，电路若不需要接地，接地端子悬空，红色旋钮为直流电压的正极输出端，黑色旋钮为直流电压的负极输出端。

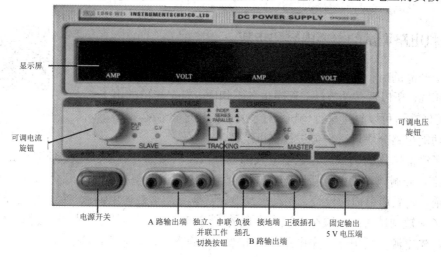

图 6.11　双踪直流稳压电源的面板结构图

2. 使用方法与步骤

(1) 在不接入负载的情况下，接通直流稳压电源的交流电源，指示灯亮。

(2) 调节直流稳压电源的输出电压，使其输出电压的大小与所需的电压值相符。

(3) 将输出的直流电压接入负载(或电路)正常使用，注意正、负极的正确连接。

(4) 出现过载或短路故障时，直流稳压电源自动切断输出，待故障排除后，再按下启动按键就可恢复工作。

六、调试仪器设备的使用安全措施

为了正确使用测试仪器，提高测试的准确性，避免不当的操作造成测试仪器的损坏，并延长测试仪器的使用寿命，在测试过程中，应注意以下几点。

(1) 所用的测试仪器设备要定期检查，仪器外壳及可触及的部分不应带电。

(2) 各种仪器设备必须使用三线插头座。电源线采用双重绝缘的三芯专用线，其长度一般不超过 2 米。若是金属外壳，必须保证外壳良好接地(保护地)。

(3) 更换仪器设备的保险丝时，必须完全断开电源线(将电源线取下)。更换的保险丝必须与原保险丝同规格，不得更换大容量保险丝，更不能直接用导线代替。

(4) 对于功耗较大(大于 500 W)的测试仪器，往往带有冷却风扇，如工作时风扇出现不转的现象，应立即断电并停止使用。这类测试仪器工作时，若断电，不得立即再通电，应冷却一段时间(一般 3～10 分钟)后再开机，否则容易烧断保险丝或损坏仪器(这是因为仪器的启动电流较大且易产生较高的反峰电压，造成仪器的损坏)。

(5) 电源及信号源等输出信号的仪器在工作时，其输出端不能短路和输出端所接负载不能长时间过载。发生输出电压明显下跌时，应立即断开负载。对于指示类仪器，如示波器、电压表、频率计等输入信号的仪器，其输入端输入信号的幅度不能超过其量限。

任务二　电子产品整机电路调试

一、整机电路调试的主要内容和步骤

电子产品的品种繁多、功能各异、电路复杂，产品的设计技术指标各不相同，所以调试的方法、程序也各不相同。对于简单的电子产品，装配好之后可以直接进行调试；对于复杂的电子产品必须按单元电路和功能电路分块调试，再进行整机统调。

整机电路调试的
主要内容和步骤

电子产品常规的调试内容包括电气部分调试和机械部分调试。电气部分调试主要是对整机电路部分调试，其中包括通电前的检查、通电调试和整机调试等三个部分。通常在通电调试前，先做通电前的检查，在没有发现异常现象后再做通电调试，最后才是整机调试。

为了缩短调试时间，减少调试中出现的差错和损失，在调试过程中应遵循"先观察、后调试，先电源、后电路，先电路、后机械，先静态、后动态"的调试原则。

1. 通电前的检查

通电前的检查是指在电路板安装完毕后，在不通电的情况下，对电路板进行的检查。通电前的检查可以发现和纠正比较明显的安装错误，避免盲目通电可能造成的电路损坏。通电前检查的主要内容如下。

(1) 用万用表的"Ω"挡。测量电源的正、负极之间的正、反向电阻值，以判断是否存在严重的短路现象，电源线、地线是否接触可靠。

(2) 元器件的型号(参数)是否有误，引脚之间有无短路现象；有极性的元器件，如二极管、三极管、电解电容、集成电路等的极性或方向是否正确。

(3) 连接导线有无接错、漏接、断线等现象。

(4) 电路板各焊接点有无漏焊、桥接短路等现象。

2. 通电调试

通电调试的内容和步骤是先通电观察，再进行电源调试，然后是静态调试，最后完成动态调试。

1) 通电观察

通电观察是指将符合要求的电源正确地接入被调试的电路，观察有无异常现象，如发现电路冒烟、有异常响声、有异常气味(主要是焦煳味)或是元器件发烫等现象时，应立即切断电源，检查电路，排除故障后，方可重新接通电源进行测试。

2) 电源调试

通电观察没有异常后，就可进行电源部分的调试。电源调试通常分为空载调试和加载调试两个过程。调试的步骤为先空载调试，再加载调试。

(1) 空载调试。将电源电路与电路的其他部分断开，对电源电路的调试。空载通电后，调试电源电路有无稳定的直流电压输出，其值是否符合设计要求；对于输出可调的电源，查看其输出电压是否可调，调节是否灵敏，可调电压范围是否达到预定的设计值。

(2) 加载调试。加载调试是指在空载调试合格后，加上额定负载对其输出电压的相关性能指标进行测试。

3) 静态调试

在不加输入信号(或输入信号为零)的情况下，进行电路直流工作状态的测量和调整。

通电观察无异常现象且电源调试正常后，即可进入静态调试阶段。静态调试的步骤是先静态观察，再静态测试。

模拟电路的静态测试就是测量电路的静态直流工作点；数字电路的静态测试就是输入端设置成符合要求的高(或低)电平，测量电路各点的电位值及逻辑关系等。

通过静态测试，可以及时发现已损坏的元器件，判断电路工作情况并及时调整电路参数，使电路工作状态符合设计要求。

4) 动态调试

静态调试合格后，可进一步完成动态调试。动态调试是指在电路的输入端接入适当频率和幅度的信号，循着信号的流向逐级检测电路各测试点的信号波形和有关参数，并通过计算测量的结果来估算电路性能指标，必要时进行适当的调整，使指标达到要求。若发现工作不正常，应先排除故障，然后再进行动态测量和调整。

3. 整机调试

整机调试是指对整机电子产品电路的全方位调试，是在单元部件调试的基础上进行的。

整机测试的内容包括外观检查、结构调试、通电检查、电源调试、整机统调、整机技术指标综合测试及例行试验等。

二、测试仪器的选择与配置

调试工作首先是测试，然后是调整。合理选择测试仪器与各种测试仪器的正确配置，直接影响到调试的准确性和电子整机的产品质量。

电子测试仪器的种类很多，总体上可分为通用仪器和专用仪器两大类。

通用电子测试仪器是指可以测试电子电路的某一项或多项电路特性和参数的仪器，如示波器、信号发生器、电子毫伏表、扫频仪、频谱分析仪、集中参数测试仪、频率计等。

专用电子测试仪器是指用于测试某些特定电子产品的性能和参数的仪器，如电视信号发生器、LED 测试仪、网络分析仪、失真度测试仪等。

测试仪器的种类繁多，在电子整机调试中，测试仪器的选择和配置应满足以下原则。

(1) 测试仪器种类的确定。必须了解各种测试仪器的测试内容和测试方法，根据电子产品的测试技术指标，选择测试仪器的种类。常规的测试仪器(万用表、示波器、信号发生器)的测试功能如下。

① 万用表主要用于检测电子元器件、测试静态工作点和 1 kHz 以下频率正弦波电压的有效值大小。

② 示波器主要用于测试各种频率和波形的幅度、频率、相位，以及观察波形的形状、有无失真等。

③ 信号发生器有低频信号发生器、高频信号发生器、函数信号发生器等。不同的信号发生器可以产生正弦波、三角波、阶梯波、方波等不同的标准波形和不同的频率范围。例如，电视接收机需要测试频率范围、静态工作点、工作波形等技术指标，就应该选择电视信号发生器、扫频仪、万用表、示波器等测试仪器。

(2) 测试仪器的接入不能影响被试电子产品或电路的性能参数。电子产品或电路测试时，应选择输入阻抗高的测试仪器，避免测试仪器的接入改变原电路的阻抗及其他电路性能参数。

(3) 测试仪器的测试误差应满足被测参数的误差要求。每一品种的测试仪器都有不同的测试误差，误差大的测试仪器其价格低，精度高的测试仪器其价格高。为了降低测试成本，测试仪器的精度并非越高越好，只要能满足测试的误差要求就行。

三、静态测试

静态是指没有外加输入信号(或输入信号为零)时，电路的直流工作状态。电源调试正常，通电观察无异常现象后即可进入静态调试阶段。静态测试主要包括直流电流的测试和直流电压的测试。

1. 直流电流的测试

1) 直接测试法

断开被测电路，将电流表或万用表串联在待测电流电路中进行电流测试的一种方法，如图 6.12 所示为万用表测试流过 R_c 上的电流的连接图。

直接测试法的特点是测试精度高，可以直接读数，但需要将被测电路断开进行测试，测试前的准备工作繁琐，易损伤元器件或线路板。

2) 间接测试法

采用先测量电压，然后换算成电流的办法来间接测试电流的一种方法。即当被测电流的电路中有电阻器 R 时，在测试精度要求不高的情况下，先测出电阻 R 两端的电压 U，然后根据欧姆定律 $I = U/R$ 换算成电流。

如图 6.13 所示，采用间接测试法测试集电极电流 I_c 时，可先测出集电极电阻 R_c 两端的电压 U_{R_c} 后，再根据 $I_c = U_{R_c}/R_c$ 计算出 I_c 电流值。实际工程中，常采用测发射极电阻 R_e 两端的电压 U_e，由 $I_e = U_e/R_e$ 计算出发射极电流 I_e，根据 $I_e \approx I_c$ 关系得到 I_c 值。这样测试的主要原因是由于 R_e 比 R_c 小很多，并入电压表后，电压表内阻对电路的影响不大，使得测量精度提高。显然，用同一块电压表测量阻值小的电阻器两端的电压，其精度更高，但是当电阻太小时，对电阻值的测量可能比较困难且测量精度很难保证。

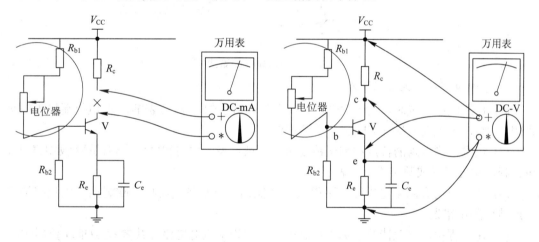

图 6.12 直接电流测试法   图 6.13 电流的间接测试法

间接测试法的特点是测试操作简单、方便，不需要断开电路就可以测试，但有测试误差，测试精度不如直接测试法。

3) 直流电流测试的注意事项

(1) 直接测试法测试电流时，必须断开电路将仪表(万用表调到直流电流挡)串入电路。对直流电流的测量还必须注意电流表的极性，应该使电流从电流表的正极流入，负极流出。

(2) 合理选择电流表的量程(电流表的量程略大于测试电流)。若事先不清楚被测电流的大小，应先把仪表调到高量程测试，再根据实际测得情况将量程调整到合适的位置再精确地测试一次。

(3) 根据被测电路的特点和测试精度要求选择测试仪表的内阻和精度。

(4) 利用间接测试法测试时必须注意，若被测量的电阻两端并接有其他元器件，可能会使测量产生误差。

2. 直流电压的测试

1) 测试方法

测试直流电压时，只需要将直流电压表或万用表(直流电压挡)直接并联在待测电压电路的两端点上进行测试即可。如图 6.14 所示是使用万用表的直流电压挡测试 R_c 及 R_e 的两端电压的连接图。

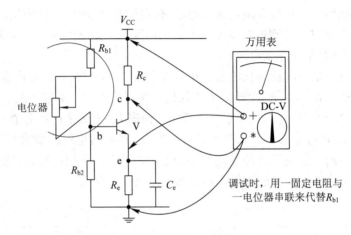

图 6.14 直流电压的测试

2) 直流电压测试的注意事项

(1) 直流电压测试时，应注意电路中高电位端接表的正极(红表笔)，低电位端接表的负极(黑表笔)，电压表的量程应略大于所测试的电压。

(2) 根据被测电路的特点和测试精度选择测试仪表的内阻和精度。测试精度要求高时，可选择高精度模式或数字式电压表。

(3) 使用万用表测量电压时，不得误用其他挡，特别是电流挡和欧姆挡，以免损坏仪表或造成测试错误。

(4) 在工程中，一般情况下称"某点电压"均指该点对电路公共参考点(地端)的电压。

四、静态调整

1. 静态调整的方法步骤

电路的静态调整是在测试的基础上进行的。调整前，对测试结果进行分析，当测试结果与设计文件要求不相符时，对电路直流通路中的可调元器件(如微调电阻等)进行调整，使电路的直流参数符合设计文件的要求，并保证电路正常工作。

根据测试结果，确定静态调整的方法步骤如下。

(1) 熟悉电路的结构组成(方框图)和工作原理(原理图)，了解电路的功能、性能指标要求。

(2) 分析电路的直流通路，熟悉电路中各元器件的作用，特别是电路中的可调元器件的作用和对电路参数的影响情况。

(3) 当发现测试结果有偏差时，要确立纠正偏差最有效、最方便的调整方案，找出对电路其他参数影响最小的可调元器件，完成对电路静态工作点的调试。

五、动态调试的概念

动态调试是指电路的输入端接入适当频率和幅度的信号后，电路各有关点的状态随着输入信号变化而变化的情况。动态调试包括动态测试和动态调整两部分。

测试电路的动态工作情况，通常称为动态测试。在实际工程中，动态测试以测试电路的信号波形和电路的频率特性为主。有时也测试电路相关点的交流电压值、动态范围、失真情况。

动态调整是指调整电路的动态特性参数，即调整电路的交流通路元器件，如电容、电感等，使电路相关点的交流信号的波形、幅度、频率等参数达到设计要求。由于电路的静态工作点对其动态特性有较大的影响，所以有时还需要对电路的静态工作点进行微调，以改善电路的动态性能。

六、波形的测试与调整

电子电路常用于对输入信号进行放大、波形产生、波形变换或波形处理等。为了判断电路工作是否正常、是否符合技术指标要求，经常需要对电路的输入/输出波形加以分析，因而对电路的波形测试是动态测试中最常用的手段之一。

1. 波形测试仪器

波形测试的常用仪器是示波器。测试波形时，最好使用衰减探头(高输入阻抗，低输入电容)以减小探头接入示波器时对被测电路的影响，同时注意探头的地端和被测电路的地端一定要连接好，且示波器的上限频率应高于被测试波形的频率。对于微秒以下脉冲宽度的波形，需选用脉冲示波器测试。

2. 波形测试方法

1) 电压波形的测试

测试时，只需把示波器电压探头直接与被测试电压电路并联，即可在示波器荧光屏上观测波形。

2) 电流波形的测试

电流波形的测试方法有两种，即直接测试法和间接测试法。

(1) 直接测试法。首先将示波器改装为电流表的形式。简单的办法是并接分流电阻，将探头改装成电流探头，然后断开被测电路，用电流探头将示波器串联到被测电路中，即可观察到电流波形。

(2) 间接测试法。实际工程中，多采用间接测试法，即在被测回路中串入一无感小电阻，将电流变换成电压，由于电阻两端的电压与电流符合欧姆定律，其是一种线性、同相的关系，所以在示波器上看到的电压波形反映的就是电流的变化规律。

图6.15所示是用间接测试法观测电视机场扫描锯齿波电流波形的电路连接图。在没有

电流探头的情况下，在偏转线圈电路中串连一只 0.5 Ω 无感电阻，用示波器观测 0.5 Ω 无感电阻两端的电压波形，测出的波形幅度为电压峰-峰值，用欧姆定律就可算出电流峰-峰值，观测示波器荧光屏上的被测信号波形，根据示波器面板上 Y(CH)通道灵敏度(衰减)开关的挡位和 X 轴扫描时间(时基)开关的挡位，可计算出信号的幅度、频率、时间、脉冲宽度等参数。

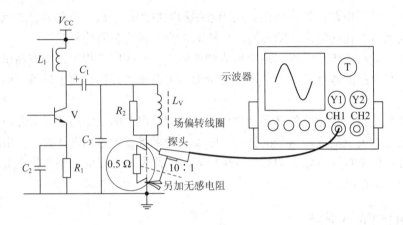

图 6.15　间接测试电流波形

3. 注意事项

(1) 使用示波器测试波形时，最好使用衰减探头(高输入阻扰、低输入电容)以减小接入示波器对被测电路的影响，同时注意探头的地端和被测电路的地端一定要连接好。

(2) 测量波形的幅度、频率或时间时，示波器 Y(CH)通道灵敏度(衰减)开关的微调器和 X 轴扫描时间(时基)开关的微调器应预先校准并置于校准位置，否则测量不准确。

4. 波形的调整

波形的调整是指通过对电路相关参数的调整，使电路相关点的波形符合设计要求的过程。电路的波形调整是在波形测试的基础上进行的。只有在测试到的波形参数(如波形的幅度、失真等)没有达到设计要求的情况下，才需要调整电路的参数，使波形达到要求。

调整前，必须对测试结果进行正确的分析。当发现观测到波形有偏差时，要找出纠正偏差最有效又最方便调整的元器件。从理论上来说，各个元器件都有可能造成波形参数的偏差，但实际工程中却多采用调整反馈深度或耦合电容、旁路电容等来纠正波形的偏差。电路的静态工作点对电路的波形也有一定的影响，故有时还需要进行微调静态工作点，还可试换放大器件如三极管，但更换三极管后，必须重新调整静态工作点。

七、频率特性的测试与调整

对于谐振电路和高频电路，一般进行频率特性的测试和调整，很少进行波形调整。

频率特性又叫频率响应(简称频响)，它是谐振电路和高频电路的重要动态特性之一。频率特性常指幅频特性，是指信号的幅度随频率的变化关系，即电路对不同频率的信号有不同的响应。如放大器的增益随频率的变化而变化，使输出的信号的幅度(令输入信号幅度不变)随频率变化而变化。

频率特性通常用频率特性曲线来表达，曲线图的横坐标表示频率，而纵坐标表示信号的幅度，它能直观、清晰地表达电路的频率特性。

1. 频率特性的测试

在工程测量中，频率特性的测试实际上就是幅频特性曲线的测试，常用的测试方法有点频法、扫频法和方波响应测试。

1) 点频法

点频法是指用一般的信号源(常用正弦波信号源)向被测电路提供等幅的输入电压信号，并逐点改变信号源的信号频率，用电压表或示波器监测、记录被测电路各个频率变化所对应的输出电压变化状态。

(1) 测试仪表。采用正弦信号发生器、交流毫伏表或示波器。

(2) 测试方法。点频法测试连接图如图 6.16 所示，测试方法说明如下。

测试时，由信号发生器提供等幅的输入信号(通过电子电压表监测输入电压的大小)，按一定的频率间隔，将信号发生器信号的频率由低到高逐点调节，同时用毫伏表记录每一点频率变化所对应的输出电压值，并在频率-电压坐标上(以频率为横坐标，电压幅度为纵坐标)逐点标出测量值，最后用一条光滑的曲线连接各测试点。这条曲线就是被测电路的频率特性(幅频特性)曲线，如图 6.17 所示。

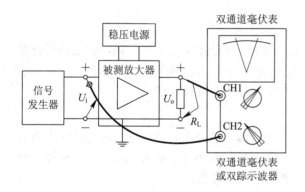

图 6.16　点频法测试频率特性　　　　图 6.17　频率特性曲线示意图

测量时，频率间隔越小则测试结果就越准确。这种方法多用于低频电路的频响测试，如音频放大器、收录机等。

点频法的特点：调试设备为常规的测试仪器，仪器设备使用方便，测试原理简单，但测试时间长，工作量大，有时会遗漏被测信号中两测试点之间的某些细节，造成一定的测试误差。

2) 扫频法

扫频法是使用专用的频率特性测试仪(又叫扫频仪)，直接测量并显示出被测电路的频率特性曲线的方法。

扫频仪是将扫频信号源和示波器组合在一起的专用于频率测试的专用仪器。工作时，扫频信号源向被测电路提供一个幅度恒定且频率随时间线性、连续变化的信号(称为扫频信号)作为被测电路的输入信号，同时扫频仪的显示器部分将被测电路输出的信号逐点显示出来，直接完成频率特性测试。由于扫频信号发生器产生的信号频率间隔很小，几乎是连续变化的，所以显示出的曲线也是连续无间隔的。

扫频法的测试接线方框图如图 6.18 所示。测试时，应根据被测电路的频率响应选择一个合适的中心频率，用输出电缆将扫频仪输出信号电压加到被测电路的输入端，用检波探头(若被测电路的输出电压已经检波，则不能再用检波探头，只能用普通输入(开路)探头)将被测电路的输出信号电压送到扫频仪的输入端，在扫频仪的显示屏上就能显示出被测电路的频率特性曲线。

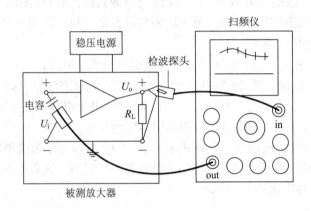

图 6.18　扫频法测试接线方框图

扫频法的特点是测试简捷、快速、直观、准确。由于扫频信号发生器产生的信号频率间隔很小，几乎是连续变化的，所以不会遗漏被测信号的变化细节，显示的测试曲线是连续无间隔的，测试的准确性高。高频电路一般采用扫频法进行测试。

3) 方波响应测试

方波响应测试是使用脉冲信号发生器作为信号源，通过观察方波信号通过被测电路后的波形，用示波器观测被测电路频率特性的方法。图 6.19 为方波响应测试接线方框图，该测试过程使用了双踪示波器同时观测和比较输入、输出波形。

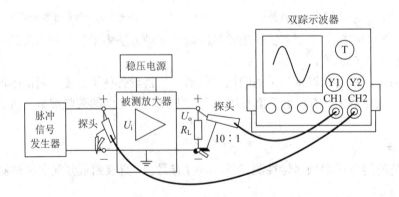

图 6.19　方波响应测试接线方框图

方波响应测试的特点是更直观地观测被测电路的频率响应和被测电路的传输特性，因为方波信号形状规则，出现失真很易观测。如果一个放大器接入一个理想音频方波(例如接入 2 kHz 方波)后，输出的方波仍是理想的，则说明该放大器频响范围可达到基波频率的九倍(9×2 kHz = 18 kHz)左右。

2. 频率特性的调整

频率特性的调整是指对电路中与频率有关的交流参数的调整，使其频率特性曲线符合设计要求的过程。在测试的频率特性曲线没有达到设计要求的情况下，才需要调整电路的参数，使频率特性曲线达到要求。

1) 频率特性调整的思路和方法

频率特性调整的思路和方法，基本上与波形的调整相似。只是频率特性的调整既要保证低频段又要保证高频段，还要保证中频段，也就是说，在规定的频率范围内，各频率的信号幅度都要达到要求。而电路中的某些参数对高、中、低频段都会有影响，故调整时应先粗调，后反复细调。所以调整的过程要复杂一些，考虑的因素要多一些，对调试人员的要求也要高一些。

2) 频率特性调整的步骤

调整前，首先要了解符合电路结构和设计要求的标准频率曲线，同时正确分析所观测到的频率特性曲线，找出不符合要求的频率范围和特征。

根据电路中各元器件的作用，特别是电路中电容、电感或中周等交流通路元器件的作用和对电路的频率特性的影响情况，确定需要调整的元器件参数和调整的方法。如低频段曲线幅度偏低，从理论上说，可能是电路的低频损耗过大或低频增益不够，也可能是反馈电路有问题，也可能是耦合电容的容量不足等。

在实际工程中多采用调整反馈深度或耦合电容、旁路电容等方法，来实现频率特性的调整。有时还需要对电路的静态工作点进行微调。

对于谐振电路，多采用扫频法调试。测试时一般调整谐振回路的参数，如可调电感或谐振电容，保证电路的谐振频率和有效带宽均符合要求。如调整后仍然达不到要求，再进行电路的检查，找出原因，排除故障。

任务三　调试过程中的故障查找及处理

电子产品调试过程中，经常会遇到调试失败的情况，甚至可能出现一些致命性的故障。如调整元器件电路达不到设计的技术指标，或通电后出现烧保险丝、冒烟、打火、漏电、元器件烧坏等情况，造成电路无法正常工作。因此整机调试过程中，对电子整机进行故障查找、分析和处理是不可缺少的环节。

一、调试过程中的故障特点和故障现象

1. 故障特点

在电子产品调试中，出现的故障机均为新装配的整机产品或是新产品样机等，因此所

遇到的故障有其固有的特点。只有找出这些故障特点，才能缩小故障范围，及时地找出故障的位置，从而快捷、有效地查找和排除故障。

整机调试中产生的故障往往以焊接和装配故障为主，一般都是机内故障，基本上不存在机外故障或使用不当造成的人为故障，更不会有元器件老化故障。对于新产品样机，则可能存在特有的设计缺陷、元器件参数不合理或分布参数造成的故障。

2. 故障现象

电子产品调试过程中，故障多出现在元器件、线路和装配工艺等三方面，常见的故障有以下几类。

(1) 元器件安装错误的故障。新装配的电子整机易出现元器件安装错误的现象，常见的有元器件位置安装错误，集成电路块装反，二极管、三极管的引脚极性装错，电解电容的引脚极性装反，元器件漏装等。

元器件安装错误会造成装错的元器件及其相关的元器件、印制板烧坏，使电路无法正常工作。

(2) 焊接故障。电子整机安装中，常出现的焊接故障有漏焊、虚焊、错焊、桥接等。

焊接故障会造成整机电路无法工作、信号时有时无、接触不良、整机电路性能达不到设计要求，出现桥接短接故障时还有可能烧坏印制电路板及元器件。

(3) 装配故障。装配的故障常见有机械安装位置不当、错位、卡死等。装配故障会造成调节不方便、接触不良、产品无法使用等。

(4) 连接导线的故障。连接导线的故障主要表现在导线连接错误、导线漏焊、导线烫伤，多股芯线部分折断等。连接导线的故障会造成电路信号无法连通、电路短路故障、接触电阻增大、电路工作电流减少、整机达不到技术要求。

(5) 元器件失效。电子整机在出厂前要经过老化试验，这时一些不合格的元器件会出现早期老化现象。如过冷、过热时，早期老化的元器件性能变化大，造成老化试验后集成电路损坏、三极管击穿或元器件参数达不到要求等。元器件失效的故障会造成电路工作不正常。

(6) 样机特有的故障。样机设计试制性阶段的产品，有可能出现电路设计不当、元器件参数选择不合理等样机特有的故障现象，会造成电子整机电路达不到设计的技术参数要求。

对于样机特有的这类故障，应及时查找原因，及时整改，并将整改结果写成样机调试报告，供设计、生产部门参考。

二、故障查找方法

电子产品调试过程中遇到故障时，还需应用一定的方法和手段，从而快速查找故障的原因和具体部位，便于及时排除故障。故障查找的方法多种多样，常用的方法有观察法、测量法、信号法、比较法、替换法、加热或冷却法、智能检测法等。

具体应用时，要针对故障现象和具体的检测对象，交叉、灵活地运用其中的一种或几种方法，以达到快速、准确、有效查找故障的目的。

1. 观察法

观察法是指不依靠测试仪器，仅通过人体感觉器官(如眼、耳、鼻、手等)的直观感觉(看、听、闻、摸)来查找电路故障的方法。这是一种快捷、方便、安全的故障查找方法，往往作为故障查找的第一步。观察法分为静态观察法和动态观察法两种。

1) 静态观察法

静态观察法亦称为不通电观察法，是指在电子产品没有通电时，通过目视和手触摸进行查找故障的方法。

静态观察法强调静心凝神。使用静态观察法查找故障时，要根据故障现象初步确定故障的范围，有次序、有重点地仔细观察，便于快速、准确地查找故障点。

静态观察法的步骤是先外后内，循序渐进。静态观察法通常可以查找到一些较明显的故障现象，如焊接故障(如漏焊、桥接、错焊或焊点松脱等)，导线接头断开，元器件漏装、错装，电容漏液或炸裂，接插件松脱，电源接点生锈等故障，以及电子产品的外表有无碰伤，按键、插口电线电缆有无损坏，保险是否烧断等。对于试验电路或样机，可以结合电原理图检查元器件有无装错、接线有无连错、元器件参数是否符合设计要求、IC管脚有无插错方向或折弯等故障。

实践证明，占电子线路故障相当比例的焊接故障(如漏焊、桥接、错焊或焊点松脱等)、导线接头断开、元器件漏装、装错、装反等装配故障，电容漏液或炸裂、接插件松脱、电接点生锈等故障，完全可以通过观察发现，没有必要对整个电路通电测量，导致故障升级。

2) 动态观察法

动态观察法亦称为通电观察法，它是指电子产品通电后，运用人体视、闻、听、触觉检查线路故障。当静态观察未发现异常时，可进一步用动态观察法。

动态观察法的操作要领是通电后运用"眼看、耳听、鼻闻、手摸、振动"的一套完整、协调的观察方法检查线路故障。眼要看是指电路或电子产品内有无打火、冒烟等现象；耳要听是指有无异常声响；鼻要闻是指机内有无烧焦、烧糊的异味；手要触摸是指电路元器件、集成电路等是否发烫(注意：高压、大电流电路须防触电、防烫伤)。有时还要摇振电路板、接插件或元器件等看有无松动、接触不良等现象。发现异常情况要立即断电，排除故障。

通电观察法有时还可借助于一些电子测试仪器(如电流表、电压表、示波器等)监视电路状态，进一步确定故障原因及确切部位。

2. 测量法

测量法是使用测量仪器测试电路的相关电参数，并与产品技术文件提供的参数作比较，判断故障的一种方法。测量法是故障查找中使用最广泛、最有效的方法。根据测量的电参数特性又可分为电阻法、电压法、电流法、逻辑状态法和波形法。

1) 电阻测量法

电阻参数可以反映各种电子元器件和电路的基本特征。利用万用表测量电子元器件或电路各点之间的电阻值来判断故障的方法称为电阻法。

通过测量电阻，可以准确地确定开关、接插件、导线、印制板导电的通断及电阻是否变质、电容是否短路、电感线圈是否断路等，是一种非常有效而且快捷的故障查找方法，但对晶体管、集成电路以及电路单元来说，一般不能简单地用电阻的测量结果来直接判定故障，需要对比分析或兼用其他方法进行。

电阻参数的测量一般使用万用表进行。

电阻参数的测量分为"在线"测量和"离线"测量两种方式。

(1) "在线"测量是指被测元器件没有从电路中断开而直接测量其阻值的方法。因而其测量结果需要考虑被测元器件受其他并联支路的影响，通常测量的结果会小于标称值。

"在线"测量的特点是操作方便快捷，不需拆焊电路板，对电路的损伤小。

(2) "离线"测量是指将被测元器件从电路或印制板上拆焊下来，再进行独立测量的方法。"离线"测量方法操作较麻烦，但测量的结果准确、可靠。

电阻测量法的使用注意事项。

(1) 使用电阻法测量时，应在线路断电、大电容放电的情况下进行，否则结果不准确，还可能损坏万用表。

(2) 在检测低电压供电的集成电路(小于等于 5 V)时，避免用指针式万用表的 × 10 kΩ 挡(内电池 9 V)。

2) 电压测量法

电压测量法是通电检测手段中最基本、最常用、最方便的方法。它是对有关电路的各点电压进行测量，并将测量值与标准值进行比较、判断，从而确定故障的位置及原因的方法。电压的标准值可以通过电子产品说明书或一些维修资料中获取，也可对比正常工作的同种电路获得各点参考电压值。偏离正常电压较多的部位或元器件，可能就是故障所在部位。

电压测量法可分为交流电压测量和直流电压测量两种形式。

(1) 直流电压的测量。测量直流电压一般分为三步，首先是测量供电电源输出端电压是否正常；然后测量各单元电路及电路关键"点"的电压，例如放大电路输出端电压，外接部件电源端等处的电压是否正常；最后测量电路主要元器件(如晶体管、集成电路)各管脚电压是否正常。偏离正常电压较多的部位或元器件，可能就是故障所在部位。

(2) 交流电压的测量。由于指针式万用表只能测量频率为 45 Hz～2000 Hz 的正弦波电压，数字式万用表只能测量频率为 45 Hz～500 Hz 的正弦波电压，所以在此范围内测量的示值均为有效值。超过测量频率范围或测量非正弦波时，测量结果会出现很大的偏差，测量数据都不正确。故测量交流电压时，对 50 Hz 的交流电压可选择普通万用表进行测量，而测量非正弦波或较高频率的交流电压信号时，可使用示波器进行检测。

3) 电流测量法

测量电路或元器件中的电流，将测量值与标准值进行比较、判断，确定故障的位置及原因。测量值偏离标准值较大的部位，往往是故障所在。

4) 波形测量法

使用示波器测量、观察电路交流状态下各点的波形及其参数(如幅值、周期、前后沿、相位等)，来判断故障的方法。波形测量法是最直观、最有效的故障检测方法。在电子产品的线路中，一般会画出电路中各关键点的波形形状和波形的主要参数。

如图 6.20 所示为电视机扫描电路的标准波形图，如果测得各点的波形形状或幅度没有达标或相差较大，则说明故障可能就发生在该电路上。当观察到不应出现的自激振荡或调制波形时，虽不能确定故障部位，但可从频率、幅值大小分析故障原因。

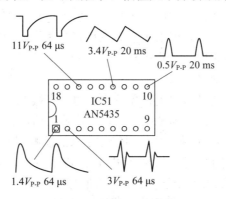

图 6.20　电视机扫描电路波形图

应用波形法测量时的注意事项。

(1) 对电路高电压和大幅度脉冲部位，一定要注意不能超过示波器的允许电压范围。必要时采用高压探头或对电路观测点采取分压或取样等措施。

(2) 示波器接入电路时，其输入阻抗对电路有一定影响，特别是测量脉冲电路时，要采用有补偿作用的 10∶1 探头，否则观测的波形与实际不符。

5) 逻辑状态的测试

对数字电路而言，只需判断电路各部位的逻辑状态，即可确定电路工作是否正常。数字逻辑主要有高低两种电平状态，另外还有脉冲串及高阻状态。因而可以使用逻辑笔进行电路检测。

功能简单的逻辑笔可测量单种电路(TTL 或 CMOS)的逻辑状态；功能较全的逻辑笔除可测多种电路的逻辑状态，还可定量测量脉冲的个数，有些还具有脉冲信号发生器作用，可发出单个脉冲或连续脉冲供检测电路使用。逻辑笔具有体积小，使用方便的优点。

3. 信号法

信号传输电路包括信号获取(信号产生)、信号处理(信号放大、转换、滤波、隔离等)以及信号执行电路，其在现代电子电路中占有很大比例。对这类电路的检测，关键是跟踪信号的传输环节。具体应用中，根据电路的种类又分为信号注入法和信号寻迹法两种形式。

1) 信号注入法

信号注入法是指从信号处理电路的各级输入端输入已知的外加测试信号，通过终端指示器(例如指示仪表、扬声器、显示器等)或检测仪器来判断电路工作状态，从而找出电路故障的检测方法。

信号注入法适合检修各种本身不带信号产生电路、无自激振荡性质的放大电路以及信号产生电路有故障的信号处理电路。例如各种收音机、录音机、电视机公共通道及视放电路、电视机伴音电路等。信号注入法不适宜检修电视机的行扫描电路或场扫描电路及晶闸管电路。

检修多级放大器，信号从前级逐级向后级检查，也可以从后级逐级向前级检查，也可以从中间开始，从而将故障范围缩小在注入点之前或注入点之后。这样可能会减少注入信号的次数，节省检查时间。

被检修电路无论是高频放大电路，还是低频放大电路，都可以由基极或集电极注入信号。从基极注入信号可以检查本级放大器的三极管是否良好，本级发射极反馈电路是否正常，集电极负载电路是否正常。从集电极注入信号，主要检查集电极负载是否正常，本级与后一级的耦合电路有无故障。

如收音机检修时，首先从音量电位器注入信号，若喇叭有正常的反应，则说明后面的低频放大器和功放等均正常。故障范围应定在电位器之前，包括检波、中放、变频等。

信号注入法举例。图 6.21 是一个使用信号注入法检测超外差收音机的框图。检测的注入信号有两种，检波器之前的注入信号为调幅或调频高频信号，检波器之后的注入信号为音频信号。有时可采用人体感应信号作为注入信号(即手持导电体如镊子碰触相应电路部分)，而直接使故障机的喇叭或显像管作为监测设备进行判别，因此信号注入法又称为干扰法。这种方法简单易行，特别适合于音频放大电路或其他的宽带放大电路。对于使用干电池供电的整机和选频放大器(如收音机、电视机的中频电路)，上述干扰法效果不太理想，因此有时也必须注意感应信号对外加信号检测的影响。

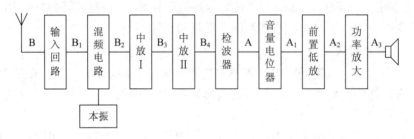

图 6.21　超外差收音机信号注入法检测框图

通常检测收音机电路时，先从 A 点或 A_1 点注入信号，以此来判别故障是在音频电路，还是在检波电路之前的高中频电路。然后采用反向信号注入法，即按照从 $A_3 \rightarrow A_2 \rightarrow A_1 \rightarrow A$ 的顺序，将一定频率和幅度的音频信号从 A_3 开始注入电路，逐渐向前推移，即 A_2、A_1、A_3、A 等测试点注入信号，并通过扬声器或耳机逐步监听不同点注入信号后声音的有无、大小及音质的好坏，找出电路的故障点。如果音频电路部分正常，就要用调幅信号源按照从 $B_4 \rightarrow B_3 \rightarrow B_2 \rightarrow B_1 \rightarrow B$ 的顺序，依次向前对电路注入信号，通过扬声器或耳机的监听情况，找出故障点。

采用信号注入法检测时要注意以下几点。

(1) 信号注入顺序根据具体电路可采用正向、反向或中间注入的顺序。例如对收音机，可以先从 A 点注入信号，来初步确定故障是在 A 点之前的高、中频电路(含输入回路、变频电路、中放电路和检波等)，还是在 A 点之后的低频放大电路中。然后在有故障的电路范围内，采用正向或反向注入方式，逐步缩小故障范围。

(2) 注入信号的性质和幅度要根据电路和注入点变化，如上例收音机音频部分注入信号，越靠近扬声器需要的信号越强，同样的信号注入 A_2 点可能正常，注入 A_1 点可能过强使放大器饱和失真，通常可以估测注入的工作信号作为注入信号的参考。

(3) 采用人体感应信号作为注入信号的干扰法，一般都从后级向前级逐级进行，这样方便使用机器内自带的监测器件，如喇叭、显像管等，并且是越往前，监测到的干扰反映越强越明显。否则可能电路增益不够或工作不正常。

2) 信号寻迹法

信号寻迹法可以说是信号注入法的逆方法。其原理是检查信号是否能逐级地往后传送并放大。使用信号寻迹检修收音机、录音机，首先要保证收音机、录音机有信号输入，将可变电容器调谐到有电台的位置上或放送录音带，接着用探针逐级从前向后级或从后级向前级检查。这样就能很快探测到输入信号在哪一级通不过，从而迅速缩小故障存在范围。

信号寻迹法是针对信号产生和处理电路的信号流向寻找信号踪迹的检测方法。对于信号处理电路，可从输入端加入符合要求的信号，然后通过终端指示器(例如指示仪表、扬声器、显示器等)或检测仪器从前向后级或从后向前级进行检测，也可将整机分成几块分别探测在哪一块没有信号，经分析来判断故障部位。如图 6.22 所示为用示波器检测音频功率放大器示意图。

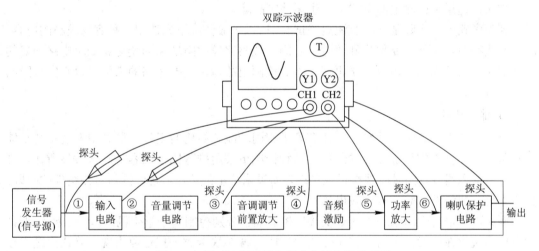

图 6.22 用示波器检测音频功率放大器示意图

4. 比较法

有时用多种检测手段及试验方法都不能判定故障所在，但使用并不复杂的比较法却能出奇制胜。常用的比较法有整机比较、调整比较、旁路比较及排除比较等四种方法。

1) 整机比较法

将故障机与同一类型正常工作的机器进行比较，从而查找故障的方法为整机比较法。这种方法对缺乏资料而本身较复杂的设备，例如以微处理器为基础的产品尤为适用。

整机比较法是以测量法为基础的。对可能存在故障的电路部分进行工作点测定和波形观察或者信号监测，比较好坏设备的差别，往往会发现问题。当然由于每台设备不可能完全一致，对测量结果还要分析判断，这些常识性问题需要基本理论基础和日常工作的积累。

2) 调整比较法

调整比较法是通过调整整机设备可调元器件或改变某些现状，比较调整前后电路的变化来确定故障的一种检测方法。这种方法特别适用于放置时间较长或经过搬运、跌落等外部条件变化引起故障的设备。

正常情况下，检测设备时不应随便变动微调元器件。若必须调整可调(微调)元器件时，应在事先做好复位标记的前提下，改变某些可调电容、电阻、电感等元器件，并注意比较调整前后设备的工作状况。如调整某三极管基极偏置电阻时，发现调整前后该三极管的集电极电流不变，则说明该级电路可能存在问题。又如某收音机音轻，从后向前逐个试调中周时无任何反应(既不变好也不变差)，说明该级可能存在问题。

有时还需要触动元器件引脚、导线、接插件或者将插件拔出重新插接，或者将怀疑有故障的印制板部位重新焊接等。注意观察和记录状态变化前后设备的工作状况，发现故障和排除故障。

运用调整比较法时，最忌讳乱调乱动而又不做标记。调整和改变现状应一步一步改变，随时比较变化前后的状态，发现调整无效或向坏的方向变化时应及时恢复。

3) 旁路比较法

旁路比较法是用适当容量和耐压的电容对被检测设备电路的某些部位进行旁路的比较检查方法，适用于检测电源干扰、寄生振荡等故障。

因为旁路比较实际是一种交流短路试验，所以一般情况下先选用一种容量较小的电容，临时跨接在有疑问的电路部位和"地"之间，观察比较故障现象的变化。如果电路向好的方向变化，可适当加大电容容量再试，直到检测出故障，根据旁路的部位可以判定故障的部位。

4) 排除比较法

有些组合整机或组合系统中往往有若干相同功能和结构的组件，调试中发现系统功能不正常时，不能确定引起故障的组件，这种情况下采用排除比较法容易确认故障所在。方法是逐一插入组件，同时监视整机或系统，如果系统正常工作，就可排除对该组件的嫌疑，再输入另一块组件试验，直到找出故障。

例如，某语言学习系统中有 8 块接口控制插卡分别控制 8 个学生机组(共 64 座)，调试中发现系统存在干扰，采用比较排除法，当插入第 5 块卡时干扰现象出现，确认问题出在第 5 块卡上，用其他卡代之则干扰排除(这里用部件替换法进一步确认)，说明第 5 块板有故障。

采用排除比较法查找故障时要注意以下几点。

(1) 上述方法是递加排除，显然也可采用逆向方向，即递减排除。

(2) 这种多单元系统故障有时不是一个单元组件引起的，这种情况下应多次比较才可排除。

(3) 采用排除比较法时注意每次插入或拔出单元组件都要关断电源，防止带电插拔造成系统损坏。

5. 替换法

替换法是指用规格及性能良好的、同一类型的正常元器件或单元电路或部件，代替电路中被怀疑有故障的相应部分，从而判断故障所在或缩小故障范围的一种检测方法。这是电路调试、检修中最常用、最有效的方法之一。

实际应用中，按替换的对象不同可有三种方式，即元器件替换法、单元电路替换法和部件替换法。

1) 元器件替换

主要用在带插接件(座)的 IC、开关、继电器等的电路元器件中，而其中的电路元器件做替换时需要对被替换的元器件进行拆焊，其操作比较麻烦且容易损坏周边电路或印制板。因此需要拆焊进行元器件替换时，往往是在其他检测方法难以判别，且较有把握认为该元器件损坏时才采用的方法。

2) 单元电路替换

当怀疑某一单元电路有故障时，用另一台同型号或类型的正常电路替换待查机器的相应单元电路，由此判定此单元电路是否正常。有些整机中有相同的电路若干路，例如立体声电路左右声道完全相同，可用于交叉替换试验。

当电子设备采用单元电路多板结构时进行替换试验是比较方便的。因此对现场维修要求较高的设备，应尽可能采用方便替换的结构，使设备维修性良好。

3) 部件替换

对于较为复杂的且由若干独立功能部件组成的电子产品，检测时可以采用部件替换方法。如计算机的硬件检修，数字影音设备如 VCD、DVD 等的检修，基本上采取板卡级替换法。部件替换试验要遵循以下几点。

(1) 用于替换的部件与原部件必须型号、规格一致。或者是主要性能、功能兼容的，并且能正常工作的部件。

(2) 要替换的部件接口工作正常，至少电源及输入、输出口正常，不会使新替换部件损坏。这一点要求在替换前分析故障现象并对接口电源做必要检测。

(3) 替换要单独试验，不要一次换多个部件。

(4) 对于采用微处理器的系统还应注意先排除软件故障，然后再进行硬件检测和替换。

替换法虽是一种常用检测方法，但不是最佳方法，更不是首选方法。它只是在用其他方法检测的基础上对某一部分有怀疑时才选用的方法。

6. 加热法与冷却法

1) 加热法

加热法是用已加热的电烙铁靠近被怀疑的元器件，使故障提前出现，来判断故障的原因与部位的方法。特别适合于刚开机工作正常，需工作一段时间后才出现故障的整机检修。

当加热某元器件时，原工作正常的整机或电路出现故障，不一定就是该元器件本身的故障，也可能是其他故障造成该元器件温度升高而引起的。所以应进一步检查和分析，找出故障根源。

2) 冷却法

与加热法相反，冷却法是用酒精对被怀疑的元器件进行冷却降温，使故障消失，来判断故障的原因与部位的方法。特别适合于刚开机工作还正常，但只工作很短一段时间(几十秒或几分钟)就出现故障的整机检修。

当发现某元器件的温升异常时，可以用酒精对其进行冷却降温，若原工作不正常的整机或电路出现工作正常或故障明显减轻的现象，则说明故障原因可能是因为该元器件工作一段时间后，温度升高使电路不能正常工作。当然也不一定就是该元器件本身的故障，也可能是其他故障造成该元器件温度升高而引起的。所以应进一步检查和分析，找出故障根源。

3) 使用加热法与冷却法的注意事项

(1) 该方法主要用于检查"时间性"故障("时间性"故障是指故障的出现与时间有一定的关系)和元器件温升异常的故障。应用时，要特别注意掌握好时间和温度，否则容易造成故障扩大。

(2) 该方法操作过程中，电路已通电工作，酒精又是易燃品，应特别注意安全。

(3) 该方法只能初步判断出故障的大概部位和表面原因，还应采用其他方法进一步检查和分析，找出故障的根源。

7. 计算机智能自动检测

计算机智能自动检测是利用计算机强大的数据处理能力并结合现代传感器技术，完成对电路自动化和智能化的检测。以下几种是目前常见的计算机检测方法。

1) 开机自检

这是一种初级检测方法。利用计算机 ROM 中固化的通电自检程序(POST, Power-on self test)对计算机内部各种硬件、外设及接口等设备进行检测，另外还能自动测试机内硬件和软件的配置情况，当检出错误(故障)时，进行声响和屏幕提示。

这种检测方法只能检测出电路出现故障，但一般情况下不能确定故障具体的部位，也不能按操作者意愿进行深入测试。

2) 检测诊断程序

这是一种专门利用计算机运行检测诊断程序的方法，由操作者设置和选择测试的目标、内容和故障报告方式，对大多数故障可以定位至芯片。

这一类专用程序很多，例如 NORTON，PCTOOLS，QAPLUS 等，随着版本升级，功能越来越强。另外，越来越多的系统软件中本身也带有检测程序，例如 Windows 以及 DOS6.X 等都具有相应检测功能。

3) 智能监测

这种方法是利用装在计算机内的专门硬件和软件对工作系统进行监测(如对 CPU 的温度、工作电压、机内温升等不断进行自动测试)，一旦被检测点出现异常，智能检测系统就立即报警并显示报警信息，便于用户采取措施，保证机器正常运转。这种智能监测方式在一定范围内还可自动采取措施消除故障隐患，例如机内温度过高时自动增加风扇转速强迫降温，甚至强制机器"休眠"，而在机内温度较低时降低风扇转速或停转，以节能和降低噪声。

三、调试过程中的故障处理步骤

调试过程中如果出现故障，首先要观察、了解故障现象，然后分析故障的原因，测试、判断故障发生的部位，再进行故障排除，最后完成对电子整机的各项性能和功能的复查、检验，写出维修总结并归档。

1. 观察故障现象

观察故障现象就是对出现故障的电路或电子整机产品，查看其故障产生的直接部位，观察故障现象，粗略判断故障产生的大致范围。

观察故障现象可以在不通电和通电两种情况下进行。

对于新安装的电路，首先要在不通电情况下，认真检查电路是否有元器件用错、元器件引脚接错、元器件松动或脱焊、元器件损坏、插件接触不良、导线断线等现象。查找时可借助万用表进行。

若在不通电观察时未发现问题，则可进行通电观察。此时注意力要集中，通电后手不要离开电源开关，采取看、听、闻、摸、摇的方法进行查找。即通电时，看电路有无打火、冒烟、放电现象；听有无爆破声、打火声；闻有无焦味、放电臭氧味；摸集成块、晶体管、电阻、变压器等有无过热表现；摇电路板、接插件或元器件等有无接触不良表现等。若有异常现象，应记住故障点并马上关断电源。

2. 测试、分析与判断故障

故障出现后，重要的工作是查找出故障的部位和产生的原因，这是排除故障的关键。有些故障可以通过观察直接找出故障点，并直接排除故障，如焊接故障(桥焊、漏焊等)、导线连接脱落或松动及装配故障。但大多数故障必须根据故障现象结合电路原理，并使用测试仪器(如万用表、示波器、扫频仪等)进行测试、分析后，才能找出故障的原因和故障部位。例如稳压电源的保险管突然烧断，就不一定是简单的保险管的问题，有可能是后续电路短路、过载或后续电路及元器件出现故障造成的保险管烧断，这就需要通过测试、分析、判断出真正的故障原因，找出故障点。

3. 排除故障

故障原因和故障的部位找到后，排除故障就很简单了。排除故障不能只求功能恢复，还要求全部的性能都达到技术要求。更不能不加分析，不把故障的根源找出来，而盲目更换元器件，只排除表面的故障，不完全彻底地排除故障，使产品隐藏着故障出厂。

排除故障时要细心、耐心。对于简单的故障，如虚焊、漏焊、断线等，可直接修复处理；对于已损坏的元器件做更换后，要仔细检查一遍更换的元器件及电路，确认无误后再通电检验，直至电路所有的性能指标均达到设计要求。

4. 功能和性能检验

故障排除后，一定要对其各项功能和性能进行全部的检验。通常的做法是故障排除后，应使用测试仪器对电子整机的性能、指标进行重新调试和检验。调试和检验的项目和要求与新装配的产品相同，不能认为有些项目检修前已经调试和检验过了而不需重调再检。

任务四　简易数字钟的制作

一、数字钟制作的基本方法

数字钟制作采用自上向下的系统化设计方法，具体如下。

（1）明确数字系统的总体设计方案。把系统方案划分为若干相对独立的单元，每个单元的功能再由若干个标准元器件来实现，划分为单元的数目不宜太多，但也不能太少。

（2）设计并实施各个单元电路。在设计中应尽可能多地采用中、大规模集成电路，以减少元器件数目，减少连接线，提高电路的可靠性，降低成本。这要求设计者应熟悉元器件的种类、功能和特点。

（3）把单元电路组装成总体设计系统。设计者应考虑各单元之间的连接问题。各单元电路在时序上应协调一致，电气特性上要匹配。此外，还应考虑防止竞争冒险及电路的自启动问题。

（4）衡量一个电路设计的好坏，主要是看是否达到了技术指标及能否长期可靠地工作。此外还应考虑经济实用、容易操作、维修方便等方面的问题。

二、数字钟的制作要点

数字式电子钟的基本功能是能够实现时、分、秒的正确计时，计时单位为 1 s。因此，一个简单的数字式电子钟，首先必须有计时显示电路和秒表脉冲产生电路。其次，当刚接通电源或时钟走时出现误差时，需要进行时间校准，否则就不能正确显示当前时间。因此，数字式电子钟应具有校时电路。另外，若要求数字电子钟能够自动整点报时或按要求时间闹铃，还应具有整点报时和闹铃控制的电路。若还需要其他功能，相应的还要有一些控制电路。综上所述，数字式电子钟应由三大部分组成，即计时显示电路、秒表脉冲产生电路和控制电路。在软件设计中秒脉冲产生电路可以省略，用时钟信号源代替。其结构框图如图 6.23 所示。

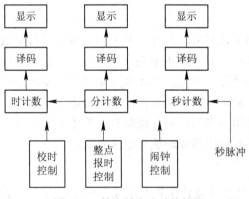

图 6.23　数字钟电路结构框图

1．晶体振荡器

晶体振荡器是数字钟的核心。振荡器的稳定度和频率的精确度决定了数字钟计时的准确程度，通常采用石英晶体构成振荡器电路。一般说来，振荡器的频率越高，计时的精度也就越高。在此项目制作中，采用的是信号源单元提供的 1 Hz 秒脉冲，它同样是采用晶体分频得到的。

2．74LS160 功能简介

如图 6.24 所示 CP 是脉冲输入端；CT(CO)是进位信号输出端；CEP 和 CET 是计数器

工作状态端；$\overline{MR}$ ($\overline{CR}$)是异步清零端；$\overline{PE}$ 是置数端；V_{CC} 接正电源，GND 接地；$P_0 \sim P_3$ 是数据输入端，$Q_0 \sim Q_3$ 是计数器状态输出端，输入电压 7 V。其状态表如下表 6-1 所示。

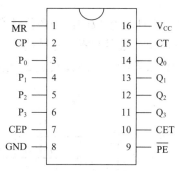

图 6.24　74LS160 管脚图

表 6-1　74LS160 真值表

输　　　　入									输　　　　出					注
$\overline{CR}$	LD	CET	CEP	CP	P_0	P_1	P_2	P_3	Q_0^{n+1}	Q_1^{n+1}	Q_2^{n+1}	Q_3^{n+1}	CT(CO)	
0	x	x	x	x	x	x	x	x	0	0	0	0	0	清零
1	0	x	x	↑	a	b	c	d	a	b	c	d		置数
1	1	1	1	↑	x	x	x	x	计　　　数					
1	1	0	x	x	x	x	x	x	保　　持					
1	1	x	0	x	x	x	x	x	保　　持				0	

3．秒计时电路

60 进制计数器是由两个 74LS160 十进制计数器经过一定的方式连接组成的。具体连接是将一片 74LS160 做为低位，另一片设计成六进制计数器做为高位。将高位片的 Q_2 和 Q_1 接入与非门，从与非门出来后接入高位片的 $\overline{MR}$ ($\overline{CR}$)，当高位片为 0110 时，$\overline{MR}$ ($\overline{CR}$) 为低电平，此时清零，实现了六十进制。其连线图如图 6.25 所示。

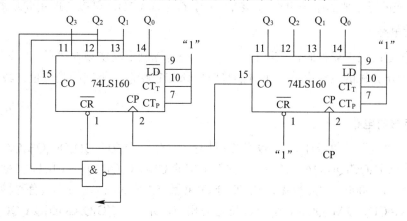

图 6.25　秒计时电路

4．分计时电路

"分"计数器电路也是六十进制，可采用与"秒"计数器完全相同的结构，由两片

74LS160 十进制计数器构成。

5. 小时计时电路

24 进制计数器也是由两片 74LS160 组成的，当各位计数状态为 $Q_3Q_2Q_1Q_0 = 0100$，十位计数状态为 $Q_3Q_3Q_1Q_0 = 0010$ 时，计数器归零。通过把个位 Q_2、十位 Q_1 接入与非门，然后接入个位、十位的 $\overline{CR}$ 端，令计数器清零，从而实现 24 进制计数器的功能。其连线图如图 6.26 所示。

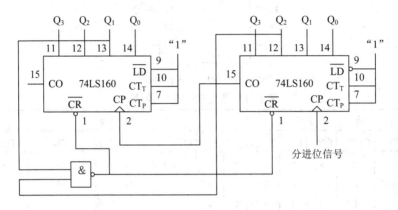

图 6.26　小时计时电路

6. 译码显示电路

译码电路的功能是将"秒""分""时"计数器中每个计数器的输出状态(8421 码)，翻译成七段数码管能显示十进制数所要求的电信号，然后再经数码管把相应的数字显示出来。

本项目中采用的显示器的型号是 DCD_HEX，该显示器不需要外加译码器，可以直接接入 74LS160 芯片的四个输出信号，当 74LS160 的输出信号为 0000 到 1001 时，该显示器分别显示为 0~9。当然，我们也可以先把 74LS160 输出信号经过译码器 74LS48，再与显示器连接(相应的显示器的型号可选为 SEVEN_SEG_COM_K)，可以实现相同功能。

7. 校时电路

当数字钟走时出现误差时，需要校正时间。校时控制电路实现对"秒""分""时"的校准。在此给出分钟的校时电路，小时的校时电路与它相似，不同的是进位。校时电路如图 6.27 所示。

8. 整点报时电路

当"分""秒"计数器计时到 59 分 50 秒时，"分"十位的 $QD_4QC_4QB_4QA_4 = 0101$，"分"个位的 $QD_3QC_3QB_3QA_3 = 1001$，"秒"十位的 $QD_2QC_2QB_2QA_2 = 0101$，"秒"个位的 $QD_1QC_1QB_1QA_1 = 0000$。由此可见，从 59 分 50 秒到 59 分 59 秒之间，只有"秒"个位计数，$QC_4 = QA_4 = QD_3 = QA_3 = QC_2 = QA_2 = 1$，将它们相与，即 $C = QC_4QA_4QD_3QA_3QC_2QA_2$，每小时最后十秒钟 $C = 1$。在 51、53、55、57 秒时，"秒"个位的 $QA_1 = 1$，$QD_1 = 0$；在 59 秒时，"秒"个位的 $QA_1 = 1$，$QD_1 = 1$。将 C、QA_1、QD_1 相与，让 500 Hz 的信号通过，将 C、QA_1、QD_1 相与，让 1000 Hz 的信号通过就可实现前 4 响为低音 500 Hz，最后一响为高音 1000 Hz，当最后一响完毕时正好整点。报时电路如图 6.28 所示。

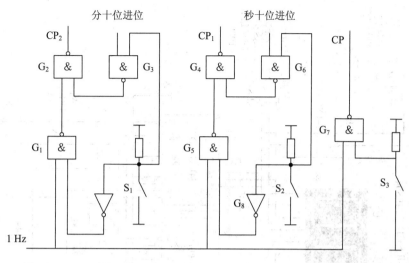

图 6.27　校时电路

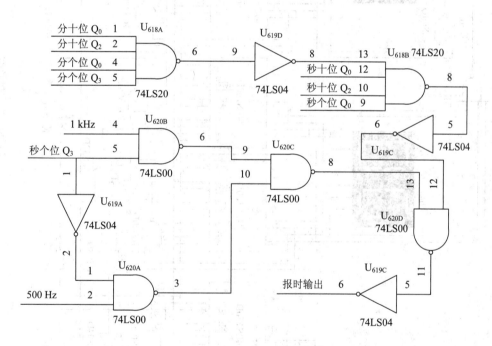

图 6.28　报时电路

9. 报时音响电路

报时音响电路采用专用功率放大芯片来推动喇叭。报时所需的 500 Hz 和 1000 Hz 音频信号，分别取自信号源模块的 500 Hz 输出端和 1000 Hz 输出端。

10. 电路总图

简易数字钟的电路总图如图 6.29 所示。

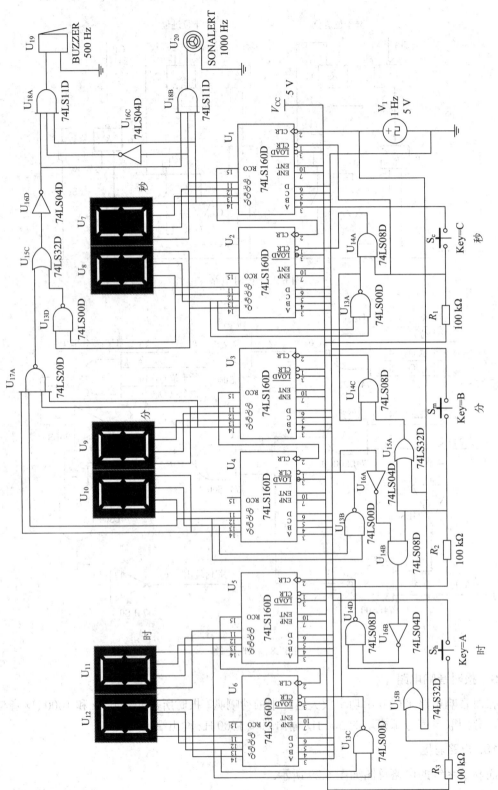

图 6.29 数字钟总图

三、电路制作

1. 电路及工作原理

电路原理如图 6.29 所示，所需元器件清单如表 6-2 所示。

表 6-2 元器件清单表

序号	器材名称	规格型号	代号	数量
1	数码管	14.2 mm 共阴高亮	U_7, U_8, U_9, U_{10}, U_{11}, U_{12}	6
2	电阻	100 kΩ	R_1，R_2，R_3	3
3	集成块	74LS160D	U_1, U_2, U_3, U_4, U_5, U_6	6
4	集成块	74LS00D	U_{13}	1
5	集成块	74LS08D	U_{14}	1
6	集成块	74LS32D	U_{15}	1
7	集成块	74LS04D	U_{16}	1
8	集成块	74LS20D	U_{17}	1
9	集成块	74LS11D	U_{18}	1

2. 所需工具及仪表

工具：尖嘴钳、剥线钳、镊子、电烙铁、松香等。

仪表：万用表、示波器等。

3. 制作步骤及内容

(1) 读懂电路原理图，了解各元器件的作用。

(2) 根据电路原理图用 Protel 设计印刷电路图，并用覆铜板制作印制电路板。

(3) 按元器件清单清点元器件，熟悉各种元器件，使用万用表检测元器件的好坏。

(4) 元器件整形、插装并焊接。

(5) 性能检测调试。数字钟装配完毕后，通电进行测试，若各项功能正常则进行下一步，若存在缺陷，则用万用表进行检查并纠正。

任务五 数字钟的调试及故障排除

一、数字钟的调试

1. 通电前的直观检查

对照电路图和实际线路检查连线是否正确，包括错接、少接、多接等；用万用表电阻挡检查焊接和接插是否良好；元器件引脚之间有无短路，连接处有无接触不良；二极管、三极管、集成电路和电解电容的极性是否正确；电源供电包括极性、信号源连线是否正确；电源端对地是否存在短路(用万用表测量电阻)。

2．静态检测与调试

断开信号源，把经过准确测量的电源接入电路，用万用表电压挡监测电源电压，观察有无异常现象，如冒烟、异常气味、手摸元器件发烫、电源短路等。如发现异常情况，应立即切断电源，排除故障；如无异常情况，再分别测量各关键点直流电压，数字钟电路各输入端和输出端的高、低电平值及逻辑关系等，如不符则调整电路元器件参数、更换元器件等。

3．动态检测与调试

动态检测与调试的方法是在数字钟电路的输入端加上信号发生器，再通过输入标准的脉冲信号来依次检测各关键点的波形、参数和性能指标是否满足要求，如果不满足，要对电路参数做进一步的调整。发现问题，要设法找出原因，排除故障，继续进行调试。

4．调试注意事项

(1) 正确使用测量仪器的接地端，仪器的接地端与电路的接地端要可靠连接。

(2) 在信号较弱的输入端，尽可能使用屏蔽线连线，屏蔽线的外屏蔽层要接到公共地线上，在频率较高时，要设法减少连接线分布电容的影响，例如用示波器测量时应该使用示波器探头连接，以减少分布电容的影响。

(3) 测量电压所用仪器的输入阻抗必须远大于被测处的等效阻抗。

(4) 测量仪器的带宽必须大于被测量电路的带宽。

(5) 正确选择测量点和测量方式。

(6) 认真观察、记录测试过程，包括条件、现象、数据、波形、相位等。

(7) 出现故障时要认真查找原因。

二、数字钟故障的检查方法

数字钟故障的检查方法有直接观察法、静态检查法、信号寻迹法、对比法、部件替换法、旁路法、短路法、断路法、振动加热法等，常用的方法有以下几种。

1．直接观察法和信号检查法

与前面介绍的通电前的直观检查和静态检查相似，只是更有针对性。

2．对比法

将存在问题的电路参数与工作状态和相同的正常电路中的参数(电流、电压、波形等)进行对比，判断故障点，找出原因。

3．部件替换法

用同型号的好部件替换可能存在故障的部件。

4．振动加热法

有时故障不明显或时有时无或要较长时间才能出现，可采用振动加热法，如敲击元器件或印制电路板检查接触不良、虚焊等，用加热的方法检查热稳定性能等。

三、数字钟的故障分析与检查

数字钟的调试过程中常见的故障现象有数码管不亮、数码管显示数字乱跳、秒显示位不亮、秒显示位常亮、通电后数字显示始终没有变化、集成电路发热等情况，其具体原因及检查方法见表6-3。

表6-3　数字钟的故障分析与检查表

故障现象	故障原因	检查方法	说明
数码管不亮	电源未接通	电源回路未接通或接触不良	万用表测量
		数码管公共端未接地	
	译码、驱动集成电路不能正常工作	检查74LS160是否错误接地	
数码管显示数字乱跳	记数板与译码板之间的数据线未接或接触不良	检查数据线	观察
	总电源电压低于3 V	检查印制电路板是否有短路现象，供电设备电压挡位错误或故障	万用表测量
秒显示位不亮	相连的电阻未接通	检查电阻是否损坏或连接线未接通	万用表测量
	相连的电阻连接错误	电阻错误接入电源正极或负极	
秒显示位常亮	相连的电阻开路	检查电阻的阻值	万用表测量
通电后，数字显示始终没有变化	集成电路插反	检查74LS00的连线是否接好或其集成电路插反	万用表测量
集成电路发热	集成电路插反	观察集成电路引脚的位置是否正确	观察
整机工作正常但整机电流大于100 mA	电容漏电	更换电容	万用表测量

项 目 小 结

1. 电子产品的通用调试仪器包括示波器、信号发生器、万用表等。

示波器是一种特殊的电压表，它可用于测量被测信号的波形并直观地显示出来，由此观测到被测信号的变化情况以及信号的幅度、周期、频率、相位以及是否失真等情况。

信号发生器是能够提供一定标准和技术要求信号的电子仪器，在电子测量中常用作标准信号源，在电路实验和设备检测中具有十分广泛的用途。

2. 电子整机常规的调试内容包括电气部分调试和机械部分调试。其中电气部分调试包括通电前的检查、通电调试和整机调试等三个部分，一般是先进行通电前的检查，再进行通电调试，最后是整机调试。

3. 静态调试包括静态的测试与调整。通过静态调试，可以使电路正常工作，有时也能判断电路的故障所在。

4. 动态测试主要是测试电路的信号波形。动态调试是指调整电路的动态特性参数(如电容、电感等)，使电路的频率特性、动态范围等达到设计要求。

5. 电子整机装配调试完毕之后，需要根据电子整机的设计文件(或说明书)的性能指标要求，对电子整机的各项电性能和声性能参数进行全面检测，才能定量地评价其质量的好坏。

6. 电子产品调试过程中，经常会遇到调试失败或出现故障不能工作的情况。因此，必须对整机进行故障的查找、分析和处理，使电子产品最终达到设计要求。

7. 整机调试中产生的故障往往以焊接和装配故障为主，一般都是机内故障，基本上不存在机外故障或使用不当造成的人为故障。对于新产品样机，则可能存在特有的设计缺陷、元器件参数不合理或分布参数造成的故障。

8. 故障查找的方法有很多，常用的方法有观察法、测量法、替换法、信号法、加热法或冷却法、智能检测法等。具体应用时，要针对故障现象和具体的检测对象，交叉、灵活地运用其中的一种或几种方法，以达到快速、准确、有效查找故障的目的。

9. 调试过程中如果出现故障，首先要观察、了解故障现象，然后分析故障的原因，测试、判断故障发生的部位，再进行故障排除，最后完成对电子整机的各项性能和功能的复查、检验，写出维修总结并归档。

习　题　6

一、填空题

1. 利用示波器可以把被测信号的波形直观地显示出来，由此观测到被测信号随时间变化的波形曲线，以及观测到电信号的(　　　)、(　　　)、(　　　)、(　　　)、(　　　)、(　　　)、(　　　)等情况。

2. 信号发生器按其输出的信号波形特征，信号发生器可分为(　　　)、(　　　)、(　　　)等几种。

3. 电子产品常规的调试内容包括(　　　)、(　　　)。

4. 静态的调试包括静态的(　　　)、(　　　)。

二、简答题

1. 示波器与万用表测量电压有什么不同？

2. 信号发生器有何作用？函数信号发生器可以输出什么波形信号，其有何作用？

3. 整机电路调试分为哪几个阶段，其调试步骤如何？

4. 通电调试包括哪几方面？按什么顺序进行调试？

5. 调试前要做什么准备工作？

6. 什么是静态调试？静态调试中常用的测试仪器有哪些？

7. 什么是动态调试？动态调试有何作用？

8. 测试频率特性的常用方法有哪几种，各有何特点？

9. 电子整机调试过程中的故障有何特点？

10. 电子整机调试过程中的主要故障有哪些？

11. 简述整机调试过程中的故障处理步骤。
12. 电子产品的故障的查找，常采用什么方法？
13. 静态观察法和动态观察法有什么不同？
14. 信号注入法与信号寻迹法最大的区别是什么，其适用场合有何不同？
15. 替换法有哪三种方式？计算机的硬件检修常采用哪种方式？

参 考 文 献

[1] 周德东. 电子工艺与电子产品制作. 2 版. 北京：北京大学出版社，2017.

[2] 王雅芳. 电子产品工艺与装配技能实训. 北京：中国电力出版社，2019.

[3] 牛百齐. 电子产品工艺与质量管理. 2 版. 北京：机械工业出版社，2018.

[4] 舒英利，温长泽. 电子工艺与电子产品制作. 北京：水利水电出版社，2015.

[5] 廖芳. 电子产品制作工艺与实训. 4 版. 北京：电子工业出版社，2016.

[6] 乐丽琴，郭建庄. 电子产品制作技术. 北京：中国铁道出版社，2016.

[7] 陈春艳. 电子产品制作工艺. 北京：清华大学出版社，2015.

[8] 张修达. 电子产品制作工艺. 北京：电子工业出版社，2014.

[9] 张立. 电子产品制作工艺与实训. 北京：电子工业出版社，2012.

[10] 朱国平，李兴莲. 电子产品制作工艺与操作实训. 北京：电子工业出版社，2009.

[11] 张赪. 电子产品设计宝典可靠性原则 2000 条. 2 版. 北京：机械工业出版社，2020.

[12] 沙德亮. 电子技术工艺基础及电子产品制作. 北京：中国档案出版社，2004.